有源配电网运行技术

YOUYUAN PEIDIANWANG
YUNXING JISHU

《有源配电网运行技术》编委会　编

中国电力出版社
CHINA ELECTRIC POWER PRESS

内 容 提 要

随着大规模分布式光伏接入配电网，传统无源配电网成为有源配电网。有源配电网运行技术对保障电力系统的安全稳定运行有着重要的影响。为提高有源配电网安全稳定运行技术水平，国网保定供电公司组织编写了本书。本书共分为5章，主要内容包括概述、源网状态实时感知技术、源端出力精准控制技术、源网荷储统筹互动技术、有源配电网协同管理。

本书可作为涉及有源配电网的运行人员、电力科技研究人员，以及高等院校相关专业师生的学习和培训参考资料。

图书在版编目（CIP）数据

有源配电网运行技术/《有源配电网运行技术》编委会编. —北京：中国电力出版社，2023.3（2025.11重印）
ISBN 978-7-5198-7577-0

Ⅰ. ①有… Ⅱ. ①有… Ⅲ. ①配电系统－电力系统运行 Ⅳ. ①TM727

中国国家版本馆 CIP 数据核字（2023）第 022302 号

出版发行：中国电力出版社
地　　址：北京市东城区北京站西街19号（邮政编码 100005）
网　　址：http://www.cepp.sgcc.com.cn
责任编辑：孙　芳（010-63412381）
责任校对：黄　蓓　朱丽芳
装帧设计：赵姗姗
责任印制：吴　迪

印　　刷：北京天泽润科贸有限公司
版　　次：2023年3月第一版
印　　次：2025年11月北京第二次印刷
开　　本：787毫米×1092毫米　16开本
印　　张：11.75
字　　数：246千字
印　　数：1001—1300册
定　　价：58.00元

编 委 会

前 言

随着大规模分布式光伏接入配电网，传统无源配电网成为有源配电网。建设有源配电网的过程，实际上是一次配电网的革命。国网保定供电公司开展有源配电网建设，通过技术创新和管理升级，在信息透明、调控灵活、源荷互动、主配协同等方面取得大量原创性成果，有源配电网运行技术及其管理体系初步形成。

为总结和传播有源配电网技术创新及成果应用，国网保定供电公司组织编写《有源配电网运行技术》一书。本书共分为5章，主要包括概述、源网状态实时感知技术、源端出力精准控制技术、源网荷储统筹互动技术、有源配电网协同管理等内容。本书全面翔实地介绍了有源配电网相关技术创新应用和管理实践，体现科学性，注重实用性，对有源配电网运行技术及管理实践工作提供借鉴意义。

本书可作为涉及有源配电网运行和管理工作的电力系统工程技术及管理人员、电力高等院校相关专业师生的学习和培训参考资料。

本书涉及内容广泛，且编写时间和水平有限，书中难免存在不妥或疏漏之处，恳请读者批评指正。

编 者

2023年3月

目录

前言

第一章　概述……1
第一节　有源配电网建设背景……1
第二节　配电网有源化面临的新问题……2
第三节　保定有源配电网建设情况……3
第二章　源网状态实时感知技术……5
第一节　基于营销用采系统的分布式光伏运行数据分钟级采集……5
第二节　微秒级采集……11
第三节　调度侧经智能融合终端直接监测……17
第四节　分布式光伏功率预测……20
第三章　源端出力精准控制技术……32
第一节　分布式光伏协同控制系统……32
第二节　基于5G的分布式能源群调群控……53
第三节　智能配电物联示范区……75
第四章　源网荷储统筹互动技术……85
第一节　分布式电源智能监控系统……85
第二节　末端能源聚合体……90
第三节　光储直柔建筑配电系统……95
第五章　有源配电网协同管理……112
第一节　有源配电网监测平台……112
第二节　调度网络化下令系统……123
第三节　新能源接入背景下继电保护仿真系统建设……147
第四节　有源配电网末端电压控制……157
第五节　针对分布式光伏对电网第三道防线策略调整……162
第六节　分布式新能源的线损管理探索……167
第七节　精算式停电管理……172

第一章

概　述

第一节　有源配电网建设背景

习近平总书记在第七十五届联合国大会上宣布，中国将采取更加有力的政策和措施，二氧化碳排放力争于2030年前达到峰值，努力争取2060年前实现碳中和。习近平总书记在气候雄心峰会上进一步宣布，到2030年，中国单位国内生产总值二氧化碳排放将比2005年下降65%以上，非化石能源占一次能源消费比重将达到25%左右，风能、太阳能发电总装机容量将达到12亿kW以上。“碳达峰、碳中和”也在2021年全国两会期间首次被写入中国政府工作报告。

“碳达峰、碳中和”促进能源加快转型，对电网发展提出了更高要求。能源系统是碳排放的“大户”，我国88%的二氧化碳排放来自能源系统，其中电力行业二氧化碳排放占35%。要实现“双碳”目标，推进能源清洁低碳转型势在必行。预计2030年“碳达峰”时，我国能源消费总量将达到约57亿t标煤。目前，煤炭消费已进入峰值平台期，石油消费预计“十四五”达峰，天然气作为相对低碳能源仍将有一定增长，未来10年能源消费增量的75%将由非化石能源满足，其中风能、太阳能发电将发挥重要作用。

电网连接能源生产和消费，在能源清洁低碳转型中发挥着核心引领作用。一方面，从电源侧来看，新能源主要转化为电能使用，且具有随机性、间歇性、波动性特征，大规模并网后，电力系统“双高”“双峰”的特性非常明显，电网安全稳定运行和电力电量平衡将面临极大考验。另一方面，从用能侧来看，电气化水平不断提高，是能源清洁低碳转型的必然趋势。预计我国电力需求在实现“碳达峰”后仍将保持增长，到2040～2050年才能饱和。随着分布式能源系统、电动汽车等交互式能源设施广泛接入，多能联供、综合服务、智慧用能等各种新型能源需求不断涌现，将倒逼电网加快升级。此外，储能技术发展迅速，未来也将从“源网荷储”各个环节，深刻影响电力系统运行。

在中央财经委会议上，习近平总书记强调要将“碳达峰、碳中和”纳入生态文明建设整体布局，深刻阐述了发展和减排、整体和局部、短期和中长期“三个关系”，明确了总体原则和“十四五”期间的重点工作任务，对推动“碳达峰、碳中和”作出全面动员和系统部署，形成了习近平生态文明思想的最新原创性成果，对如期实现“双碳”目标具有重大而深远的指导意义，为能源电力发展提供了强大的思想武器、明确的行动纲领、科学的方法路径，必将给能源电力领域带来革命性变革。

当前，我国已成为全球新能源装机规模最大、电气化水平提升最快的国家，未来能源转型进程将持续深化。预计 2030 年左右，风能和太阳能发电装机规模将超过煤电，成为第一大电源。

第二节　配电网有源化面临的新问题

新能源发电具有空间分布广、单体数量大、运行特性复杂的特点。未来，全国集中式和分布式新能源发电单元将达到数千万个，进而运行控制层级增多、信号数量可达到数十亿个，这使得电力系统将成为一个多时空尺度、多层级、多系统耦合的复杂而庞大的系统，电网形态将发生深刻变革。

随着一系列政策的出台、技术的突破，为分布式光伏的迅猛发展奠定了良好基础。分布式光伏已逐渐成为光伏产业发展的“主力军”。大规模分布式光伏接入配电网，传统配电网正在发生深刻变化。从物理而言，无源网变为有源网；从形态而言，被动网变为主动网；从功能而言，供电网变为综合能源/信息网；从定位而言，电网末端变为电网前端；从发展方向而言，一片管理空白变为创新热土。分布式光伏大规模开发利用以及储能配置发展，更加剧了配网的变化，兼具电力保供最后 100m 和能源转型前沿的双重特征。

分布式新能源大规模发展和高比例接入，电力系统的物理基础、功能形态将发生深刻变化，“双高”“双峰”特征将进一步凸显，电网既面临着保障电网安全运行和可靠供电的巨大考验，也面临着建设更加智慧、更加绿色、更加安全、更加友好的能源互联网的重大机遇。建设有源配电网的过程，实际上是一次配电网的革命。有源配电网将承担绝大部分系统平衡和安全稳定的责任。有源配电网建设作为服务新能源发展的关键着力点，既是贯彻国家“双碳”战略的必然路径，也是破题安全、经济、绿色“不可能三角”的重要举措。

分布式新能源大规模接入使电网呈现“电源离散化、配网有源化、大电网一体化、系统电力电子化”特征，分布式新能源运行管理面临更严峻的挑战。

（一）电源接入呈现小型离散化形态，电网安全和网络防护措施存在短板

分布式新能源缺乏精准模型，无法准确辨识其风险特征。传统的以机械设备为主的高转动惯量系统正向以电力电子设备为主的低转动惯量系统转变，电网稳定性急剧下降。配网潮流电压大幅波动，造成低频减载实控容量减少，电压质量下降。海量分布式新能源经公网接入电力监控系统，将大幅增加网络安全防护压力。

（二）接入容量保持快速增长态势，电力平衡和新能源消纳的矛盾显著加剧

分布式新能源观测技术手段不足，增加电网负荷和新能源功率预测的难度，加剧低谷消纳和高峰供应保障的不确定性。分布式新能源资产主体体量小、数量多，市场主体形成模式和交易规则复杂，难以快速形成市场化消纳机制。单纯电网标准不再满足电力

系统需要。

（三）电网业务出现向低压下沉趋势，海量数据接入和实时调控技术手段尚不完备

数据采集主要依托用电信息采集系统，采集密度、时延、成功率无法满足实时精准监视，采集通道不能支撑调度实时控制。电力系统既是智能电网的控制平台，也是资源配置平台，电网高度数字化、控制高度智能化、负荷多元化和物联网广泛应用，现有的技术手段难以满足实现多能互补、源荷互动技术上的要求。

（四）管理基于无源配电网模式，协同管控机制差异化不足

当前的管理机制、规则主要基于无源配电网模式或集中式并网模式。分布式新能源从配网侧海量接入，使配网变为一张拥有众多随机、分散小电源的发电网。大规模分布式新能源自下而上涌入，配网的结构和适应性对主网规划产生巨大影响，主配网的边界和功能定位相互渗透融合。

第三节 保定有源配电网建设情况

保定有源配电网建设以解决海量分布式新能源接入引发的系统安全性降低、调峰难度增大、电能质量下降等一系列具体问题为目标，以提升有源配电网运行监测、功率预测和灵活调控能力，全面强化分布式新能源并网及运行管理为路径，着力打造信息透明、调控灵活、源荷互动、主配协同的分布式新能源管理体系。

（1）“信息透明”：解决海量分布式光伏“不可见”问题，实现分布式新能源的可观、可测，具备分布式新能源的有效感知能力和精准功率预测能力。

（2）“调控灵活”：研究解决海量分布式光伏“不可控”问题，实现分布式新能源的可控、可调，利用 5G 等新技术实现多级协同控制，具备对电网频率、电压快速支撑响应能力。

（3）“源荷互动”：研究解决荷侧“不可调”问题，深化“源网荷储”协同控制应用，拓展分布式新能源精准控制、负荷聚合调控、区域能源协调控制等多种模式，推动电网向“源荷互动”转变。

（4）“主配协同”：研究解决主配网安全及多级协同调控问题，推动主配网多源数据融合，加强主配网方式的双向统筹，闭环管控，构建主配协同、分级管控的三道防线防御体系。

保定有源配电网建设工作包括强化顶层设计、加强安全管控、深化技术支撑、优化配网运营等 4 个方面、16 项建设任务，基本涵盖了整县分布式光伏开发所涉及的顶层设计思路、技术路线探索、管理模式创新等内容。保定有源配电网建设分三个阶段开展，2021 年为先行阶段，重点抓顶层设计和群调群控技术攻关，2022～2023 年为拓展示范阶段，2024～2025 年为全面深化阶段，最终建成有源配电网管理示范区。

按照“双碳”目标推进能源清洁低碳转型，是一项非常复杂、紧迫的系统工程，涉及全社会方方面面，涉及能源电力产业全链条，需要各方共同努力，加强行业协同、统筹规划。在这样一个进程中，找准保定有源配电网建设的角色定位，处理好远期与近期、

发展与安全、低碳与高效、转型与成本、技术与市场、能源与经济、能源与社会等各种关系，积极发挥引领和助推作用，是极具难度和挑战性的。

保定有源配电网建设探索过程中，始终注重把握四个原则：**一是**注重前瞻性，符合行业和企业转型发展的方向；**二是**注重可行性，符合公司现有的基础和条件；**三是**注重延续性，符合继承与发扬、守正与创新相结合的原则；**四是**注重针对性，符合问题导向、目标导向和结果导向。

为解决分布式光伏规模化快速接入与电网适应能力和调控能力不足之间的矛盾，通过技术创新和管理升级，探索掌控分布式新能源和有源配电网运行特性，初步实现“信息透明、调控灵活、源荷互动、主配协同”等四阶段成效，循序渐进、相互支撑、迭代提升，有源配电网综合管理体系已现雏形，为适应分布式光伏大规模发展的有源配电网提供了能监测、能预测、能控制、能支撑、能管理的有效实践。

第二章

源网状态实时感知技术

第一节　基于营销用采系统的分布式光伏运行数据分钟级采集

一、实施背景

建立有源配电网监控体系的首要前提或目标是做到信息透明，即实现分布式新能源的可观，具备分布式新能源的有效感知能力。由于 380V 户用分布式光伏具有散、小、多的特点，按照传统方式通过光伏直传或组团直传方式接入调度系统，实现海量分布式光伏的全感知，无疑需要极大的资金投入和工程量，短时间内无法形成规模。而当下分布式光伏并网规模与日俱增，部分地区已成为发电主体，电网末端已出现了“反送过载”的问题，急需实现光伏运行数据的全采集。因此，迫切需要一种低成本、可快速推广、采集精度满足需要的分布式光伏运行数据采集方法。

二、主要做法

以用电信息采集系统为基础，以提升光伏数据采集频度、传输时效性为抓手，致力于在调度控制系统上获取分钟级、低延时的全量分布式光伏数据，作为调度监测、统计分析、电网决策的数据基础，实现调度端对分布式户用光伏从“后知后觉”到“实时感知”的突破。

（一）分布式光伏分钟级采集总体架构

传统用电信息采集系统对光伏电表电流、电压、功率等量测数据采集频度为 15min 一次，无法满足调控中心对分布式光伏监测、分析的需求。依托 HPLC（高速电力载波通信）通道，通过对集中器进行配置升级，提升对光伏电表的采集频度，可获取采集频度为 1min 级的高频采样数据，并通过 4G 公网实时将数据传送给用采系统。用采系统对原始分钟级采集报文进行解析入库后，将光伏数据通过 Kafka（一种高吞吐量的分布式发布订阅消息系统）机制转发至数据中台进行共享。调控云系统从数据中台 Kafka 消息平台获取光伏高频采样数据，在本地系统进行展示的同时，将数据打包成 cim/e（电网通用模型描述）文本，传递给调度控制系统Ⅲ区代理服务器（可复用 Web 服务器），Ⅲ区代理服务器再通过反向隔离装置将数据传递给 DScada（配网 Scada）服务器，从而实现调度控制系统对分布式光伏的分钟级高频采集，如图 2-1 所示。

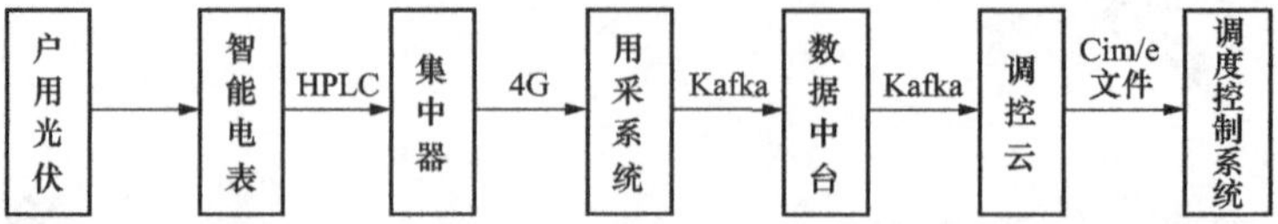

图 2-1　光伏分钟级数据信息流

（二）集中器配置升级，助力分钟级高频数据获取

集中器在分布式光伏高频采集流程中属于前端采集环节。通过对集中器进行多次分钟级采样测试，最终形成以下实施方案。

1. 抄表内实时数据存储为分钟冻结数据

经测试抄读电能表内分钟冻结数据，发现在运电能表中部分 13 版和 09 版单相表不支持冻结负荷记录，而支持冻结负荷记录的大部分在运 DL/T 645 协议电能表的负荷类数据冻结密度为 24 点/天，无法支持分钟采集频次，因此，综合考虑选取抄表内实时数据存储为分钟冻结数据。

2. 优化上报任务保证数据传输时效性

经测试，上报延时为 10～20s 时能保证分钟级数据上传时效性，因此，定义 10、15、20s 三种上报延时配置方式，可根据台区规模大小进行选配。因为光伏夜间不发电，为了尽可能地降低集中器的负载，所以上报执行时段选定为每日 05:00—20:00。按数据使用量、时效性、重要程度等方面，对集中器多个任务进行优先级划分，确保分钟级数据可靠上传。集中器任务优先级划分见表 2-1。

表 2-1　　集中器任务优先级划分

优先级层次	优先级序号（越小优先级越高）
一级事件	1
1min 高频采集	2
日冻结	3
15min、小时高频采集	4
二级事件	5
三级事件	5

3. 优化配置采集数据项

在通信环境理想的情况下，用户规模在 200 户以上台区 15min 高频采集任务（营销固有采集任务）抄读时间为 250～300s。如果增加电流、电压、功率等多个数据项的分钟级采集任务后，原 15min 高频采集任务的抄读执行时间将过长，影响营销原固有数据的正常抄读。通过测试采集电压、电流、功率等多种数据组合的情况下各任务的执行情况，得出结论：为保证分钟级数据在 1min 采集完成，同时确保不影响集中器原抄读数据内容，分钟级采集数据项只可包含光伏有功功率一个数据。经过调研，光伏有功出力已可满足调控中心对光伏的监测需求。

（三）用采系统高效转发，构建数据传输捷径

用采系统在分布式光伏高频采集流程中属于数据汇集环节。经研究，可行的数据汇集转发技术方案主要有 3 种。

方案 1：通过营销基础数据平台同步数据。

依托营销基础数据平台，将用采系统中涉及的目标数据统一归档至采集查询库中，进而通过 OGG（基于日志的结构化数据备份）方式实现从查询库整体同步至数据中台。

由于营销基础数据平台已部署 OGG 采集查询库实时同步数据业务，该方案实施工期短、工作量小，对当前用采业务的影响小、改动少。同时，由于用采系统数据是直接存入 HBASE 库再依次同步至生产库、查询库的原因，该方案时效性不强。另外，由于数据需首先在数据中台（全业务平台）侧汇集，数据汇集链条长、数据时效性差，数据汇集过程易受查询库、数据中台（全业务平台）的处理能力、处理策略等因素的影响。该方案的数据流向如图 2-2 所示。

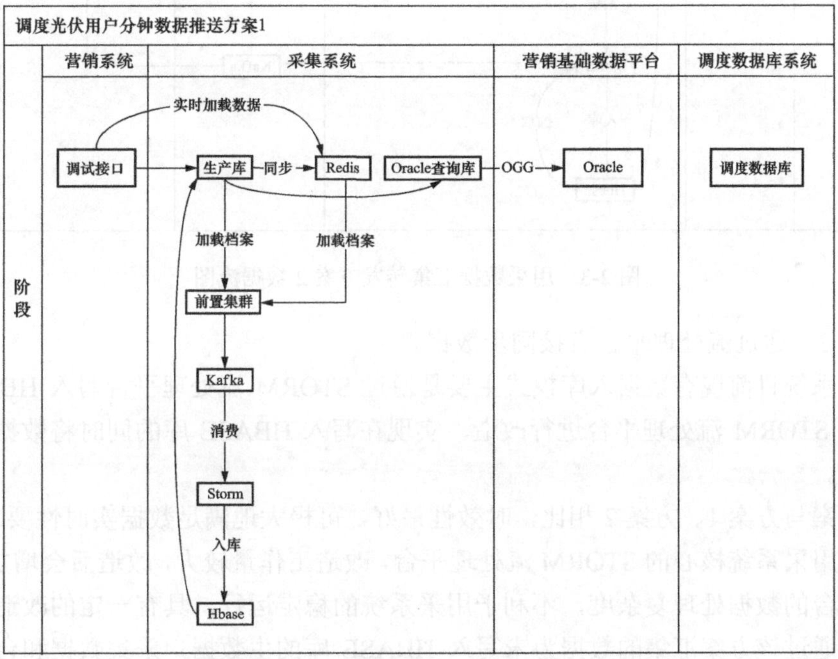

图 2-2 用采数据汇集转发方案 1 数据流图

方案 2：通过抽取 HBASE 库同步数据。

开发新型数据同步程序，获取 STORM 流处理平台写入 HBASE 库后的目标数据，并将数据存入数据中台侧的 KAFKA 消息系统中，实现公司层面的数据共享，调控中心依托调控云从 KAFKA 获取数据。

该方案相比方案 1 有较好的数据时效性，可将数据延迟控制在 15min 以内。同时，该方案独立于用采系统核心业务流程之外，避免了对用采系统现有业务流程的影响。另外，通过该方案汇集的数据为用采系统归档后的熟数据，采集数据和台账数据的一致性

能得到保障，不存在数据一致性的问题。但是，涉及内容广泛，开发实现的工作量较大。该方案的数据流向如图 2-3 所示。

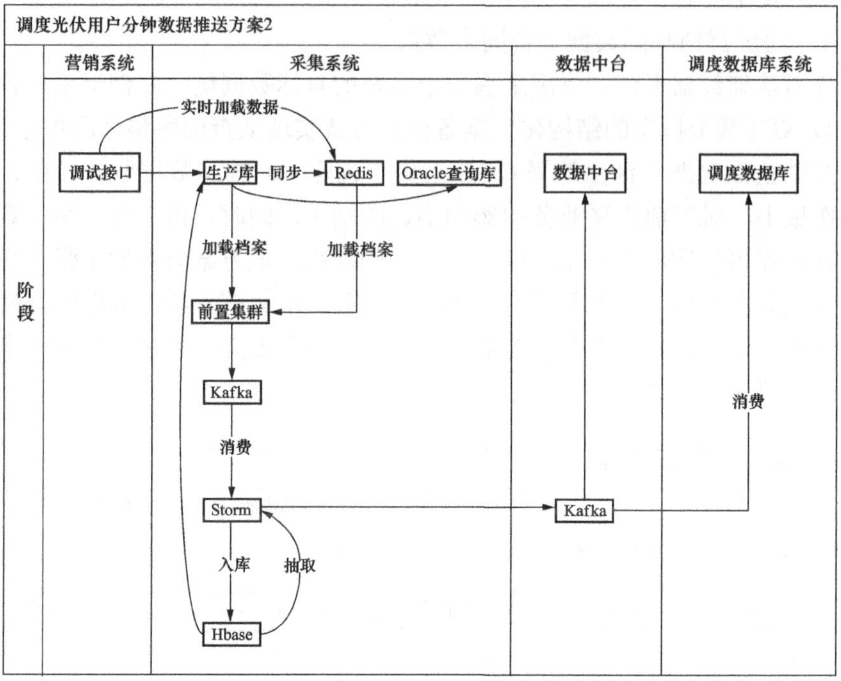

图 2-3　用采数据汇集转发方案 2 数据流图

方案 3：通过流处理平台直接同步数据。

用采系统目前现有数据入库模式主要是通过 STORM 流处理平台写入 HBASE 库，可尝试对 STORM 流处理平台进行改造，实现在写入 HBASE 库的同时将数据一并写入数据中台。

该方案与方案 1、方案 2 相比，时效性最好，可极大地满足数据实时性要求。但是，由于涉及用采系统核心的 STORM 流处理平台，改造工作量较大，改造后会增加 STORM 流处理平台的数据处理复杂度，不利于用采系统的稳定运行，具有一定的改造风险。另外，由于通过该方案汇集的数据为未写入 HBASE 库的生数据，采集数据和台账数据的一致性无法保障，存在数据一致性的问题。该方案的数据流向如图 2-4 所示。

综合考虑数据时效性、稳定性、复杂度及工作量等因素，得出各技术方案对比如表 2-2 所示。建议选用方案 3，数据实时性、稳定性均最佳，对用采系统影响大、数据一致性等问题，可以通过优化用采系统业务流程、加强专业管理等方式来弥补。

表 2-2　各数据汇集方案对比

序号	数据汇集方案	时效性	稳定性	对用采业务的影响	数据汇集流程复杂度	工作量	数据一致性
1	方案 1：营销基础数据平台同步数据	一般	差	小	较复杂	小	有保障

续表

序号	数据汇集方案	时效性	稳定性	对用采业务的影响	数据汇集流程复杂度	工作量	数据一致性
2	方案 2：抽取 HBASE 数据对外同步	好	好	中	一般	中	有保障
3	方案 3：STORM 流处理平台写入（推荐）	非常好	好	大	一般	中	无保障

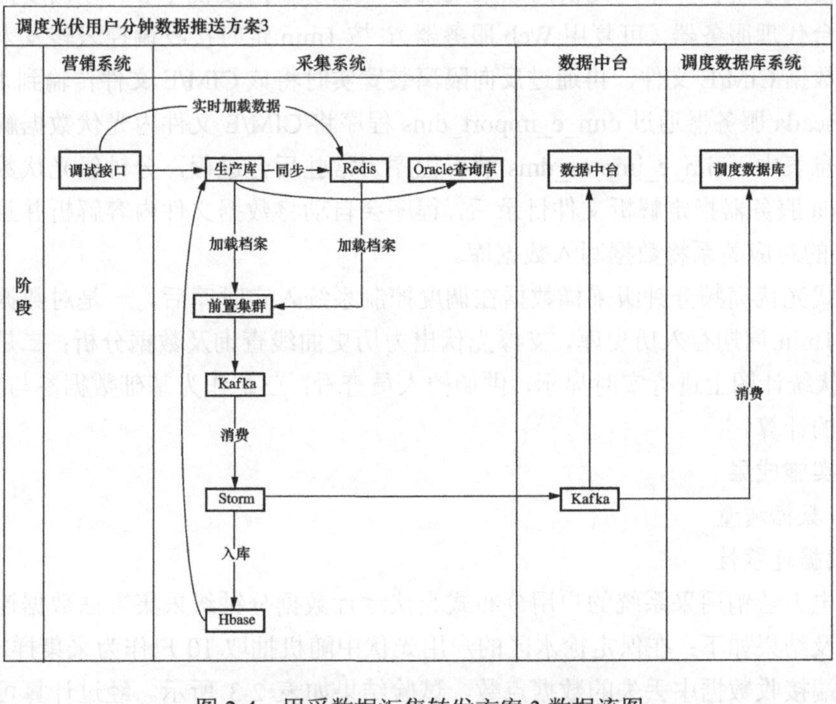

图 2-4 用采数据汇集转发方案 3 数据流图

（四）搭建数据中台 Kafka 消息平台，打造数据传输高速公路

数据中台在分布式光伏高频采集流程中属于数据转发环节。为了达到海量分布式光伏数据传输高吞吐、低延时、高并发、高可靠目标，在数据中台搭建 Kafka 消息平台，通过发布/订阅模式实现用采系统到调控云的数据摆渡。用采系统作为 Producer（生产者）将光伏分钟级数据存储于 Kafka 服务集群，调控云作为 Consumer（消费者）再将光伏分钟级数据进行同步提取。

（五）调控云时序存储，实现数据高效入库

调控云在分布式光伏高频采集流程中属于数据转发环节。所采集的光伏数据类型主要是分为两种，一种是光伏设备台账信息，另一种是光伏发电的电力量测数据。为提升光伏运行数据平台高可用、高性能特性和业务承载能力，建立分布式时间序列数据库，对分布式光伏数据进行高效存储。

光伏台账信息由数据中台从营销用采系统同步到 DWS 数据仓库中，调控云通过 Kettle（一种高效的数据库操作软件）从数据中台的 DWS 库同步到调控云的 TiDB 数据库。光伏量测数据方面，调控云通过 Nifi（一种实时数据流出力系统）处理数据中台 Kafka 队列中的消息，解析 Kafka 中的 Json 格式消息体，把光伏量测数据存入时序数据库中。

在调控云本地实现光伏运行数据与光伏台账数据的查询、统计、展示，并将光伏运行数据生成 CIM/E 文件，按 1min 定时发送给调度控制系统。

（六）调度端跨隔离采集接收，保障全路径网络安全

调度控制系统在分布式光伏高频采集流程中属于数据接收环节。在调度控制系统III区部署一台代理服务器（可复用 Web 服务器），按 1min 定时接收调控云转发来的分布式光伏运行数据 CIM/E 文件，再通过反向隔离装置实时将该 CIM/E 文件传输到 I 区 dscada 服务器。dscada 服务器通过 cim_e_import_dms 程序将 CIM/E 文件内光伏数据解析写入光伏电表信息表中。cim_e_import_dms 解析程序为常驻后台进程，分钟级光伏数据文件发送到 dscada 服务器指定解析文件目录后，程序会自动将数据文件内容解析并且通过与营销电表 id 的对应关系将数据写入数据库。

分布式光伏高频分钟级采样数据在调度控制系统入实时库后，一是对数据进行采样定义，按 1min 周期存入历史库，支撑光伏出力历史曲线查询及数据分析；二是在配网单线图、光伏统计图上进行实时显示，供调控人员查看；三是作为基础数据参与过载控制、调峰控制的计算。

三、实施成果

（一）数据质量

1. 数据连续性

基于电力营销用采系统的户用分布式光伏运行数据分钟级采集方法数据连续性好。实测过程及结果如下：在保定徐水区的户用光伏中随机抽取 10 户作为采集样本，监测 5 天内调度端接收数据中丢失的数据点数，试验结果如表 2-3 所示。经过计算可得，平均丢点率仅为 0.2%，满足对分布式光伏的监测需求。

表 2-3　　数据连续性试验结果

光伏	样本 1	样本 2	样本 3	样本 4	样本 5	样本 6	样本 7	样本 8	样本 9	样本 10
丢失点数	1	8	15	0	31	2	0	20	0	0

光伏分钟级发电曲线与原 15min 级发电曲线对比如图 2-5 所示。

2. 数据传输延时

经测试，在 4G 网络信号良好的情况下，光伏电表分钟级数据上传至用电信息采集系统的时延约为 15s；用电信息采集系统经数据中台 Kafka 消息平台传至调控云的数据时延为 1～2s；调控云到调度控制系统数据转发的数据时延约为 40s。因此，整体数据传输延时约为 1min，满足对分布式光伏的监测需求。

（二）经济效应

通过对比的方式对基于电力营销用采系统的户用分布式光伏运行数据分钟级采集技术的经济性进行阐述。

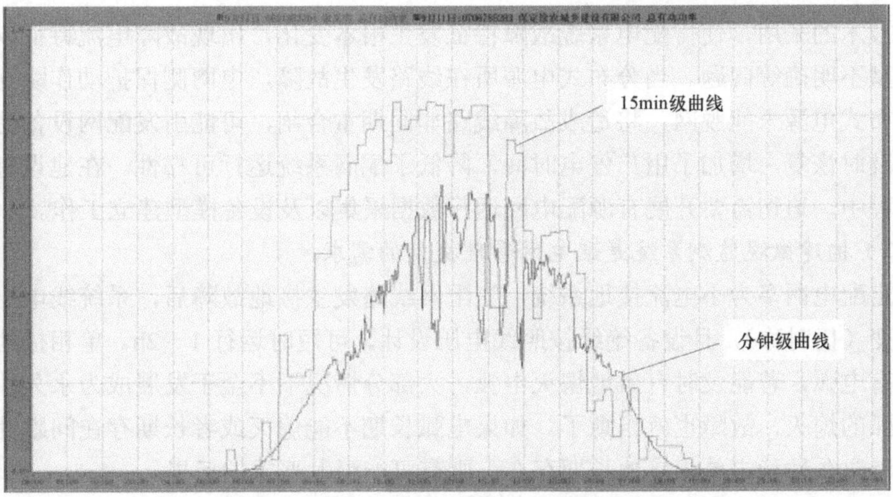

图 2-5 光伏 15min 级与分钟级发电曲线对比

传统的分布式光伏采集技术：改造投资大，为实现广域范围内分布式光伏的全采集，需在每个光伏侧都加装网络设备及采集终端，每户的设备费用、安装费用总计约 2000 元，以保定电网目前在网的 10 万个户用分布式光伏全部改造为例进行计算，总共约需 2 亿元。快速推广性差，时间成本高，由于户用分布式光伏在网数量巨大，对所有分布式光伏进行改造具有非常大的工作量，势必造成改造时间超长，在短期内无法快速形成规模。

基于电力营销用采系统的户用分布式光伏运行数据分钟级采集技术：改造投资小，利用电力营销用采系统对光伏电表固有的采集体系，减免了光伏侧的改造投资，只需在主站侧系统部署或升级相关软件，改造投资仅需约 200 万元。快速推广性强，时间成本低，工作量主要集中在主站系统软件升级上，可快速实现全网范围内分布式光伏的控制。

（三）应用成果

基于营销用采系统的分布式光伏运行数据分钟级采集技术已率先在保定徐水全面应用，并在河北南网推广，实现了电网公司对分布式光伏的全面监测。

第二节 微秒级采集

一、实施背景

大量分布式新能源在距离用户更近的配电网末端接入后，出现配电网末端电压越限、谐波含量超标以及保护配合困难等一系列问题，构建面向新能源高比例渗透，源荷互动的有源配电网实时动态监测系统已然成为新形势下的重点工作任务。

（一）构建微观监测系统是优化配电网保护的需求

配电网保护多采用阶段式电流保护，在分布式电源高渗透接入电网后面临新的挑战。分布式电源接入后由于其出力的间歇性、随机波动性以及发电利用方式等，导致配电系统潮流方向、变化范围改变，造成配电系统保护配合困难。同时由于分布式电源大量电力电子技术的采用，使得配电系统故障特征发生根本变化，出现故障电流特征以及故障计算模型不明确等问题。当分布式电源所在线路发生故障，电网侧保护动作跳闸后，如此时分布式电源未能脱网，将造成故障线路非同期重合闸，可能引发配网设备受损或线路无法及时恢复，增加了用户停电时间，降低了配网系统运行可靠性。在建设有源配电网的进程中，迫切需要开展有源配电网运行数据采集以及设备模型建立工作。

（二）构建微观监测系统是配电网管理提升的需求

保定配电网多为小电流接地系统，当配网线路发生接地故障后，系统线电压大小和相位不变（仍对称），且设备绝缘按照线电压设计，可短时运行 1～2h。单相接地故障一般伴随有电弧，若能及时有效地熄灭电弧，大部分情况下不至于发展成为永久性故障，随着电弧的熄灭，故障也就自愈了。如果电弧长期不能熄灭或者长期存在间歇性弧光接地，或者永久性稳定单相接地长期存在，则有可能引发严重的后果。

传统电缆型、架空型等故障指示器，在确定线路中故障发生的位置方面精准度太低，无法给出具体的定位信息，效益较低，无法自动化地监测配电网系统运行。在调度端构建基于高精广域同步技术的 PMU 微观监测系统，实现配电网故障信息实时精准上传，可有效解决调度人员逐一拉路查找故障线路效率低下，以及易引发变电站内断路器设备故障等问题。

随着我国配网自动化水平不断提升，远程终端单元（RTU）被广泛应用于传统配电网，实现对电压、电流、有功、无功等稳态测量数据的监视，但存在数据可靠性、实时性、准确性较差等问题，并且无法监测配电网暂态运行数据。目前，同步相量测量装置（phasor measurement unit，PMU）已广泛应用于电力系统发电、变电和输电系统，同时因其可胜任风电、新能源、储能等惯性时间常数小的快速响应系统中变化过程的监测，也正积极向有源配电网推广。

依托高精广域同步 PMU 装置构建有源配电网微观监测系统，进而实现调度端对有源配电网全状态运行信息的微秒级监测，有利于开展分布式新能源在配电网运行状态分析和新能源设备建模验证工作，对有源配电网建设具有重要意义。

二、主要做法

基于高精广域同步技术的 PMU 微观监测系统，整体包含感知层、接入层和应用层三部分。高精度广域同步 PMU 采集单元组成系统的感知层，变电站有源配电网微观采集系统作为接入层，应用层为调度主站的数据处理系统。微观监测系统不但能实现调度员对有源配电网全状态运行信息的感知，还能精准研判配网故障位置并上送调度监控系统，进而提高配电网故障处置效率。

（一）系统建设总体方案

选取配电网内户用分布式光伏安装容量大且分散性特征明显的 10kV 线路，在线路典型位置安装基于高精度广域同步技术的 PMU 设备，并在线路所属变电站内部署微观采集系统，通过网络安全加密装置和无线路由设备，经电力无线专网接入调度主站安全接入区，最终实现站端系统采集到的微观数据和配电网运行状态，在调度主站数据处理系统的展示。安全接入区内包括正向隔离装置、反向隔离装置、千兆纵向加密装置和前置服务器等设备。图 2-6 所示为 PMU 微观监测系统网络拓扑示意。

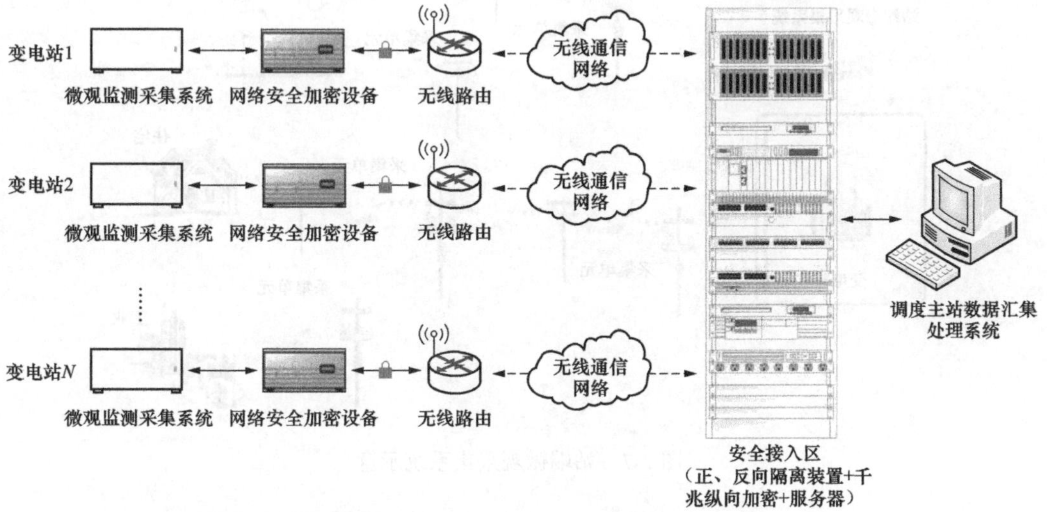

图 2-6 PMU 微观监测系统网络拓扑示意

（二）站端微观采集系统（见图 2-7）

站端微观采集系统包括安装在有源配电网内 10kV 线路典型位置的高精度广域同步 PMU 采集单元和站内微观采集系统。

采集单元负责完成安装点电流、温度、谐波等数据的实时采集和远传，负责接收站内采集系统下发的召测指令，并汇集当前时刻下录波数据上传至站内采集系统。该采集单元具有可带电装卸、感应自取电、1μs 广域同步、12.8kHz 采样频率以及支持配网双向潮流或环网运行等功能。每套采集单元均可接受 GPS/北斗对时，与世界标准时间 UTC 绝对同步，保证了单一监测点零序电流合成的准确性和不同监测点同一时刻数据的精确同步。并且可录制每个周波 256 点采样波形，高保真保留任意时刻的暂态和稳态信息。

站内微观采集系统负责采集 10kV 母线零序电压和三相电压，连续存储带有时间标签的瞬时电压波形，并与采集单元实时交互配电网各节点电流信息，计算基波和各次谐波有效值，检测零序电压突变或越限，动态研判配电网运行状况。然后按规定方式将数据结果传输给调度主站，可有效减少传感器与主站之间的数据通信量。该微观监测系统可支持多种安装方式，具有启动触发电流传感器的暂态录波、支持 101/104 等调度通用通信规约和安全接入规定等功能。

（三）调度主站数据处理系统（见图 2-8）

调度主站数据处理系统负责站端微观采集系统的配置管理和数据存储，并通过集成的智能算法分析配电网微秒级采集数据，实现全状态下波形召测功能，包括故障录波自动上送、运行波形周期性召测、运行波形实时一键召测和录波文件下载功能。通过调度端系统界面可以实现故障波形短路/接地/召测等不同类型波形筛选、录波文件电流/电压等通道筛选、任意通道组合分析和录制波形谐波分析展示等功能。

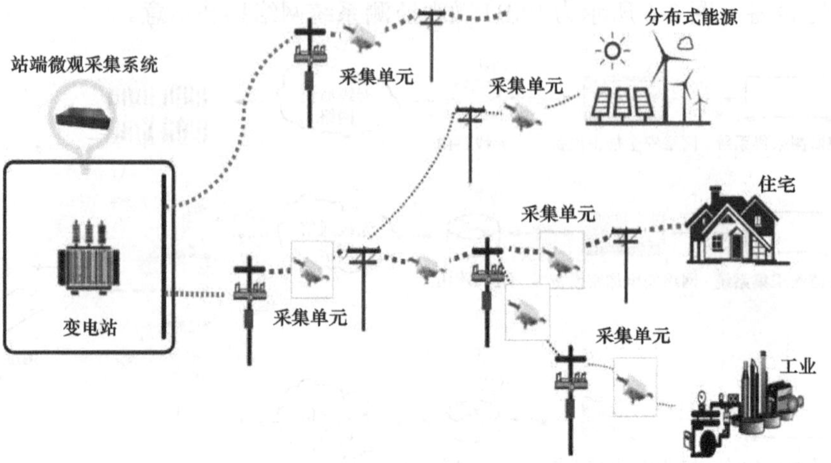

图 2-7　站端微观采集系统示意

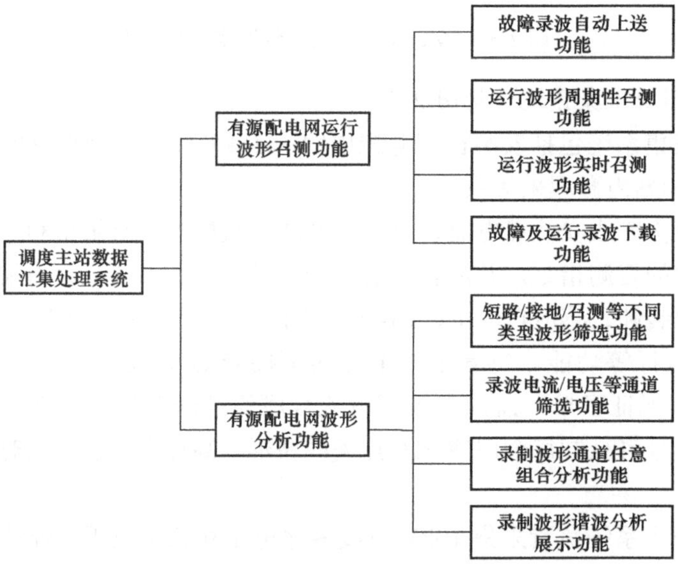

图 2-8　调度主站数据处理系统功能示意

（四）微观监测系统工作原理

微观监测系统工作分为故障状态主动上送和调度主站主动召测两种运行模式。

（1）故障状态主动上送模式。站内微观采集系统通过母线电压或采集单元电流情况，判断配电网发生故障后，记录时刻 t_1 下发至线路采集单元，采集单元将此时刻前 5 个周波和后 45 个周波的微秒级录波数据打包，并通过电力无线专网发送至站内微观采集系统。微观采集系统将所有采集单元电流采样以及自身采集到的同时刻电压采样进行汇总处理，以标准波形文件格式经主站安全接入区，传送至调度主站数据处理系统。

（2）调度主站主动召测模式。调度主站数据处理系统根据调度员操作或周期性生成召测指令，通过电力无线专网传输至站内微观采集系统，采集系统记录当下时刻 t_1 下发至线路采集单元，采集单元将此时刻下前4个周波和后8个周波的微秒级录波数据打包，发送至站内微观采集系统，采集系统进行汇总处理，并以标准波形文件的格式通过网络传输设备传送至调度主站数据处理系统。

三、实施成果

选取户用分布式光伏安装容量大且分散性特征明显的4站22条10kV线路安装47套PMU采集单元。在相应变电站部署站端微观采集系统，以及在调度端配套部署主站数据处理系统，通过运行实践，采集到大量有源配电网运行信息。下面针对系统监测到的有源配电网接地、相间故障，以及正常运行状态下的微秒级微观数据进行简要分析。

（一）单相接地

2021-07-3008:47:08，某站10kV出线发生接地故障，通过微观监测系统录波发现513线路零序电压微分与零序电流反向，其余线路均为同向，可判断接地故障发生在513线路，如图2-9所示。

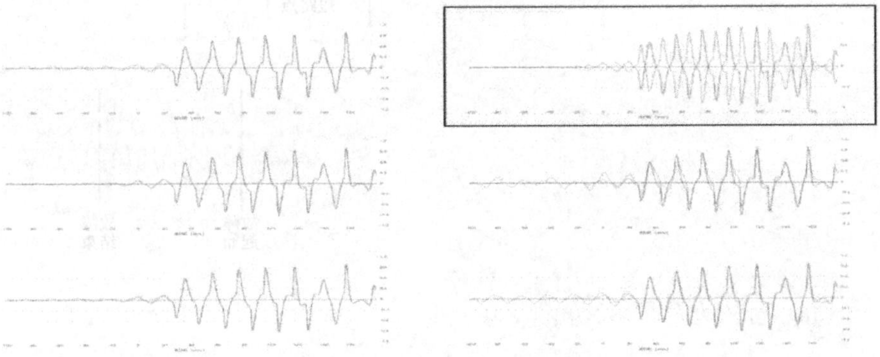

图2-9 线路零序电压微分与零序电流情况示意

选定故障过程中某一时刻分析各线路零序电流情况（见图2-10），513间隔零序电流与其他线路的零序电流方向相反，峰值为250A左右，其他线路峰值分别为27、7、83、75、50A。满足中心点不接地系统中，故障线路接地容性电流等于非故障线路的对地电容电流之和相关结论，判断接地点在513线路。

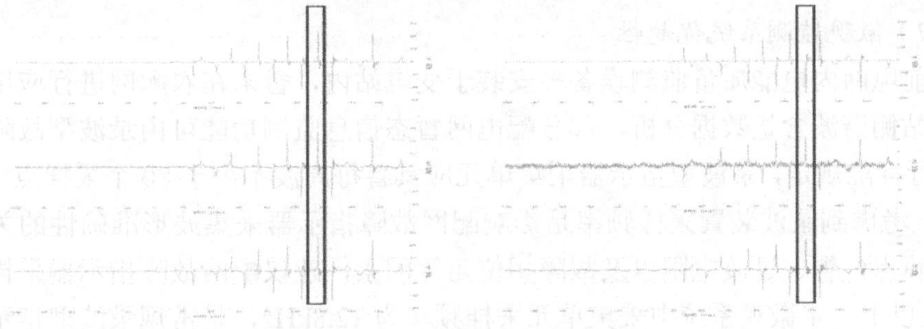

图2-10 各线路零序电流情况示意

（二）相间故障

2021-09-1513:56:58，某站 514 出线发生 AB 相相间短路故障，故障位置如图 2-11 所示，其中 6 号采集单元安装点下分布式屋顶光伏总容量约为 1104kW。通过录制波形可知，整体故障持续时间约为 110ms，最终故障点上级分支断路器跳开，系统恢复正常。

故障发生时，2 号采集单元处电流为系统提供的短路电流，6 号采集单元处电流为分布式光伏提供故障电流（6 号采集单元下无其他电源类设备）。故障发生后，6 号采集单元处电流明显增加，并出现负序特征（由故障前的 ABC 相序转变为 ACB），电流变化时间与 2 号采集单元故障持续时间一致，由此判断故障过程中分布式屋顶光伏可对故障点提供故障电流。该波形显示故障过程中分布式光伏提供电流未超出其稳态状态下输出电流 1.2 倍。整个故障过程系统录波文件完整，采集精度满足故障分析需求。

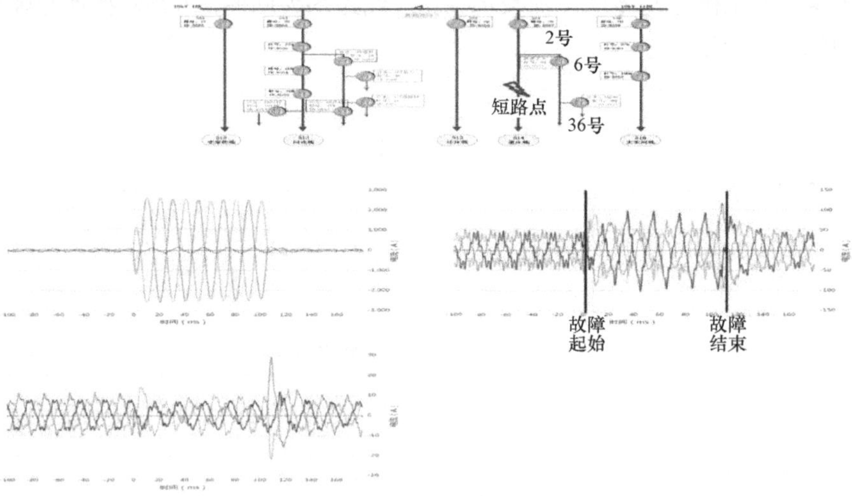

图 2-11　514 线路相间故障情况示意

（三）谐波分析

选定某站 511 线路不同安装位置采集单元数据，进行同时刻、同相别下的电流谐波分析。图 2-12 中的左侧为近变电站侧采集单元录波，右侧为近分布式光伏侧采集单元录波。可以看出，在近分布式光伏处的电流谐波含量明显高于近变电站侧的谐波含量，主要以奇次谐波为主，且 5、7 次谐波含量居多。

（四）微观监测系统优越性

目前电网内电能质量监测设备多安装于变电站内，暂未在农配网进行应用，只能开展变电站侧谐波含量数据分析，部分配电网暂态信息监测功能可由录波型故障指示器实现。现行标准规定，录波型指示器采集单元应具备每周波不少于 80 个采样点（采样频率 4kHz），考虑到录波装置采样频率是影响配网故障指示器采集波形准确性的关键指标，考虑故障点位置、过渡电阻以及故障相位角等因素，建议配网故障指示器采样频率达到 6kHz 及以上。本微观系统中采集单元采样频率为 12.8kHz，是常规录波型指示器采样频率的 3 倍。同时其同步广域同步为 1μs，相比于传统录波型故障指示器，可高保真还原有源配电网暂态波形，便于更精准地开展高次谐波含量数据分析。图 2-12 所示为线路谐波含量对比示意。

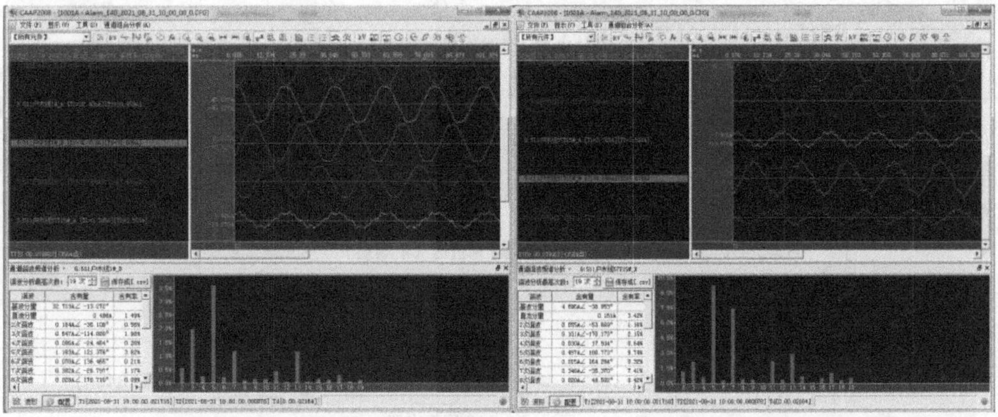

图 2-12 线路谐波含量对比示意

第三节 调度侧经智能融合终端直接监测

一、实施背景

智能融合终端是安装在低压台区的智能化采集与控制终端，满足高性能并发、大容量存储、多采集对象、就地化分析决策、协同计算需求，具有数据采集、设备运行状态监测、电能计量等功能，支撑营销、配电及新兴业务发展需求。

2021 年河北电力贯彻落实国家电网智慧物联体系建设工作部署，以统一云边交互协议、统一平台管理为原则，智能融合终端，严格遵循“一台区一终端”“一发一收”要求，采用一张 SIM 卡采集各类数据，配电、营销业务数据上送至物联管理平台，由物联管理平台转发至配电自动化云主站及用采主站，配电和用采主站通过调用物联管理平台的服务实现对终端的设备管理和 App 下发，支撑低压配电网生产业务与营销业务同步开展，满足配网业务灵活、快速发展和安全生产的需求。

按照智能融合终端配网“边”设备的定位，其功能可实现对分布式光伏“端”设备的采集，但智能融合终端目前只上传配电、营销业务数据，未实现对调度业务的数据上传。通过技术革新可实现调度侧经智能融合终端直接监测分布式光伏。

二、主要做法

根据国调中心工作要求，河北电力对分布式光伏数据由智能融合终端汇集，并直传调度系统的可行性进行了论证，形成如下方案。

（一）整体架构

基于智能融合终端的分布式光伏直采直控方案如图 2-13 所示。该方案最上层为应用层，由地调 D5000 系统、分布式光伏群调群控系统及安全接入区相关设备构成；中间层为汇聚层，主要设备为智能融合终端、台区集中器及相关网络及安防设备；最下层为采集层，由逆变器及相关网络设备组成。

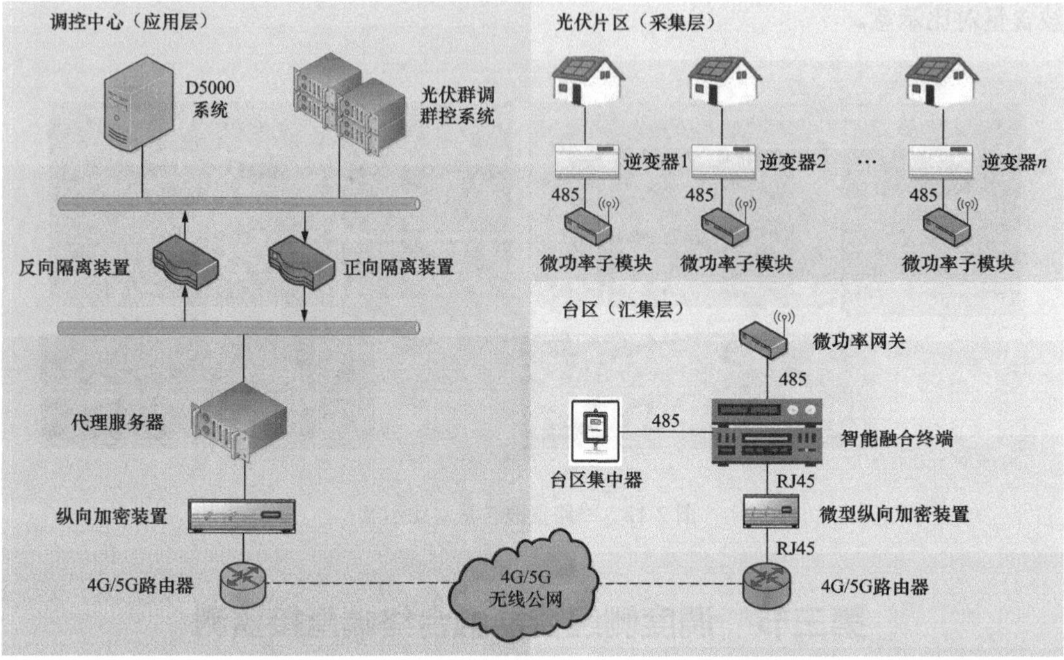

图 2-13　基于智能融合终端的分布式光伏直采直控方案

（二）光伏信息采集

目前，国网公司拟推广的设备、营销专业共用的二合一智能融合终端设计为向配电自动化和用采系统同时发送数据，未来增量配变将广泛应用，存量配变目前广泛使用的仍是配电智能融合终端。光伏信息采集方面，针对存量配变，可使用“配电融合终端+集中器”模式，针对增量配变，可复用“配电、营销”二合一融合终端，向配电自动化和用采系统发送数据的同时，一并发送数据至调度系统，从而实现分布式光伏数据的调度端采集。因此，主要有以下三种方案。

1. 配电融合终端+集中器

配电融合终端通过 RS485 接口与营销集中器进行通信，采集集中器中下辖光伏电表运行数据，经微型纵向加密装置或应用加密芯片技术，接入调度主站安全接入区，实现与调度主站通信。融合终端对下采用“融合终端-逆变器”模式，如图 2-14 所示。

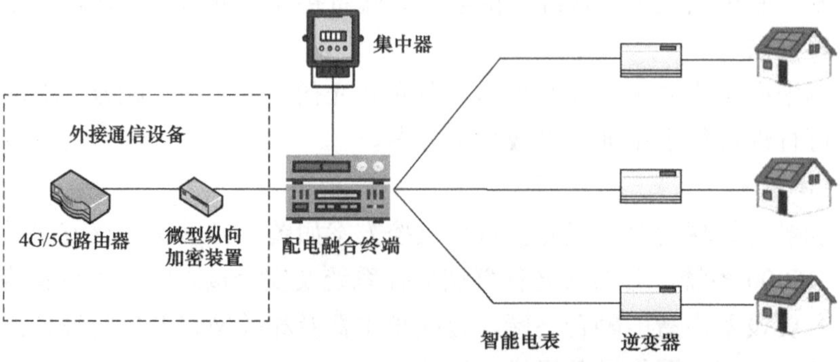

图 2-14　“配电融合终端+集中器”网络示意图

2. “二合一”融合终端外接通信设备

利用“二合一”融合终端以太网口外接通信设备，经微型纵向加密装置或应用加密芯片技术，接入调度主站安全接入区，实现与调度主站通信。融合终端对下采用“融合终端-智能电表-逆变器”模式，如图 2-15 所示。

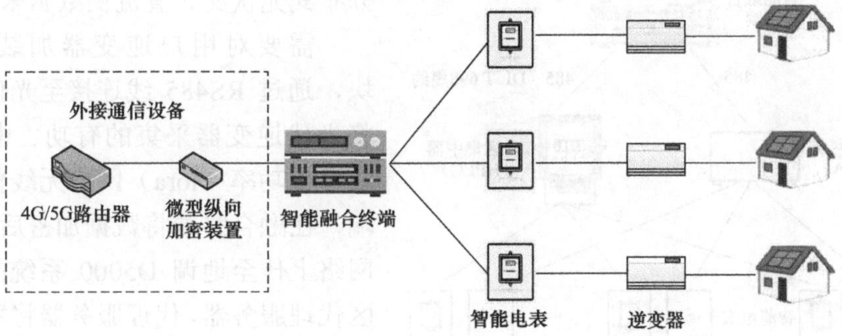

图 2-15 “二合一”融合终端外接通信设备网络示意图

3. “三合一”融合终端

在现有“二合一”融合终端设计方案基础上设计开发“三合一”融合终端，增加对接调度主站的4G/5G通信模块和加密芯片，应用与配电自动化相同的网络安全加密方式，采用IEC 104 规约经 4G/5G 无线公网，接入调度主站安全接入区，实现与调度主站通信，如图 2-16 所示。

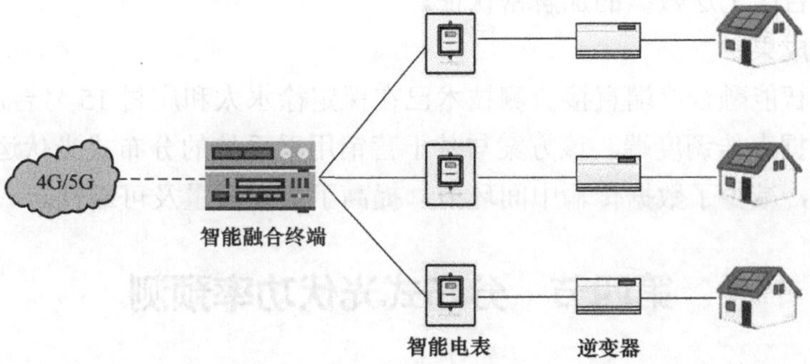

图 2-16 “三合一”融合终端通信网络示意图

融合终端对下通过载波通道（HPLC）与智能电表进行通信，抄读智能电表采集的光伏数据并上传调度主站，智能电表与光伏逆变器间使用 RS485 通信，向上转发光伏逆变器的有功、无功、电压、电流等量测数据。

（三）直采数据链路

河北电力基于智能融合终端构建了两条分布式光伏数据直采通道，如图 2-17 所示。

1. 基于融合终端和智能电表进行分布式光伏交流侧数据采集

融合终端通过 RS485 线与台区集中器进行通信，接收光伏电表采集的有功、无功、电压、电流等量测数据，经处理后将数据加密后通过 4G 网络上传至地调 D5000 系统的

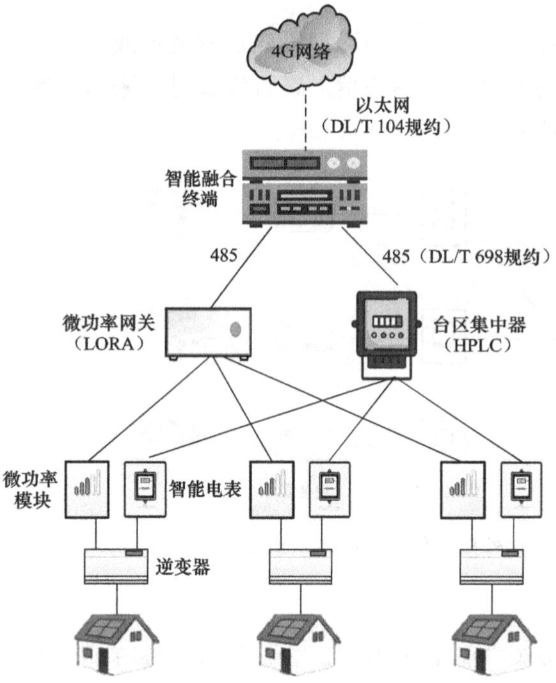

图 2-17　分布式光伏数据直采通道示意图

安全接入区代理服务器，代理服务器将数据解析为标准 CIM/E 文件，经反向隔离装置将数据推送至 D5000 系统。

2. 基于智能融合终端和逆变器进行分布式光伏交、直流侧数据采集

需要对用户逆变器加装微功率模块，通过 RS485 线连接至光伏逆变器，将光伏逆变器采集的有功、电流等数据通过微功率（lora）网络无线传至融合终端，在融合终端将数据加密后，通过 4G 网络上传至地调 D5000 系统的安全接入区代理服务器，代理服务器将数据解析为标准 CIM/E 文件，经反向隔离装置推送至 D5000 系统。

（四）网络安防方案

在地调侧部署安全接入区，安装正反向隔离装置，实现生产控制大区与互联网大区的物理隔离，安装千兆纵向加密装置，实现对下所有融合终端通信链路的加解密认证。融合终端侧对上部署微型纵向加密装置，实现本台区上送数据的加解密认证。

三、实施成果

调度侧经智能融合终端直接监测技术已在保定徐水太和庄村 15 号台区应用，将台区下 3 户光伏数据直传调度端。该方案与基于营销用采系统的分布式光伏运行数据分钟级采集技术相比，减少了数据传输中间环节，提高了数据质量及可靠性。

第四节　分布式光伏功率预测

一、实施背景

“双碳”目标提出后，加快建设有源配电网提上日程。分布式新能源将迎来高质量、跨越式发展。然而，随着配电网中分布式新能源渗透率不断增加，新能源输出功率的间歇性和随机性改变了配电网的运行特性，给电网安全运行带来了一系列挑战，尤其当配电网中接入的分布式电源渗透率比较高时会导致配变或母线、线路等辖区内的潮流分布情况与负荷形态发送巨大的转变，很可能导致传统的配变、母线、线路等设备因高比例分布式新能源的接入而过负荷运行，从而导致配变、母线、线路等设备遭受巨大的冲击；并且随着分布式光伏高比例接入，分布式光伏的出力随机性将大大增加电力负荷预测难度，给电网安全运行带来了一系列挑战。

国网河北电力调控中心、国网保定供电公司以涿州为试点，以科学管理分布式光伏

并网、提高分布式光伏功率预测准确率为目标，通过调研涿州分布式光伏数据接入、数值天气预报及台账管理情况等，研究分布式光伏出力特点，分别以变电站、线路、母线、配变为基本单元，研究分布式光伏功率四级预测模型，并建立分布式光伏功率预测系统，以提高分布式光伏功率预测准确率，从而为提高配变、线路、母线、变电站等自下而上的负荷预测准确率奠定基础。

（一）服务国家“双碳”目标、建设有源配电网的必然要求

2020年9月22日，国家主席习近平在第75届联合国大会一般性辩论上提出，中国将提高国家自主贡献力度，采取更加有力的政策和措施，二氧化碳排放力争于2030年前达到峰值，努力争取2060年前实现碳中和。

自“3060”碳排放目标提出后，可再生能源战略地位不断提高。在2020年10月17日召开的“可再生能源行业落实碳中和目标座谈会”上，生态环境部赵英民副部长指出，“未来的发展方向和总体目标已经明确，发展可再生能源有了更大的政治支持。未来国家将以更大的决心和力度加快能源结构向清洁低碳方向转型，提高可再生能源消费比例，大力发展风、光、水、核等新能源”。同时加快建设有源配电网，是电力工业促进自身碳减排、支撑全社会碳减排的必由之路，是实现电力工业高质量发展的必然选择。

为助力“双碳”目标的实现、加快形成以新能源为主体的电力供应格局，2021年7月5日，国家能源局综合司下发《关于报送整县（市、区）屋顶分布式光伏开发试点方案的通知》（以下简称《通知》），拟在全国组织开展整县（市、区）屋顶分布式光伏开发试点工作。《通知》强调，开展整县屋顶分布式光伏建设，有利于整合资源实现集约开发，有利于消减电力尖峰负荷，有利于节约优化配电网投资，有利于引导居民绿色能源消费，是实现“碳达峰、碳中和”与乡村振兴两大国家战略的重要措施。

未来分布式光伏的规模化应用和快速发展，亟需电网公司尽快做好分布式光伏的管理及消纳工作。当前分布式新能源的主要发电形式为分布式光伏发电，分布式光伏发电主要安装在农村或城市居民屋顶、工商业和行政事业单位以及公共设施等场合，且一般采用220/380V低压并网，并采用“自发自用、余电上网”模式并入配电台区。而局部高比例分布式光伏的接入将导致局部地区反送电比例增加，从而大大增加了电网运行及控制难度，也降低了电能质量水平、提高了电力负荷预测难度，给电网安全运行带来了一系列挑战。因此，以科学管理分布式光伏并网、提高分布式光伏功率预测准确率为目标，建立以县域配网的变电站、线路、母线、配变为基本单元的分布式光伏预测系统，是服务国家“双碳”目标的必要要求。

（二）管理运营县域配网中分布式光伏模式的有益探索

目前，现有分布式光伏数据主要集中在营销业务系统和用电采集系统，电力公司在分布式光伏数据管理与监测方面已经取得了不错的成绩，但大体仍旧沿用传统业务监测思路和方法，仅对分布式光伏存量数据进行了管理，未能深度挖掘分布式光伏数据价值，更未对分布式光伏功率预测提出考核等管理要求，从而导致当前分布式光伏数据质量不高、运营管理水平差、县域调度管理难度大、分布式光伏功率预测准确率不高等难

题存在。

而随着分布式光伏“整县推进”的加快，电力公司亟需提高对县域分布式光伏的管理水平，建立分布式光伏的管理运营模式，有必要建立从变电站、母线、线路，甚至到台区的精细化管理模式，提高分布式光伏的监测水平及数据质量、提高分布式光伏的功率预测水平，为配电网安全稳定运行奠定良好基础。

（三）提高电力负荷预测能力的重要基础

电力负荷预测是电网规划设计的基础，准确地预测负荷是合理安排生产调度计划、实施智能发电调度的保障，如短期负荷预测是电力部门合理地制定发电计划的基础，是保证系统供需平衡的重要前提，母线节点负荷预测是智能调度技术支持系统日前安全校核的前提等。而传统负荷预测算法的研究大都是通过对历史负荷规律进行统计分析和规律总结，然后在此基础上研究适应于预测对象的电网负荷预测算法。

而随着分布式光伏接入容量的不断增大，使得原本呈放射状的配电网络逐步演变成一种遍布电源和用户互联的网络，配电网潮流将不再由变电站母线单向流向负荷。电网结构及潮流流向的改变将不可避免地影响母线及配网运行特性和综合负荷特性。因此，分布式电源的并网，加大了并网节点和所在地区的负荷预测难度，改变了既有的负荷增长模式，大大增加了负荷预测的难度。

因此，要提升电力负荷的预测准确率，必须在准确预测分布式光伏发电功率的基础上，建立既能反应分布式光伏自身出力特性又能反映电力负荷预测要求的预测模型。因此，建立分布式光伏功率预测系统为提高电力负荷预测能力奠定了重要基础。

“双碳”目标提出后，加快建设有源配电网提上日程。为助力“双碳”目标的实现、加快形成以新能源为主体的电力供应格局，2021 年 7 月 5 日，国家能源局综合司下发《关于报送整县（市、区）屋顶分布式光伏开发试点方案的通知》（以下简称《通知》），拟在全国组织开展整县（市、区）屋顶分布式光伏开发试点工作。《通知》强调，开展整县屋顶分布式光伏建设，有利于整合资源实现集约开发，有利于消减电力尖峰负荷，有利于节约优化配电网投资，有利于引导居民绿色能源消费，是实现“碳达峰、碳中和”与乡村振兴两大国家战略的重要措施。

在上述背景下，分布式光伏将迎来高质量、跨越式、规模化发展。而随着分布式光伏高比例介入配电网，分布式光伏输出功率的间歇性和随机性增加了电网负荷的预测难度、改变了配电网的运行特性，给电网安全运行带来了一系列挑战。

因此，本项目的主要内涵（见图 2-18）为：以科学管理分布式光伏并网、提高分布式光伏功率预测准确率为目标，河北电力公司联合保定公司选择涿州为试点，通过调研涿州分布式光伏数据接入、数值天气预报及台账管理情况等，研究分布式光伏出力特点，分别以变电站、线路、母线，配变为基本单元，研究分布式光伏功率四级预测模型，并建立分布式光伏功率预测系统，以提高分布式光伏功率预测准确率，从而为提高配变、线路、母线、变电站等自下而上的负荷预测准确率奠定基础。该系统建设的主要功能模块包括：数据管理、分布式光伏电源总览、站线变电源总览、数据质量分析、分布式光伏出力特性分析、分布式光伏四级功率预测、预测结果后评估等功能模块。

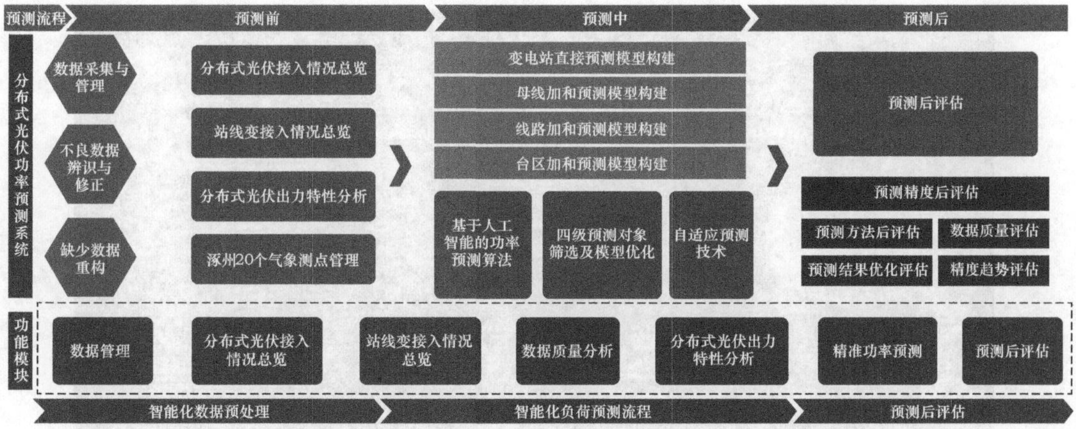

图 2-18 分布式光伏功率预测系统主要内涵

二、主要做法

河北公司坚持新理念、新思路、新标准，着力在雄安新区打造“广泛互联、智能互动、灵活柔性、安全可控”的新一代电力系统，创新发展以电为中心、网为平台的能源互联网，探索实践与国际一流绿色智能电网、国际一流标杆供电企业定位相匹配的管理体制机制。

以科学管理分布式光伏并网、提高分布式光伏功率预测准确率为目标，选择涿州为试点，探索县域配网分布式光伏管理运营模式、构建分布式光伏功率预测系统、提供分布式光伏预测准确率。该系统主要采用“配变-线路-母线-变电站”自下而上的预测路径，首先通过充分调研地区分布式光伏数据接入，结合基于网格化的数值天气预报结果及分布式光伏台账管理情况等，在研究分布式光伏出力特点的基础上，根据历史运行数据，通过数学统计、人工智能技术等手段研究分布式光伏功率预测模型，并建立分布式光伏功率预测系统，以接入配变为最小单元，得到逐条线路、逐条母线、逐个变电站并累加得到全网光伏出力，实现对分布式光伏的运行监测。

（一）数据标准化、建立多维数据仓库

数据是一切研究的基础。当前分布式光伏的台账信息、功率等数据主要分布在营销业务系统和用电采集系统。通过对涿州的调研发现，分布式光伏的台账信息属于人工定期维护，这种模式在当前阶段可满足分布式光伏的管理要求。而在“双碳”目标下，分布式光伏将迎来爆发式增长，分布式光伏用户数量将按日快速增加，因此有必要针对新增分布式光伏用户实现自动采集、自动判断、自动入库等功能，以释放人力、提高工作效率；另一方面，分布式光伏用户的功率数据缺失较多且数据质量较差，由此导致分布式光伏功率预测难度增加。因此有必要首先建立分布式光伏数据仓库，通过增加功率采集表和异常数据修正模型等实现对分布式光伏功率数据的采集与修正，实现数据标准化。具体做法包括：

1. 构建“配网图模、气象信息、光伏出力”数据仓库（见图 2-19）

（1）构建基于 HPLC 的分布式光伏出力数据仓库。首先，依托 SG186 系统、GIS 系

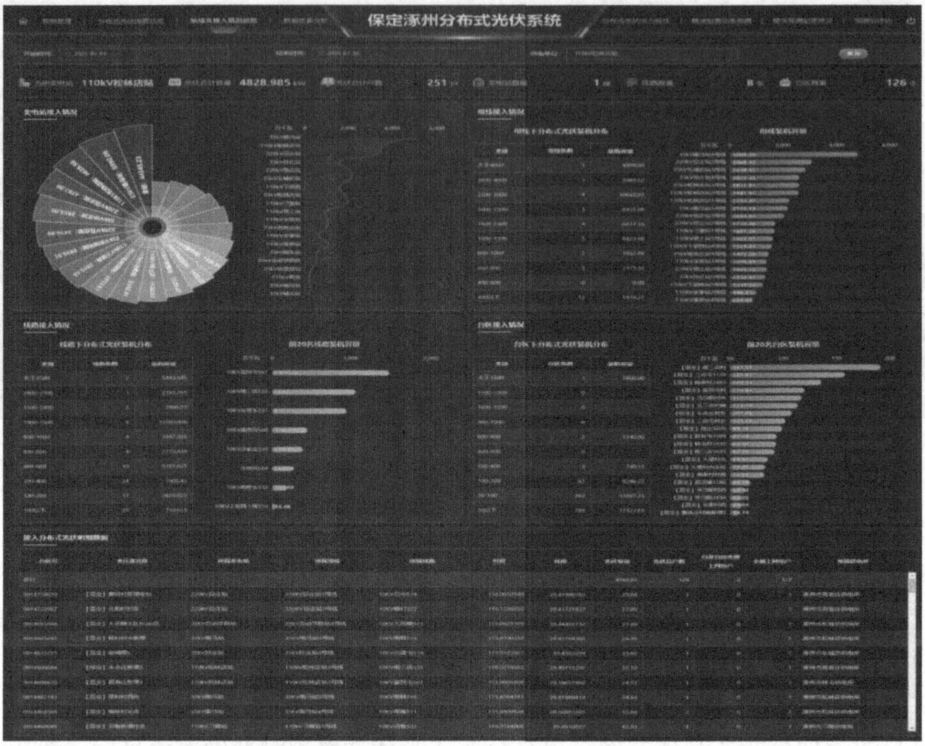

图 2-19　站线变接入情况总览图

统平台导出含分布式光伏配变的经纬度、并网时间、并网电压、光伏合同容量、所属线路等多维度信息，建立涿州地区光伏用户信息台账，并做到每周一更新，实时掌握光伏配变等设备并网动态。其次，针对分布式光伏数据质量差的问题，一方面采用异常数据辨识的数学方法对已有数据的分布式光伏用户进行异常数据辨识与修正；另一方面对涿州地区所有光伏配变的模块进行改造，做到 HPLC 宽带模块地区的全覆盖，从而得到分布式光伏 96 点电流、电压及有功功率，为分布式光伏功率预测打下良好的数据基础。

（2）构建基于气象平台的多要素气象信息数据仓库。目前，涿州公司已签订涿州气象信息合同，气象局将持续提供相关气象信息服务。涿州县调将联同地、县两级气象局开展气象数据统计与分析，结合地区变电站经纬度及光伏台区坐标进行精准气象定位，通过对气象站网 4×4km 网格下的站点所涉及“气象数据”进行间隔 15min 的连续取值，将“气象数据”推送至标准行业外 API 接口，并通过相关预测分析软件将数据进行读取、运算，最终得出标准状态下光伏“电力出力”的近似预测值。

（3）构建光伏配变的 D5000 系统配网图模数据接口。完善更新 D5000 系统中配网图模并确保开关、配变的可感知，同时在 D5000 系统配网单线图中，针对光伏用户设置标识“光”加以区分，并显示光伏配变用户数据信息，精准配变运行监控。

2. 管理规范化、三项数据仓库强化管控机制

明确影响分布式光伏预测模型准确性的扰动量，包括分布式光伏台账数据、分布式光伏历史功率数据、区域气象信息以及各类信息数据接口。

（1）持续强化对数据异常的统计筛查。判断分布式光伏数据是否异常，如果因光伏软硬件设备故障或断采则为异常。判断为异常后，由调控中心、营销部、运检部进行会商，对异常数据进行分析讨论处理方案，解决后再次判断数据是否异常，做到异常数据处理闭环，并由设备管理单位进行相关治理。

（2）持续强化对分布式光伏新增用户的并网验收。由供电所受理光伏用户报装申请，营销部出具供电方案，调控中心参与 0.4kV 及 10kV 光伏用户验收并负责签订 35、10kV 介入项目并网调度协议，确保现场光伏配变各项运行参数与说明书一致且运行正常。

（3）持续强化数据质量的可靠性。为此通过技术手段实现以下功能。

1）信息采集功能。信息采集主要是实现基础数据的自动化收集工作，并自动转换为 15min 平均数据以适应本系统需要，保存到系统数据库中，以满足发电功率分析、预测的工作要求。

2）数据预处理。数据在采集以及传送过程中由于人为操作失误或者系统传输问题会造成数据坏点和病态数据，统称为坏数据。坏数据的存在会对后期分析和预测工作造成极大的干扰。图 2-20 所示为数据质量分析总览图。

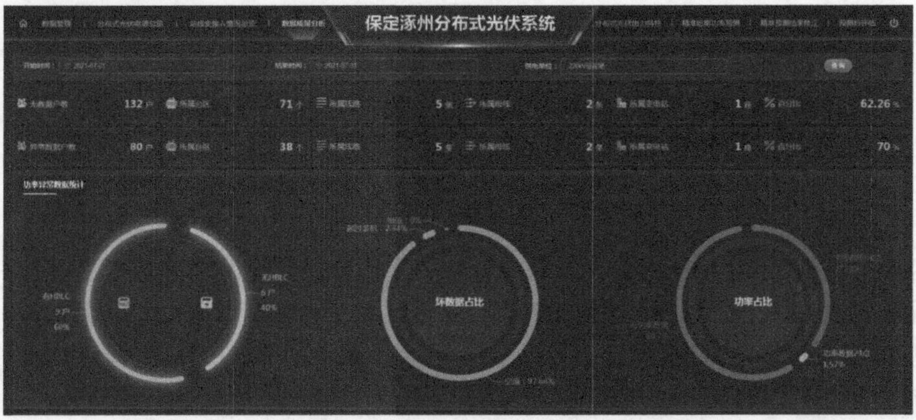

图 2-20 数据质量分析总览图

在数据存入数据库前，系统可进行完整性及合理性检验，并提供一套具有较强适应性和灵活性的数据批量自动修正工具，以实现坏数据的检测和辨识。用户可采用直接修改量值等方式，进行灵活的数据修正。

通过“技术+管理”两种手段，完成预测模型所需数据的标准化处理，形成基于“配网图模、气象信息、光伏出力”多维度数据仓库，为下一步预测打下基础。基于多维度数据仓库的数据标准化流程如图 2-21 所示。

（二）过程智能化：打造基于变电站、母线、线路、台区的四级功率预测体系

目前，分布式光伏的预测主要采用参考附近集中式光伏电站的容量、功率、气象辐照等信息实现对分布式光伏出力的粗略预测。而这种预测方式简单、粗暴，主要体现在：①分布式光伏容量及功率数据缺乏监测与校验、准确性不高；②数值天气预报由于测点距离分布式光伏距离较远、辐照预报准确率不高。

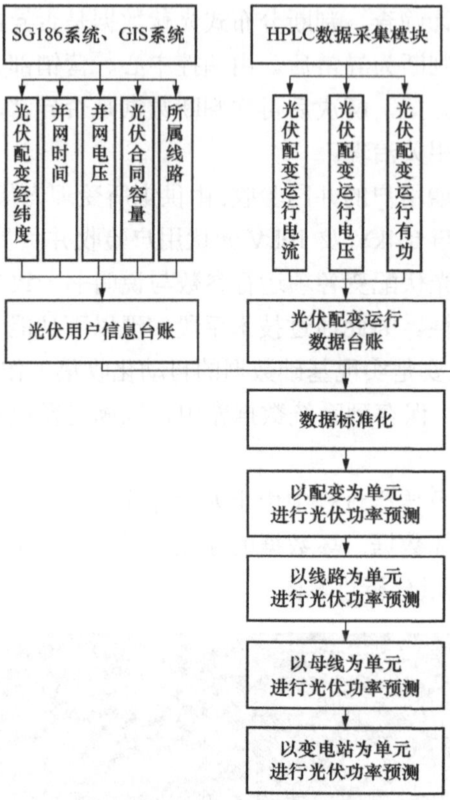

图 2-21　基于多维度数据仓库的数据标准化流程图

因此本项目为解决该问题，一方面将分布式光伏台账信息及功率数据进行及时采集，并对异常数据进行辨识和修正，从而提高分布式光伏的台账管理及数据质量；另一方面，以“变电站-母线-线路-配变”为基本单元，并以分布式光伏用户分布的经纬度为基准，增加了涿州 20 个数值天气预报测点，通过关联气象测点与相关基本单元，建立四级（“变电站-母线-线路-配变”）预测模型，通过比较四级预测结果，实现对分布式光伏的精准功率预测。具体做法如下：

1. 构建基于人工智能算法的四级功率预测模型

构建分布式光伏功率预测系统，采用“配变-线路-母线-变电站”自下而上的预测路径，在县级区域分布式光伏数据接入情况的基础上，研究分布式光伏出力特点，根据历史运行数据，通过数学统计、人工智能技术等手段研究分布式光伏功率预测模型，并建立分布式光伏功率预测系统，以接入配变为最小单元，得到逐条线路、逐条母线、逐个变电站并累加得到全网光伏出力，实现对分布式光伏的运行监测。该系统应用到的关键技术主要包括：

（1）海量数据集成技术。分布式光伏数据量大、面广，属于海量范畴，包括分布式光伏用户台账信息、功率信息和数值天气预报等多种数据，将不同来源、不同格式、不同性质和特点的数据依据一定格式和规范进行有序组织，以实现统一集中存储，便于调用、共享，支持大数据应用集成。

（2）基于人工智能的海量数据辨识还原技术。利用分布式光伏实测数据与多种影响因素数据的内在关联关系，挖掘海量数据的内在关联特性，提出基于异常数据检测的数据清洗策略，针对不同类型的不良数据，利用虚拟预测、特征值提取等方法进行数据修正，以便挖掘数据应用价值，提供优质数据，提升数据管控能力。

（3）基于人工智能的分布式光伏功率四级建模预测技术。考虑分布式光伏影响因素及其特征规律的差异性，采用“配变-线路-母线-变电站”自下而上的预测路径，实现分布式光伏影响因素的特征识别、预测模型匹配、参数自动调整，提高算法的适用性和预测精度。

（4）基于人工智能的预测模型自适应技术。利用大数据、云计算等技术进行多元化建模，实现模型与真实分布式光伏电站的高度匹配；基于先进的机器学习技术，深入研究不同预测方法之间的差别和特性、实现不同预测模型的自适应模型优化，结合智能化的多层、自适应决策机制，应用“虚拟预测”思想、综合模型技术、预测偏差分析和反馈技术，持续提高预测精度。

2. 多维场景化下的差异化预测

以光伏出力分布式光伏功率预测为基础，综合考虑设备故障、检修、大工业企业停限产等多个电网负荷干扰因素，对电网负荷预测结果进行修正，做到多场景化的配网负荷预测，进一步提高电网负荷预测的精准度。增加负荷预测的适用范围，梳理导致设备停电、负荷损失的各类影响因素，对不同场景下的设备出力预测值进行修正。

（1）设备故障场景下的负荷预测：完善协调联动工作机制，建立“故障处理-影响负荷统计-数据导出-预测修正”的全闭环流程。当发生配变设备故障时，由当值调控员将故障记录、影响负荷上传至OMS系统，并将带有光伏配变的线路进行标注，由负荷预测专责筛选出负载率在50%以上及光伏出力占比50%以上的线路，通过系统计算完成线路预计新增出力及最大负载率，并填写《含故障光伏配变线路过载预测统计表》。具体流程如图2-22所示。

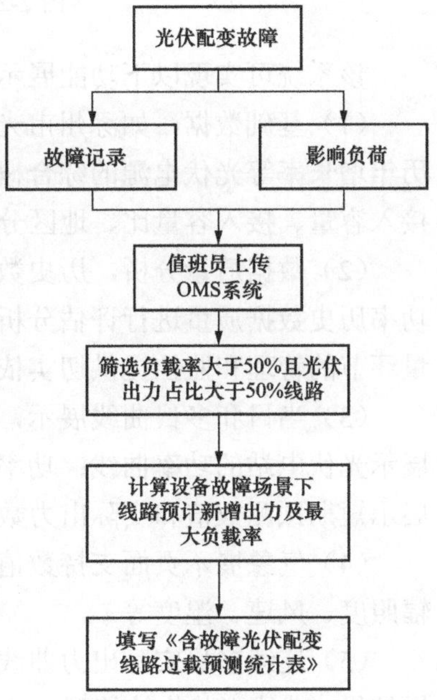

图2-22 设备故障场景下的负荷预测流程图

（2）计划检修场景下的负荷预测：加强各类检修计划的统计分析及评估，在“配网变压器表”增加是否为光伏用户选项，提示设备信息，并关联至日停电计划申请票，便于供电所选择；增加光伏用户审核环节，由负荷预测专责负责审核检修情况下设备负载情况。

（3）大工业企业负荷变化场景下的负荷预测：定期整合营销大工业企业报装新接入容量，每月更新包括配变、线路、主变在内的多级设备可开发容量，提前掌握设备可承载负荷冗余。

（三）结果可视化：创建差异化应用场景

基于数据仓库及四级功率预测体系，实时展示分布式光伏的每日 96 点预测功率曲线及预测天气预报等信息，实现系统平台的可视化，提供系统易用性。

1. 搭建可视化系统平台界面（见图 2-23）

实时展示设备参数及负荷预测结果。在此过程中，充分体现系统易用性、科学性，充分考虑各种相关因素，充分体现各级预测专家的经验，使预测系统成为依靠科学、提高效率、总结经验、深挖潜力的工作平台。

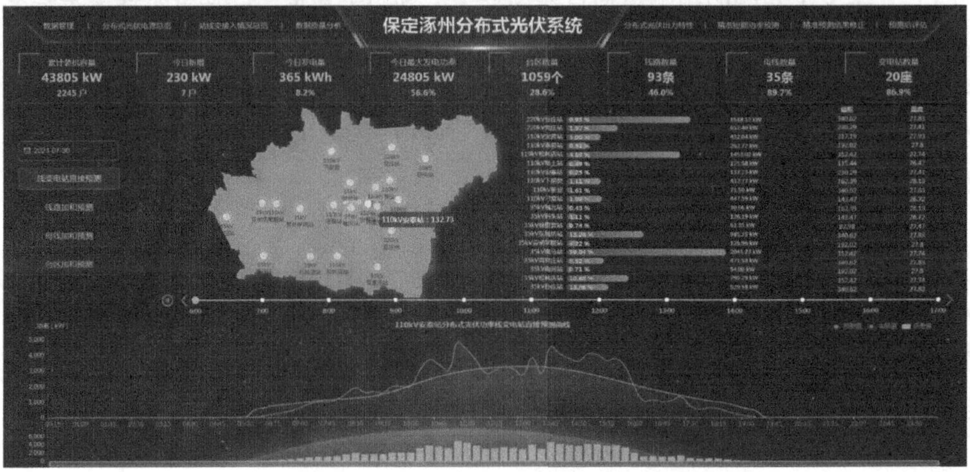

图 2-23　可视化系统平台主界面示意图

该系统可实现以下功能展示：

（1）基础数据，如涿州市光伏发电用户数量、装机容量、上网电量、区域渗透率、历年增长率等光伏电源的综合概况，以及接入光伏的台区数量、台区容量、分布式光伏接入容量、接入容量比、地区分布规律等的综合概况。

（2）数据质量分析，历史数据的质量是预测结果是否可信的基础，系统能够对发电功率历史数据质量进行评估分析，通过图表的方式展示数据质量概率分布，可为数据质量环节的管理和监控提供切实依据。

（3）当日和多日曲线展示，支持实现当前日期光伏电站的区间监控：以曲线图形式展示光伏电站的功率曲线；功率曲线包括短期预测曲线和实际出力曲线；以表格的形式展示短期预测数值和实际出力数值。

（4）气象展示页面支持数值天气预报数据和实测数据的对比分析展示，包括气温、辐照度、风速、湿度等。

（5）连续多日实际出力曲线和短期预测曲线对比分析功能，并用图表和曲线展现分析结果，曲线形状为持续型，分区域展示涿州市光伏整体出力水平，按年、季、月、周、日等维度进行展示，统计光伏最大发电功率及发生时刻、平均发电功率、有效发电时长、最大发电效率、平均发电效率等指标。

（6）功率预测，预测对象分别以变电站、线路、母线、配变为单元，各级下所有分布式光伏加和后的功率总和。

（7）预测结果查询与修正，以图表查询的方式进行分析、比较和显示预测功率曲线、历史预测功率曲线、历史实际功率曲线、历史气象信息、预测气象信息，不但可以显示预测结果，还可以显示给定置信度的误差范围。可采用拖动曲线、直接修改量值等方式，进行灵活地预测结果修正，同时保留修正前预测结果和修正后预测结果作为不同预测结论。

2. 一个工作应用，两个业务机制

（1）开展“配网-线路-母线-变电站”各电压等级设备的运行状态全时段监视。依据电力负荷预测模型得到的光伏出力及配网负荷，由当值调控员依照预测负载高的设备，在OMS系统中的全电网实时数据里对过载设备进行每日筛查，并在公司绩效评价系统中根据各单位执行情况进行绩效考核。由专人定期填写涿州电网设备运行周报，监控运行周报、月报，统计各电压等级设备负载情况。

（2）开展设备可开放容量及设备检修计划预警机制。当配电变压器接入光伏用户容量超过40%～50%时提前预警，由调控中心向供电所下发“光伏配变负载占比”预警短信，并会同营销部门重新审查供电方案，确定光伏配变接入必要性，杜绝满容、超容接入。当配电线路光伏发生倒送电能超过设备允许载流量时提前预警，开展光伏用户在配电线路停电检修时通过负控策略实现对光伏控制研究，防止反送电措施，并通知方式计划专责，第一时间调整设备检修计划的发布。具体流程如图2-24所示。

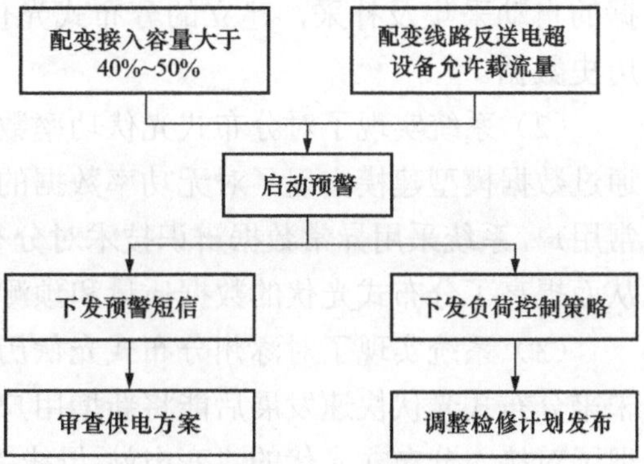

图2-24 开展设备可开放容量及设备检修计划预警机制流程图

（3）开展设备过载防控会商机制。由运检部门提供设备“卡脖子”参数、营销部门提供用户业扩报装信息，调控中心依照“配变-线路-母线-变电站”自下而上的路径分别提供各电压等级设备的光伏出力及配网负荷预测值，根据《含故障光伏配变线路过载预测统计表》《月度设备可开发容量表》等，经调控部门会商讨论，梳理全网可能过载的设备，按照过载程度由重到轻排列，整理出过载设备清单。并结合设备过载、负荷接入、过载治理开展情况等因素综合考虑，开展月度负荷分析工作，及时将新增过载设备纳入下一步的过载设备管控范围，提升设备供电可靠性，最终由发建部确定包括主变压器增容、线路改造等设备过载治理项目计划。具体流程如图2-25所示。

三、实施成果

本示范工程是全国首个县域分布式光伏功率预测系统落地工程，主要包括了七大建设模块，分别是数据管理、分布式光伏电源总览、变电站-母线-线路-台区接入总览、异常数据分析、分布式光伏出力特性分析、分布式光伏短期功率预测、预测后评估等。具

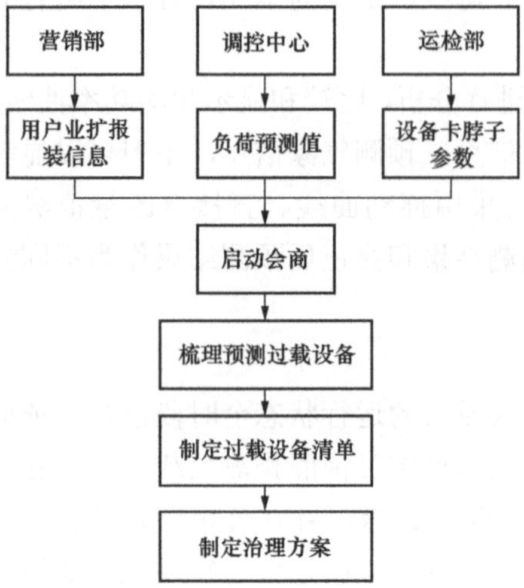

图 2-25　开展设备过载防控会商机制流程图

体实施效果包括：①针对分布式新能源数量庞大难以逐个精确建模的问题创新实现四级功率预测模型搭建；②实现“配网-线路-母线-变电站”各电压等级设备的运行状态全时段监视应用；③实现设备可开放容量及设备检修计划预警；④为电网设备运行承载能力评估、重载过载治理项目立项提供科学依据，为指导电力平衡、方式计划安排等调度业务开展提供数据支撑。

（一）针对分布式新能源数量庞大难以逐个精确建模的问题创新实现四级功率预测模型搭建

以往分布式光伏的预测主要采用参考附近集中式光伏电站的容量、功率、气象辐照等信息实现对分布式光伏出力的粗略预测。而这种预测方式简单、粗暴，无法针对分布式新能源逐个精确建模。而本系统创新性地实现了分布式光伏的四级功率预测模型搭建工作，主要内容包括：

（1）系统建立了数据信息采集、数据管理功能模块。一方面，实现了对分布式光伏用户、台区等台账信息的自动采集及补采，改变了以往人工定期维护台账信息不够及时的问题，释放了人力，提供了工作效率；另一方面，实现了对分布式光伏功率数据的自动采集及补采，建立的分布式光伏预测数据库，为分布式光伏功率预测积累了历史数据。

（2）系统实现了对分布式光伏功率数据的预处理。一方面，针对无功率数据用户，通过数据模型建模实现了对无功率数据的拟合和构建；另一方面，针对有功率数据的异常用户，系统采用异常数据辨识技术对分布式光伏功率数据进行了异常数据辨识和修正，从而提高了分布式光伏的数据质量和预测准确率。

（3）系统实现了对涿州分布式光伏历史发展趋势、新增用户等的及时监测，有助于未来分布式光伏快速发展后能将新增用户及时纳入预测范围，提供预测准确率；同时实现了对接入分布式光伏的“变电站-母线-线路-配变”的监测。通过监测接入分布式光伏的并网容量及并网容量比等，定位了分布式光伏接入容量较大的“变电站-母线-线路-配变”等，并作为重点监测对象，为电网设备运维提出警示作用，提高管理水平。

（4）系统改变了之前分布式光伏由于数据质量差、功率数据不全等问题导致的分布式光伏功率预测只能采用参考附近集中式光伏电站的容量、功率、气象等信息的粗略预测方法。本系统实现了以“变电站-母线-线路-配变”为基本单元，并以分布式光伏用户分布的经纬度为基准，增加了涿州 20 个数值天气预报测点，通过关联气象测点与相关基本单元，建立四级（“变电站-母线-线路-配变”）预测模型，给出了不同预测模型下的分布式光伏功率预测结果（见图 2-26），通过选择准确率高的预测结果进而实现了对分布式光伏的精准功率预测。

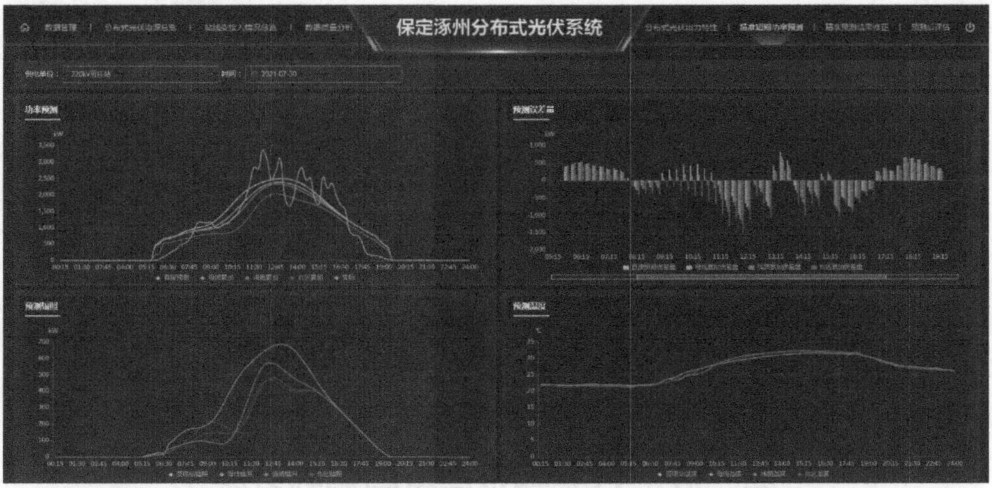

图 2-26　四级功率预测结果示意图

（二）实现了“配网-线路-母线-变电站”各电压等级设备的运行状态全时段监视应用

在以上研究成果基础上，系统实现了针对“配网-线路-母线-变电站”各电压等级设备参数及负荷预测结果的实时展示。一方面，依据电力负荷预测模型得到的光伏出力及配网负荷，由当值调控员依照预测负载高的设备，在 OMS 系统中的全电网实时数据里对过载设备进行每日筛查，并在公司绩效评价系统中根据各单位执行情况进行绩效考核；另一方面，由专人定期填写涿州电网设备运行周报，监控运行周报、月报，统计各电压等级设备负载情况，实现了“配网-线路-母线-变电站”各电压等级设备的运行状态全时段监视应用。

（三）实现了设备可开放容量及设备检修计划预警

当配电变压器接入光伏用户容量超过 40%～50%时提前预警，由调控中心向供电所下发“光伏配变负载占比”预警短信，并会同营销部门重新审查供电方案，确定光伏配变接入必要性，杜绝满容、超容接入。当配电线路光伏发生倒送电能超过设备允许载流量时提前预警，开展光伏用户在配电线路停电检修时通过负控策略实现对光伏控制研究，防止反送电措施，并以通知方式告知计划专责，第一时间调整设备检修计划的发布。由此，实现了设备可开放容量及设备检修计划预警，指导了一线调度业务的实际检修等工作。

（四）为电网设备运行承载能力评估、重载过载治理项目立项提供科学依据

在分布式光伏功率预测基础上，利用人工智能技术，结合分线、分区配电线路负荷特性、计划检修、设备故障、大工业用户等负荷扰动数据，构建差异化、场景化的分布式光伏功率预测平台体系，为提高电力负荷预测奠定了基础，有助于也以高精度电力负荷预测结果为电网设备运行承载能力评估、重载过载治理项目立项提供科学依据。

第三章

源端出力精准控制技术

第一节　分布式光伏协同控制系统

一、实施背景

（一）保定分布式发展具有显著优势

保定具有独特的区位优势和产业优势，光伏发电增长势头强劲。2021 年新增容量 126 万 kW，为 2020 年的 3.26 倍。进入 2022 年以来，分布式光伏装机容量仍旧保持每月 10 万 kW 的快速增长态势，分布式光伏装机不断刷新历史数据。截至 6 月底，保定电网分布式光伏装机达到 302.5 万 kW，甚至大于低谷时段的负荷，成为仅次于火电机组的第二大电源。

（二）分布式光伏对电网造成不利影响

分布式光伏是看不见、控不了的一种电源，具有随机性、波动性、间歇性等特点，部分负荷少用、分布式光伏多发的时段，供需平衡的天平发生倾斜，电力系统出现电压波动、频率失稳，严重时系统将被瓦解，引发大面积停电。

大量分布式光伏集中在某区域并网，大发时段导致局部电力设备反送过载、引发故障停电，抬升电力线路末端电压超越上限，甚至击穿用户电器，对百姓正常生产生活造成影响。

遍布于电网各个角落的分布式光伏大幅增加了配网故障处置、停修作业的风险，带来人身触电隐患。

二、主要做法

（一）系统通信结构

分布式光伏协同控制系统通过和营销用采系统对接，将每块智能光伏电表进行技术改造，在不增加新设备的前提下，使电表获得了高频采集功能，变成了控制终端，使调控分布式光伏并、离网变得像控制开关一样便捷，控制信号通过保定地调传省营销中心的用采系统，用采系统通过台变的集中器控制光伏电表开断，最后用采系统将控制结果返回给保定地调，无需增加新硬件和更多投资，具有极强的经济性和推广价值。通信链路如图 3-1 所示。

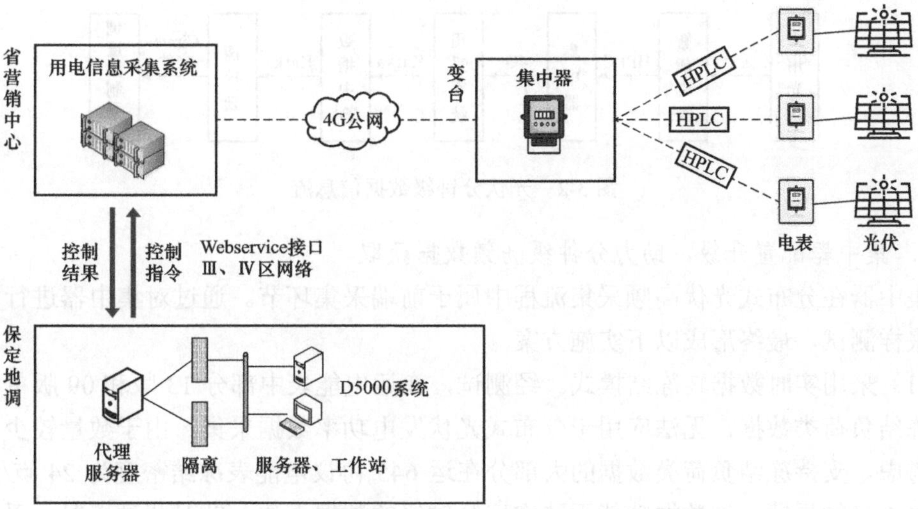

图 3-1 分布式光伏协同控制系统通信链路示意图

保定公司在对市场环境、分布式光伏技术理论基础的调研分析上，探索出基于“用采系统”、基于“4G”、基于“光纤”等多种分布式光伏接入系统的技术路线，并对各种技术路线进行了对比分析。分布式电源系统的控制系统在各种场景因地制宜接入分布式光伏，对整个地区电网的分布式光伏进行统筹管理，为分布式光伏建设探索出可推广的、可参考的技术方案。

（二）基于“用采系统”的监控技术路线

公司通过研究台区集中器分钟级采集机理，测试其高频采集功能，进而推动整县集中器分钟级采集升级改造。贯通用电信息采集系统-数据中台-调控云-调度控制系统的数据链路，将分布式光伏分钟级数据高质量、低延时传至调度控制系统。

基于用采的调度分布式光伏高频采集与广域控制依托于现有的表计采抄体系，具有天然的基础设施优势。由于无需在光伏端或配变端加装设备，因此与其他分布式光伏采集控制方案相比具有极高的经济性与快速推广性。

1. 分布式光伏分钟级高频采集总体架构

传统用电信息采集系统对光伏电表电流、电压、功率等量测数据采集频度为15min一次，无法满足调控中心对分布式光伏监测、分析的需求。依托HPLC（高速电力载波通信）通道，通过对集中器进行配置升级，提升对光伏电表的采集频度，可获取采集频度为1min级的高频采样数据，并通过4G公网实时将数据传送给用采系统。用采系统对原始分钟级采集报文进行解析入库后，将光伏数据通过Kafka（一种高吞吐量的分布式发布订阅消息系统）机制转发至数据中台进行共享。调控云系统从数据中台Kafka消息平台获取光伏高频采样数据，在本地系统进行展示的同时，将数据打包成cim/e（电网通用模型描述）文本，传递给调度控制系统Ⅲ区代理服务器，Ⅲ区代理服务器再通过反向隔离装置将数据传递给DScada（配网Scada）服务器，从而实现调度控制系统对分布式光伏的分钟级高频采集，如图3-2所示。

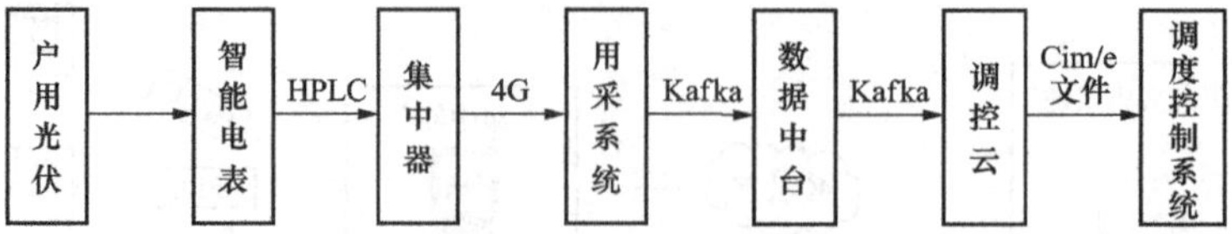

图 3-2　光伏分钟级数据信息流

2. 集中器配置升级，助力分钟级高频数据获取

集中器在分布式光伏高频采集流程中属于前端采集环节。通过对集中器进行多次分钟级采样测试，最终形成以下实施方案。

（1）采用实时数据转冻结模式。经测试，在运电能表中部分 13 版和 09 版单相表不支持冻结负荷类数据，无法应用于分布式光伏发电功率数据采集，由于数量较少，可以不予考虑。支持冻结负荷类数据的大部分在运 645 协议电能表冻结密度为 24 点/天，采用电表本身的周期冻结数据功能无法实现分钟级的数据上传。针对此种情况，采用实时数据转冻结模式可以解决这个问题，电能表接收到集中器下发的数据抄读指令后，随即冻结数据，并进行上传。

（2）优化上报任务保证数据传输时效性。经测试，上报延时为 10～20s 时能保证分钟级数据上传时效性，因此，定义 10、15、20s 三种上报延时配置方式，可根据台区规模大小进行选配。因为光伏夜间不发电，为了尽可能地降低集中器的负载，所以上报执行时段选定为每日 05:00—20:00。按照数据使用量、时效性、重要程度等方面，对集中器多个任务进行优先级划分，确保分钟级数据可靠上传。集中器任务优先级划分见表 3-1。

表 3-1　　集中器任务优先级划分

优先级层次	优先级序号（越小优先级越高）
一级事件	1
1min 高频采集	2
日冻结	3
15min、小时高频采集	4
二级事件	5
三级事件	5

（3）优化配置采集数据项。在通信环境理想的情况下，用户规模在 200 户以上台区 15min 高频采集任务（营销固有采集任务）抄读时间在 250～300s。如果增加电流、电压、功率等多个数据项的分钟级采集任务后，原 15min 高频采集任务的抄读执行时间将过长，影响营销原固有数据的正常抄读。通过测试采集电压、电流、功率等多种数据组合的情况下各任务的执行情况，得出结论：为保证分钟级数据在 1min 采集完成，同时确保不影响集中器原抄读数据内容，分钟级采集数据项只可包含光伏有功功率一个数据。经过调研，光伏有功出力已可满足调控中心对光伏的监测需求。

3. 用采系统高效转发，构建数据传输捷径

用采系统在分布式光伏高频采集流程中属于数据汇集环节。经研究，可行的数据汇

集转发技术方案主要有 3 种。

方案 1：通过营销基础数据平台同步数据。

依托营销基础数据平台，将用采系统中涉及的目标数据统一归档至采集查询库中，进而通过 OGG（基于日志的结构化数据备份）方式实现从查询库整体同步至数据中台。

由于营销基础数据平台已部署 OGG 采集查询库实时同步数据业务，该方案实施工期短、工作量小，对当前用采业务的影响小、改动少。同时，由于用采系统数据是直接存入 HBASE 库再依次同步至生产库、查询库的原因，该方案时效性不强。另外，由于数据需首先在数据中台（全业务平台）侧汇集，数据汇集链条长、数据时效性差，数据汇集过程易受查询难，数据中台（全业务平台）的处理能力、处理策略等因素的影响。该方案的数据流向如图 3-3 所示。

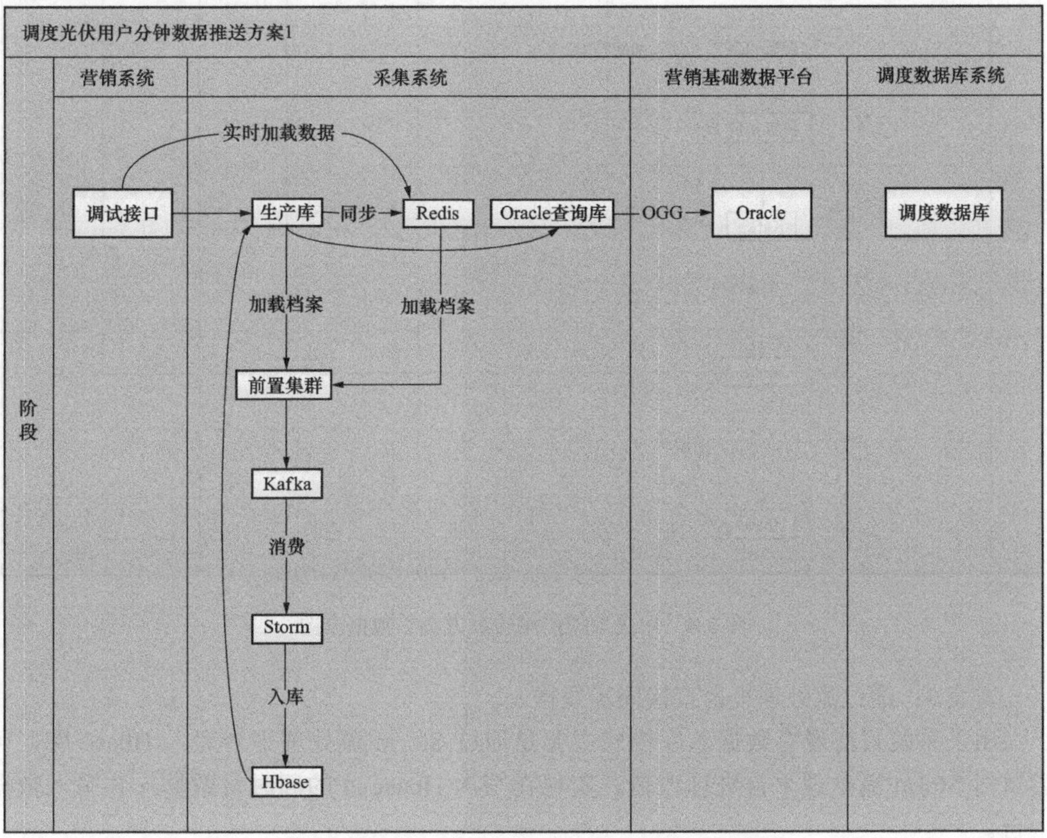

图 3-3　用采数据汇集转发方案 1 数据流图

方案 2：通过抽取 Hbase 库同步数据。

开发新型数据同步程序，获取 Storm 流处理平台写入 Hbase 库后的目标数据，并将数据存入数据中台侧的 Kafka 消息系统中，实现公司层面的数据共享，调控中心依托调控云从 Kafka 获取数据。

该方案相比方案 1，其有较好的数据时效性，可将数据延迟控制在 15min 以内。同时，该方案独立于用采系统核心业务流程之外，避免了对用采系统现有业务流程的影响。另外，通过该方案汇集的数据为用采系统归档后的熟数据，采集数据和台账数据的一致性能得到保障。但是，其涉及内容广泛，开发实现的工作量较大。该方案的数据流向如图 3-4 所示。

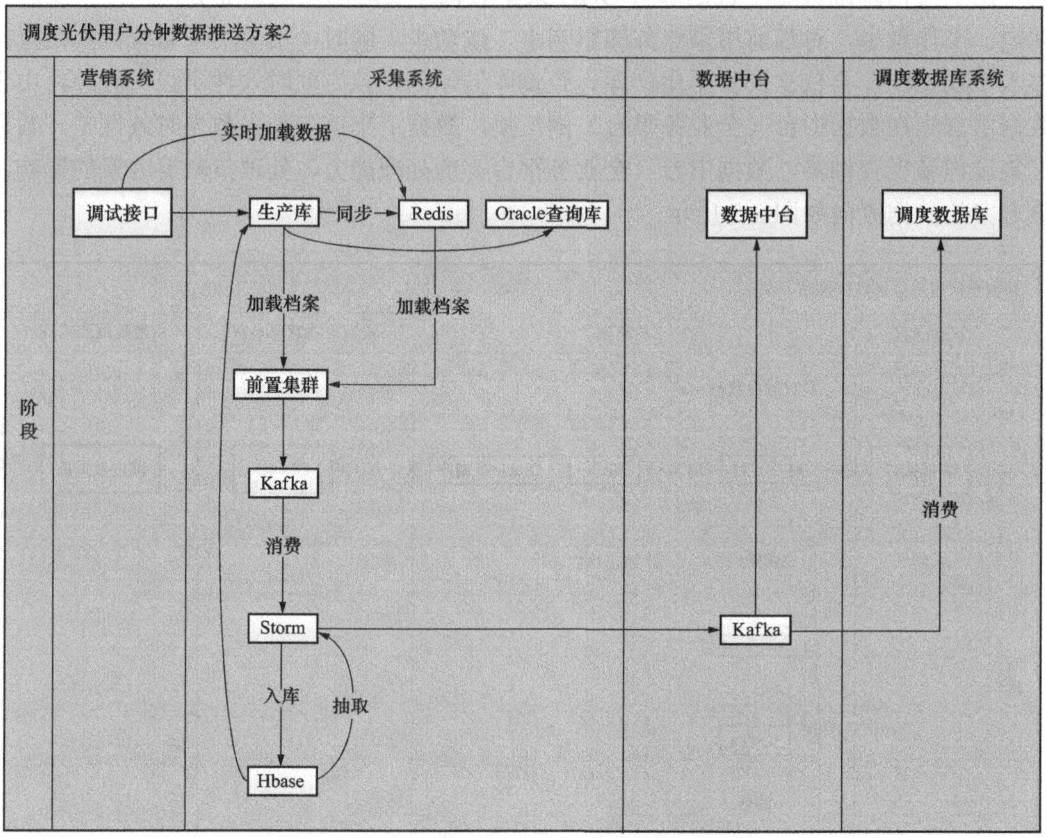

图 3-4　用采数据汇集转发方案 2 数据流图

方案 3：通过流处理平台直接同步数据。

用采系统目前现有数据入库模式主要是通过 Storm 流处理平台写入 Hbase 库，可尝试对 Storm 流处理平台进行改造，实现在写入 Hbase 库的同时将数据一并写入数据中台。

该方案与方案 1、方案 2 相比，其时效性最好，可极大地满足数据实时性要求。但是，由于涉及用采系统核心的 Storm 流处理平台，改造工作量较大，改造后会增加 Storm 流处理平台的数据处理复杂度，不利于用采系统的稳定运行，具有一定的改造风险。另外，由于通过该方案汇集的数据为未写入 Hbase 库的生数据，采集数据和台账数据的一致性无法保障，存在数据一致性的问题。该方案的数据流向如图 3-5 所示。

综合考虑数据时效性、稳定性、复杂度及工作量等因素，得出各技术方案对比如表 3-2 所示。建议选用方案 3，数据实时性、稳定性均最佳，对用采系统影响大、数据一致性等问题，可以通过优化用采系统业务流程、加强专业管理等方式来弥补。

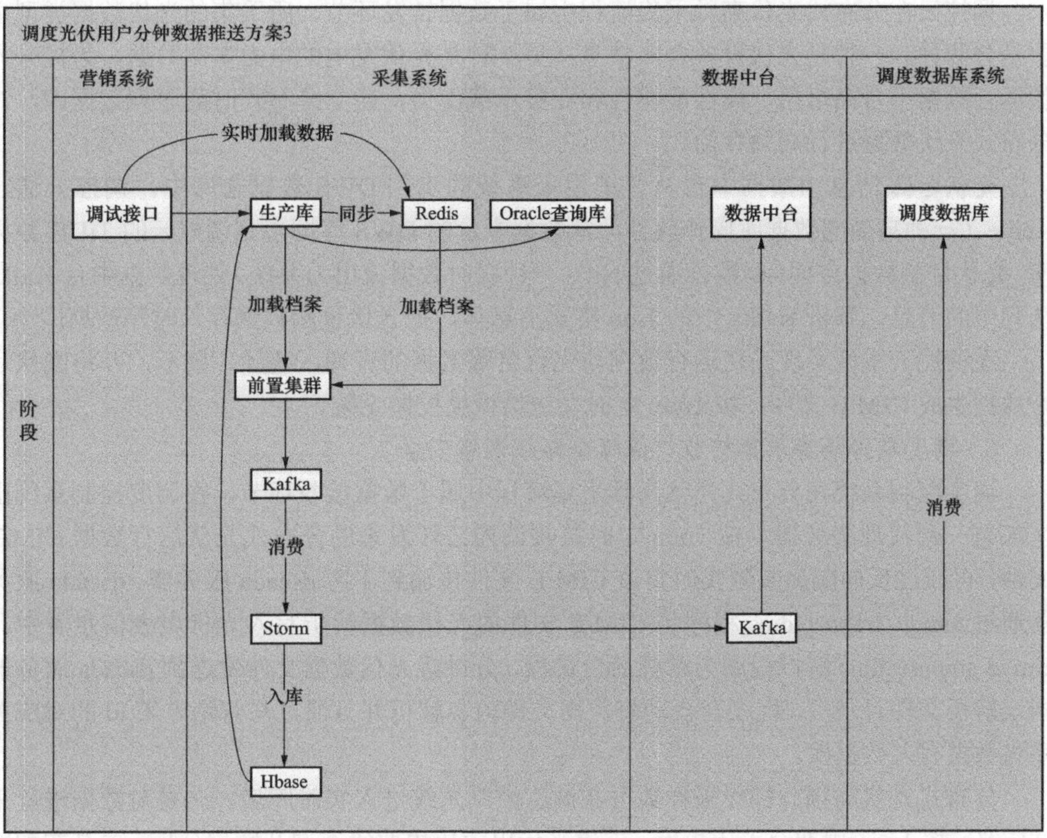

图 3-5 用采数据汇集转发方案 3 数据流图

表 3-2 各数据汇集方案对比

序号	数据汇集方案	时效性	稳定性	对用采业务的影响	数据汇集流程复杂度	工作量	数据一致性
1	方案 1：营销基础数据平台同步数据	一般	差	小	较复杂	小	有保障
2	方案 2：抽取 Hbase 数据对外同步	好	好	中	一般	中	有保障
3	方案 3：Storm 流处理平台写入（推荐）	非常好	好	大	一般	中	无保障

4. 搭建数据中台 Kafka 消息平台，打造数据传输高速公路

数据中台在分布式光伏高频采集流程中属于数据转发环节。为了达到海量分布式光伏数据传输高吞吐、低延时、高并发、高可靠目标，在数据中台搭建 Kafka 消息平台，通过发布/订阅模式实现用采系统到调控云的数据摆渡。用采系统作为 Producer（生产者）将光伏分钟级数据存储于 Kafka 服务集群，调控云作为 Consumer（消费者）再将光伏分钟级数据进行同步提取。

5. 调控云时序存储，实现数据高效入库

调控云在分布式光伏高频采集流程中属于数据转发环节。所采集的光伏数据类型主要是分两种，一种是光伏设备台账信息；另一种是光伏发电的电力量测数据。为提升光伏运行数据平台高可用、高性能特性和业务承载能力，建立分布式时间序列数据库，对分布式光伏数据进行高效存储。

光伏台账信息由数据中台从营销用采系统同步到DWS数据仓库中，调控云通过Kettle（一种高效的数据库操作软件）从数据中台的DWS库同步到调控云的TiDB数据库。光伏量测数据方面，调控云通过Nifi（一种实时数据流出力系统）处理数据中台Kafka队列中的消息，解析Kafka中的Json格式消息体，把光伏量测数据存入时序数据库中。

在调控云本地实现光伏运行数据与光伏台账数据的查询、统计、展示，并将光伏运行数据生成CIM/E文件，按1min定时发送给调度控制系统。

6. 调度端跨隔离采集接收，保障全路径网络安全

调度控制系统在分布式光伏高频采集流程中属于数据接收环节。在调度控制系统Ⅲ区部署一台代理服务器，按1min定时接收调控云转发来的分布式光伏运行数据CIM/E文件，再通过反向隔离装置实时将该CIM/E文件传输到Ⅰ区dscada服务器。dscada服务器通过cim_e_import_dms程序将CIM/E文件内光伏数据解析写入光伏电表信息表中。cim_e_import_dms解析程序为常驻后台进程，分钟级光伏数据文件发送到dscada服务器指定解析文件目录后，程序会自动将数据文件内容解析并且通过与营销电表id的对应关系将数据写入数据库。

分布式光伏高频分钟级采样数据在调度控制系统进入实时库后，一是对数据进行采样定义，按1min周期存入历史库，支撑光伏出力历史曲线查询及数据分析；二是在配网单线图、光伏统计图上进行实时显示，供调控人员查看；三是作为基础数据参与过载控制、调峰控制的计算。

接口方面，创建调度控制系统与用电信息采集系统间的双向接口，通过Webservice（一种跨平台的远程调用技术）方式、XML（可扩展标记语言）格式将光伏控制指令从调度控制系统传至用采系统，控制结束后，用采系统同样以Webservice方式、XML格式将控制结果反馈信息传递给调度控制系统。

光伏控制指令下发可包含工单编号、供电单位编号、用户编号、控制类别、电能表标识、控制模式等参数；控制结果反馈可包含工单编号、控制模式、电能表标识、成功/失败标志、失败原因、返回时间等参数。

调度控制系统改造方面，在dscada服务器（Ⅰ区）上部署分布式光伏控制子系统，从模型库中光伏电表信息表、配网变压器表、配网馈线表中获取分布式光伏台账信息、光伏运行数据、配变运行数据、电网拓扑连接关系，从实时库中获取光伏所属馈线的运行数据。集成用户档案校验功能，对所控光伏的光伏属性、地域属性进行校验，防止误控非光伏用户及其他地域光伏。集成光伏控制前端界面，创建友好的人机交互客户端。

在Ⅲ区部署一台代理服务器，在其上部署与用采系统的接口程序，将工单编号、供电单位编号、用户编号、控制类别、电能表标识、控制模式打包成XML格式文件，调

用接口传输至采集系统，同时解析用采系统返回的控制结果反馈信息。部署与 dscada 服务器（Ⅰ区）通信的正反向隔离程序，通过正反向隔离装置向分布式光伏控制子系统传递信息。

用采系统改造方面，部署与调度控制系统间的接口程序。集成表计解析校验功能，对调度控制系统发送的控制指令信息进行解析，并与用采自身的光伏台账进行比对校验，校验信息不匹配时，不予执行并进行反馈。集成执行工单组装功能，表计解析校验通过后，对接收到的控制指令信息进行工单组装，组装成前置可执行的工单信息，发送给光伏控制前置进行执行。集成前置反馈结果处理功能，光伏控制前置执行控制指令后，把前置反馈结果进行信息组装，并把反馈结果实时传递给调度控制系统。

新建 Oracle 数据表用于存放调度控制系统推送控制指令信息及前置反馈的结果信息，便于后期调试问题快速定位及维护。

通过配置信息交互接口及安全防护设备，打通调度 D5000 系统与营销用电信息采集系统间数据通道。在 D5000 系统中开发部署分布式光伏监控模块，通过用采系统将控制指令转发至台区集中器，再由集中器经宽带载波（HPLC）通道将控制指令下发至相应智能电表，最终由智能电表实现分布式光伏并、离网控制。光伏数据采集链路与之相反。数据通道如图 3-6 所示。

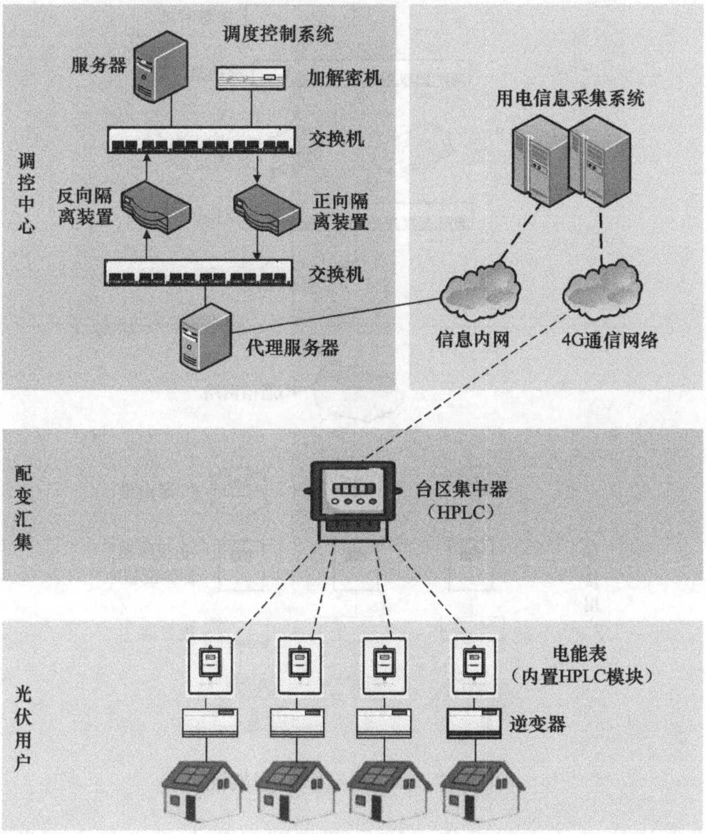

图 3-6 基于用采系统的系统框架图

支持分布式光伏信息分钟级采集，满足调度端准实时监视、历史数据查询需求。实测全过程控制响应时间约为2min，可应用于调度端对分布式光伏出力的日辅助调峰。台区集中器对智能电表的通信采用宽带载波（HPLC），对用采系统的数据传输采用4G无线网络，安全性一般。

（三）基于“4G”的调度光伏监控技术路线

1. “4G”到户模式

在县域部署分布式光伏群调群控集群子站，对下通过4G网络与光伏逆变器进行信息交互，对上经安全接入区通过调度数据网与调度控制系统进行通信，从而实现调度端对低压分布式光伏的实时监视与柔性控制。光伏数据采集链路与之相反。图3-7所示为4G到户系统框架图。

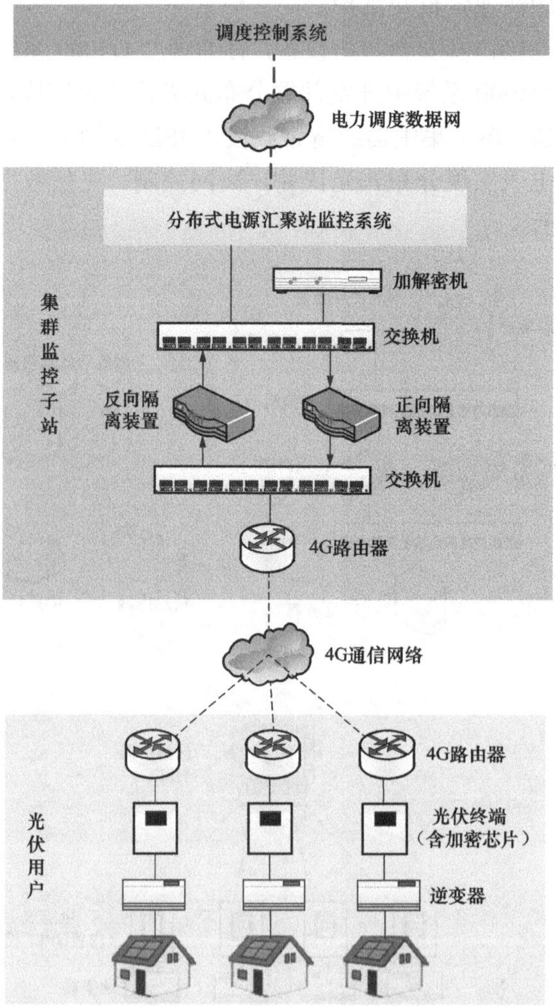

图3-7　4G到户系统框架图

支持分布式光伏信息的实时采集，满足调度端对分布式光伏实时监测的需求。全过程控制响应时间约为3.1s，安全接入区外控制响应时间约为160ms，可应用于调度控制系统 AGC 实时调频/调峰。调度主站与户用光伏之间使用 4G 通信网络，安全性一般。

2. "4G+微功率"模式

基于调度控制系统开发分布式光伏监控功能，通过调度数据网与部署于县域的集群监控子站通信，集群监控子站经安全接入区后，通过 4G 公网与配变处的边缘计算网关通信，边缘计算网关通过微功率（lora）网络与光伏逆变器进行信息交互，从而实现对低压分布式光伏的实时监视与柔性控制。光伏数据采集链路与之相反。图 3-8 所示为 4G+微功率系统框架图。

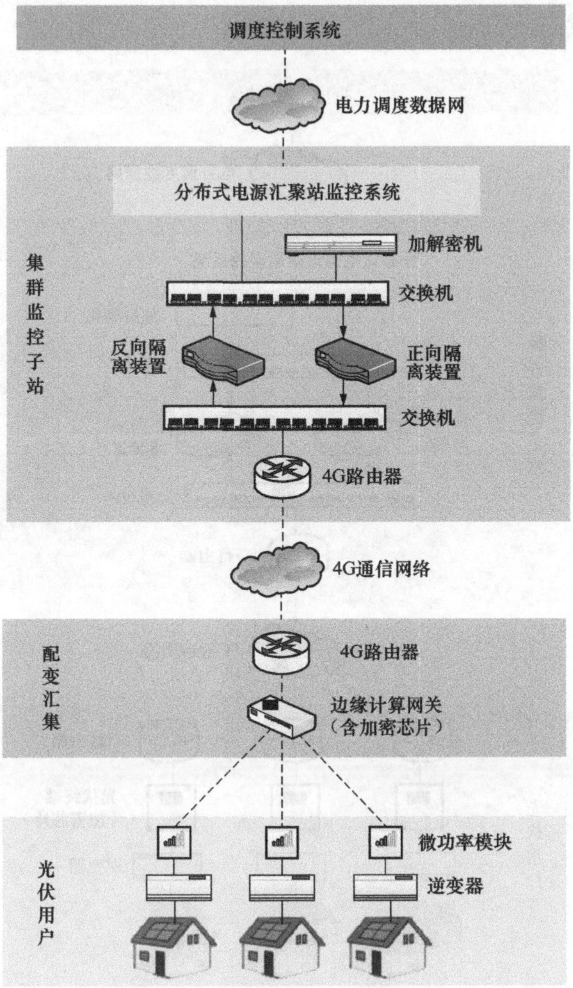

图 3-8　4G+微功率系统框架图

边缘计算网关接入光伏数小于 10 户时支持分布式光伏信息的实时采集，满足调度端对分布式光伏实时监测的需求。全过程控制响应时间小于 6s，可应用于调度控制系统 AGC 实时调频/调峰。集群监控子站与配变边缘计算网关之间使用 4G 通信网络，配变边缘计算网关与户用光伏间采用微功率（lora）通信，整体安全性一般。

（四）基于"5G"的调度光伏监控技术路线

1. "5G"到户模式

在县域部署分布式光伏群调群控集群子站，对下通过 5G 网络与光伏逆变器进行信息交互，对上经安全接入区通过调度数据网与调度控制系统进行通信，从而实现调度端对低压分布式光伏的实时监视与柔性控制。光伏数据采集链路与之相反。图 3-9 所示为 5G 到户系统框架图。

支持分布式光伏信息的实时采集，满足调度端对分布式光伏实时监测的需求。实测全过程控制响应时间约为 1.85s，安全接入区外控制响应时间约为 98ms，可应用于调度控制系统 AGC 实时调频/调峰。调度主站与户用光伏之间使用 5G 通信网络，应用 MEC、切片技术，安全性较高。

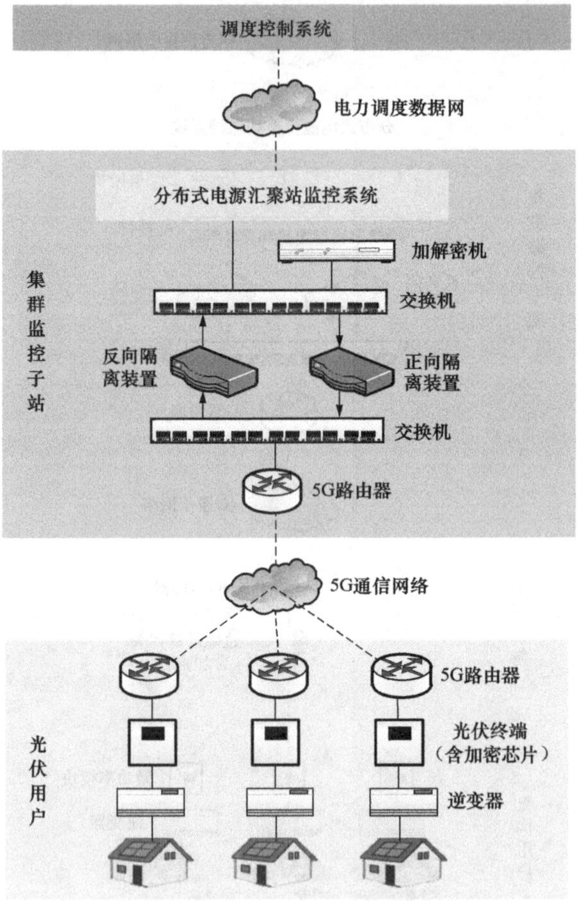

图 3-9　5G 到户系统框架图

2. “5G+微功率”模式

基于调度控制系统开发分布式光伏监控功能，通过调度数据网与部署于县域的集群监控子站通信，集群监控子站经安全接入区后，通过 5G 公网与配变处的边缘计算网关通信，边缘计算网关通过微功率（lora）网络与光伏逆变器进行信息交互，从而实现对低压分布式光伏的实时监视与柔性控制。光伏数据采集链路与之相反。图 3-10 所示为 5G+微功率系统框架图。

边缘计算网关接入光伏数小于 10 户时支持分布式光伏信息的实时采集，满足调度端对分布式光伏实时监测的需求。全过程控制响应时间小于5s，可应用于调度控制系统AGC实时调频/调峰。集群监控子站与配变边缘计算网关之间使用5G通信网络，应用MEC、切片技术，配变边缘计算网关与户用光伏间采用微功率（lora）通信，整体安全性较高。

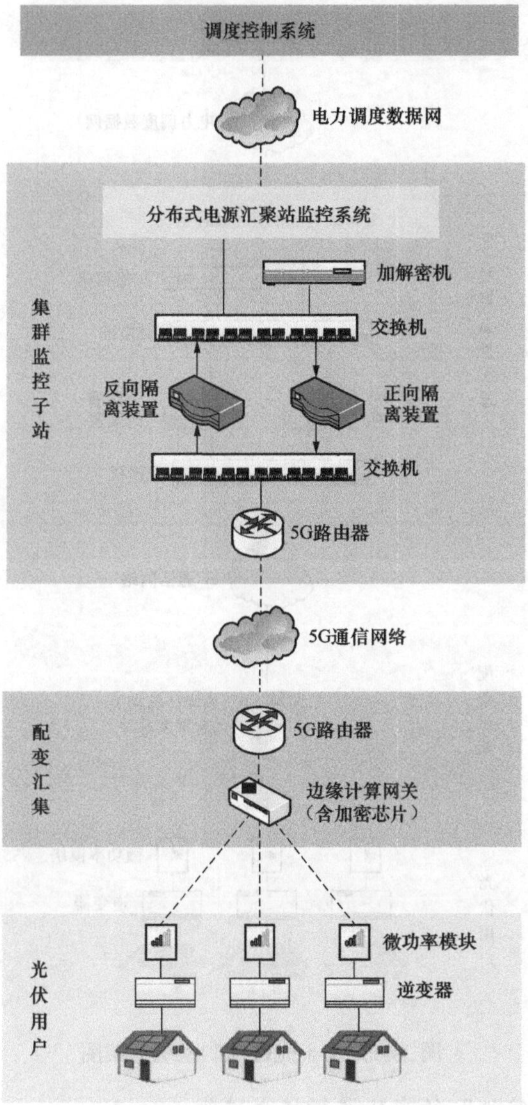

图 3-10 5G+微功率系统框架图

（五）基于“光纤”的调度监控技术路线

基于调度控制系统开发分布式光伏监控功能，通过调度数据网与部署于县域的集群监控子站通信，集群监控子站经安全接入区后，通过光纤网络与配变处的边缘计算网关通信，边缘计算网关通过微功率（lora）网络与光伏逆变器进行信息交互，从而实现对低压分布式光伏的实时监视与柔性控制。光伏数据采集链路与之相反。图3-11所示为基于光纤控制系统框架图。

边缘计算网关接入光伏数小于10户时支持分布式光伏信息的实时采集，满足调度端对分布式光伏实时监测的需求。全过程控制响应时间约为 1.4s，可应用于调度控制系统 AGC 实时调频/调峰。集群监控子站与配变边缘计算网关之间使用光纤通信，配变边缘计算网关与户用光伏间采用微功率（lora）通信，整体安全性高。

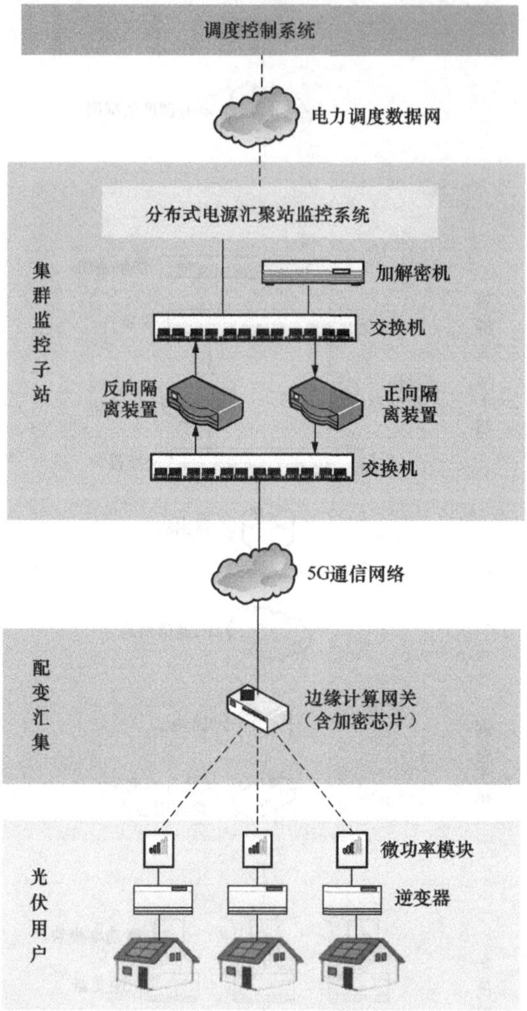

图 3-11　基于光纤控制系统框架图

（六）基于“融合终端”的光伏监控技术路线

1．调度监控模式

在调度主站建设安全接入区，作为全网光伏的统一数据接入点。基于调度控制系统开发分布式光伏监控功能，通过主站安全接入区经 4G 公网与配变处的智能融合终端通信，智能融合终端通过微功率（lora）网络与光伏逆变器进行信息交互，从而实现调度端对低压分布式光伏的实时监视与柔性控制。光伏数据采集链路与之相反。图 3-12 所示为调度监控模式系统框架图。

智能融合终端接入光伏数小于 10 户时支持分布式光伏信息的实时采集，满足调度端对分布式光伏实时监测的需求。全过程控制响应时间小于 6s，可应用于调度控制系统

AGC实时调频/调峰。调度控制系统与配变智能融合终端之间使用4G通信网络，智能融合终端与户用光伏间采用微功率（lora）通信，整体安全性一般。

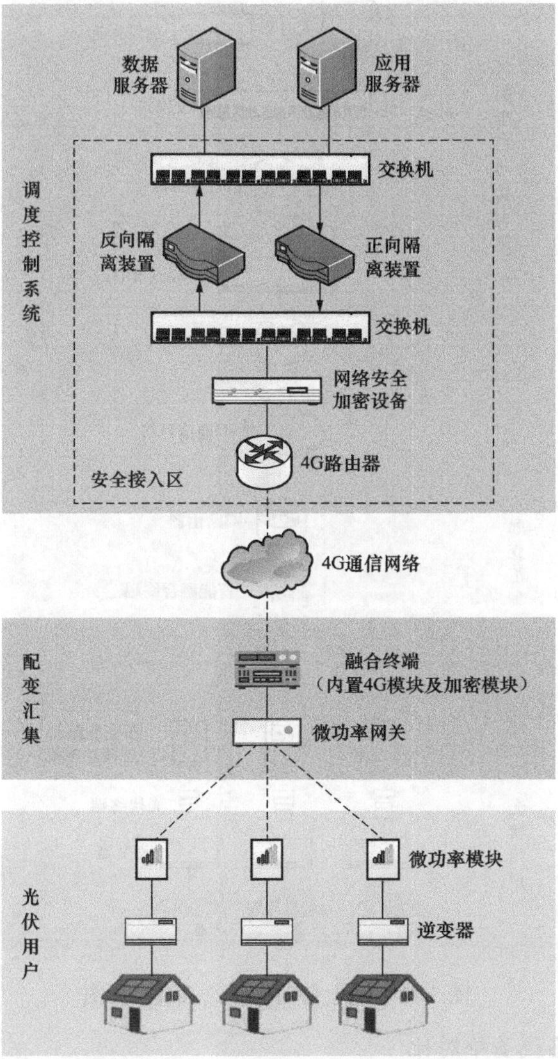

图3-12 调度监控模式系统框架图

2. 配电自动化模式

在配电自动化主站（Ⅳ区）部署分布式光伏监视及台区自治策略下发模块，通过4G公网将台区自治策略下发至台区智能融合终端，智能融合终端根据主站下发策略实现台区内的功率平衡及电压调节。智能融合终端对光伏的控制是通过微功率网络将控制指令下发至塑壳断路器，由塑壳断路器实现分布式光伏并离网控制。光伏数据采集链路与之相反。图3-13所示为配电自动化模式系统框架图。

支持分布式光伏信息分钟级采集，可应用于光伏运行分析。智能融合终端全过程控制响应时间约为50s，满足台区自治控制需求。该方案不支持与主网调度端通信，无法应用于调控中心对分布式光伏的群调群控。配电自动化主站下发台区自治策略使用4G

通信网络，智能融合终端对光伏采集控制使用微功率（lora）网络，整体安全性一般。

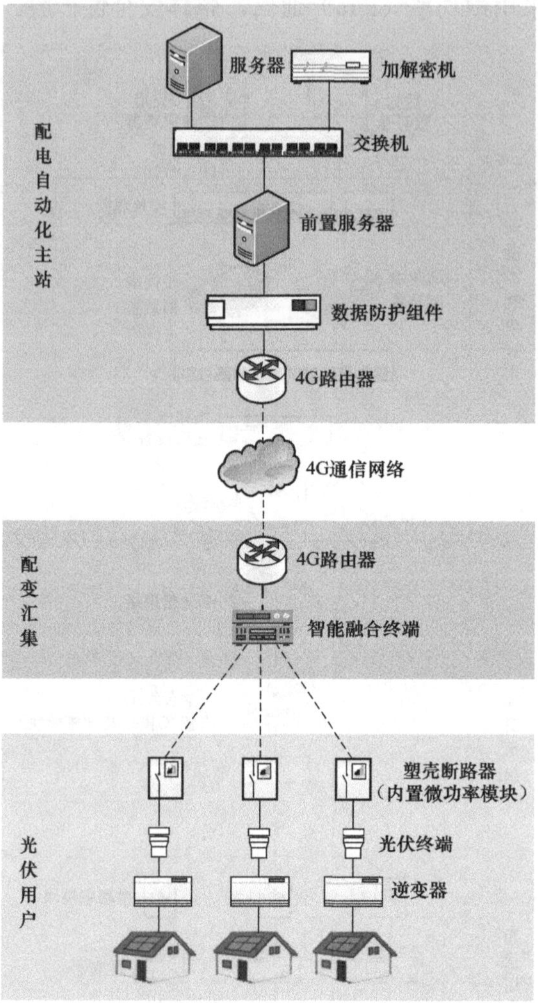

图 3-13　配电自动化模式系统框架图

（七）多种技术路线多维对比

多种技术路线进行统计，雷达图如图 3-14～图 3-21 所示。

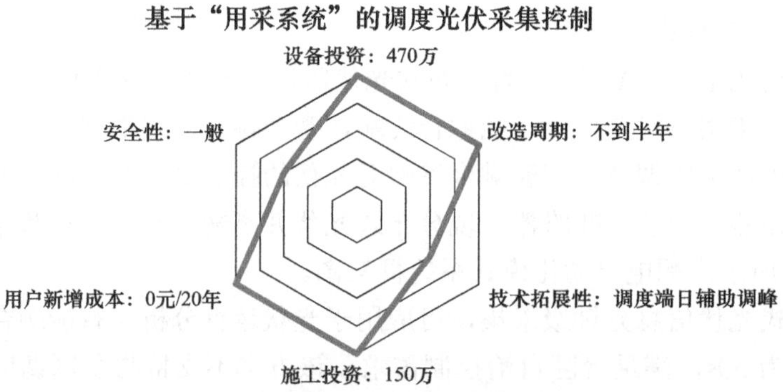

图 3-14　多种技术路线对比雷达图

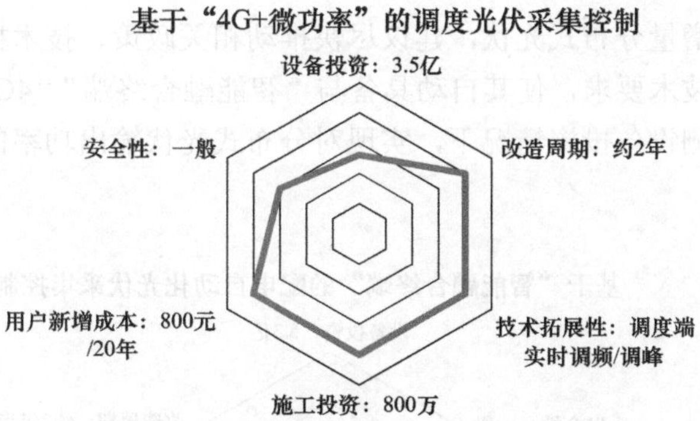

图 3-15　多种技术路线对比雷达图

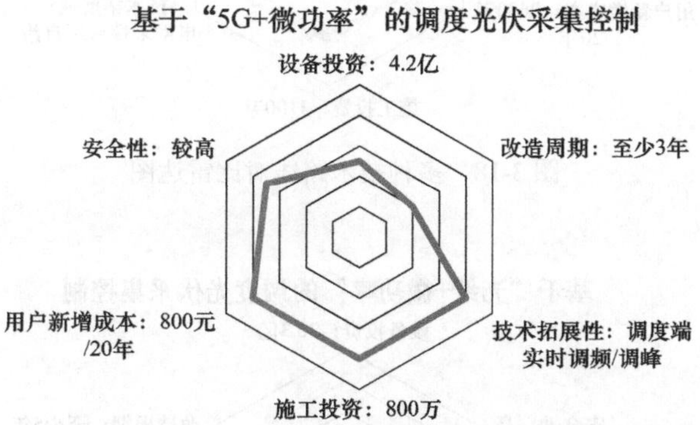

图 3-16　多种技术路线对比雷达图

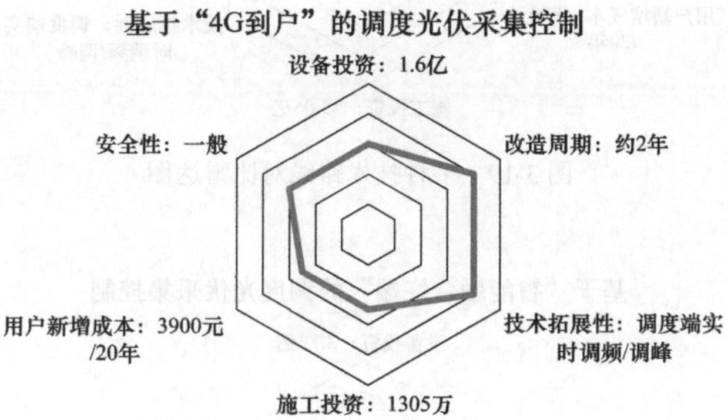

图 3-17　多种技术路线对比雷达图

综合考虑上述方案指标，结合分布式光伏发展现状，得出如下结论：

（1）近期针对存量分布式光伏，"4G""5G""光纤""智能融合终端"方案均涉及用户侧设备改造，投资较高、现场调试工作量庞大，难以实际推广应用，因此建议采用"用采系统"方案，实现其信息分钟级采集及远程批量控制，在无需大额投资情况下，满足大电网运行监视及控制需求。

（2）中期针对增量分布式光伏，建议尽快推动相关政策、技术标准出台，进一步规范光伏逆变器并网技术要求，使其自动具备与“智能融合终端”“4G”方案的通信能力，从而在不增加用户侧设备投资情况下，实现对分布式光伏输出功率的柔性控制，并进一步提升控制时效性。

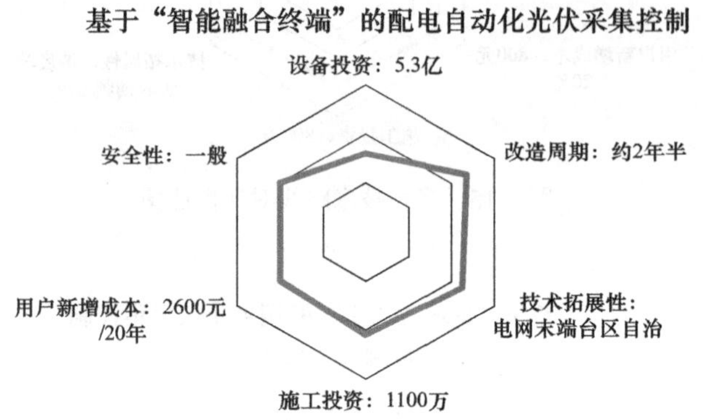

图 3-18　多种技术路线对比雷达图

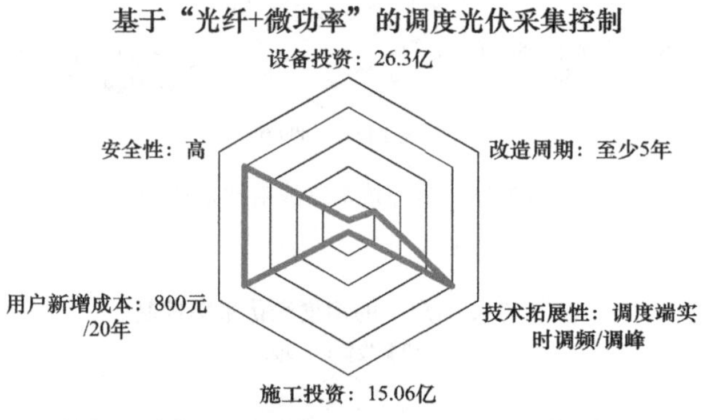

图 3-19　多种技术路线对比雷达图

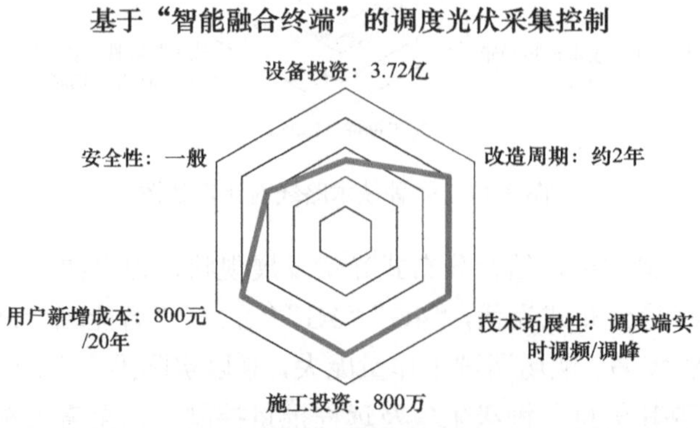

图 3-20　多种技术路线对比雷达图

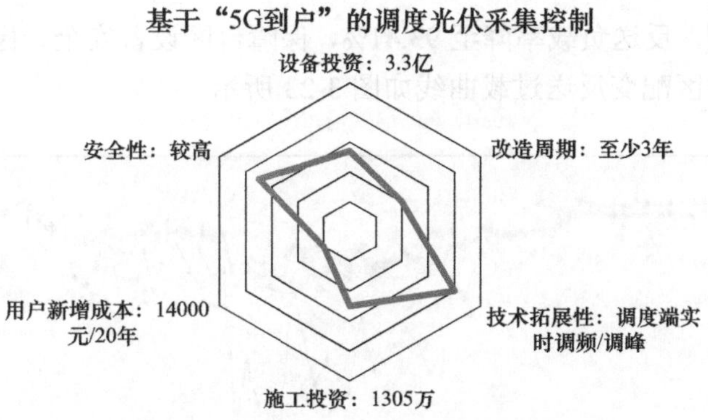

图 3-21 多种技术路线对比雷达图

（3）远期随着有源配电网建设的加速推进及 5G 技术的大规模推广应用，可以考虑全面推广应用基于 5G 的分布式光伏群调群控技术，依托 MEC、切片技术及相关软件加密算法保证安全性，依托 5G 大带宽、低延时特点保证实时性，实现分布式光伏对大电网电压、频率变化的毫秒级快速响应，具备一次调频、转动惯量支撑能力，保障以新能源为主体的电力系统安全、稳定运行。

三、实施成果

（一）控过载、防越限

针对功率上送过载的配变或线路，切除部分光伏确保设备安全；实时监测配变、线路功率上送负载，超过设定过载阈值则自动切除部分光伏，负载下降过线后再恢复并网，维持设备负载率在正常水平。图 3-22 所示为分布式光伏协同控制系统界面图。

图 3-22 分布式光伏协同控制系统界面图

蠡县宋岗供电所，东魏综合 8 台区配变容量 100kVA，光伏装机 301.81kW，居民用户 117 户，户日均用电量 2.12kWh，当光伏大发时造成台区最大反送过载 174.58%，对台区设备安全运行造成严重威胁，7 月 13 日经过试点应用，分布式光伏协调控制系统对光伏出力进行控制，反送负载率降至93.41%，保障台区设备安全、稳定运行。营销用采系统东魏综合8台区配变反送过载曲线如图3-23所示。

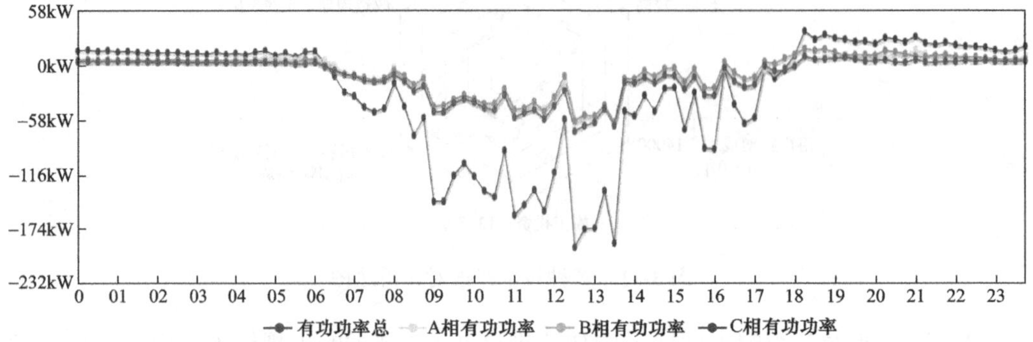

图3-23 营销用采系统东魏综合8台区配变反送过载曲线

负载率为负时为上送情况，图3-24中出现明显上送过载，蓝色为7月12日负载率曲线，红色为7月13日13:30—14:30控制过后负载率曲线，控制后上送过载现象获得明显改善。分布式光伏协调控制系统在13:30～14:30对光伏出力进行调节曲线如图3-24所示。

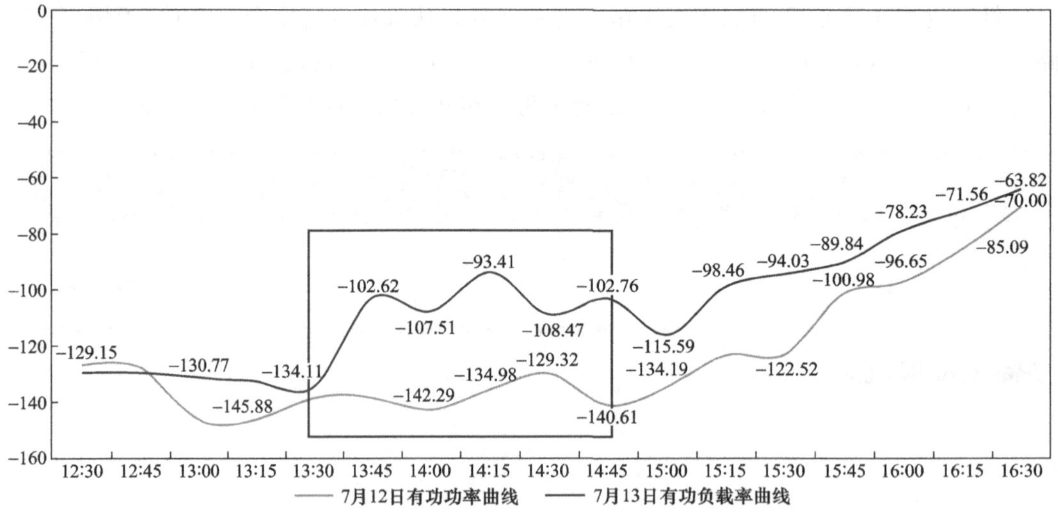

图3-24 分布式光伏协调控制系统在13:30～14:30对光伏出力进行调节曲线

（二）批量控、助调峰

自动生成控制策略（见图3-25），一键实现光伏调峰，也可接收省地AGC系统调节指令，响应上级调峰策略，实现光伏出力脱管调节。

7月19日下午4点测试分布式光伏批控系统，一共控制1401户分布式光伏（分布在7条线路），总容量29 027kW，当时发电功率4928kW，平均容量22kW。

控分：分3次控制，第一次540户，第二次696户，第三次165户，间隔4min。控制成功户数 1125 户，最终成功率 81%，全部控制结果返回用时 35min，实控容量 23 511kW，实控功率约 4000kW。

控合：下发户数 1125 户，第一次成功返回 980 户，剩下 145 户，约分 10 次控合成功。

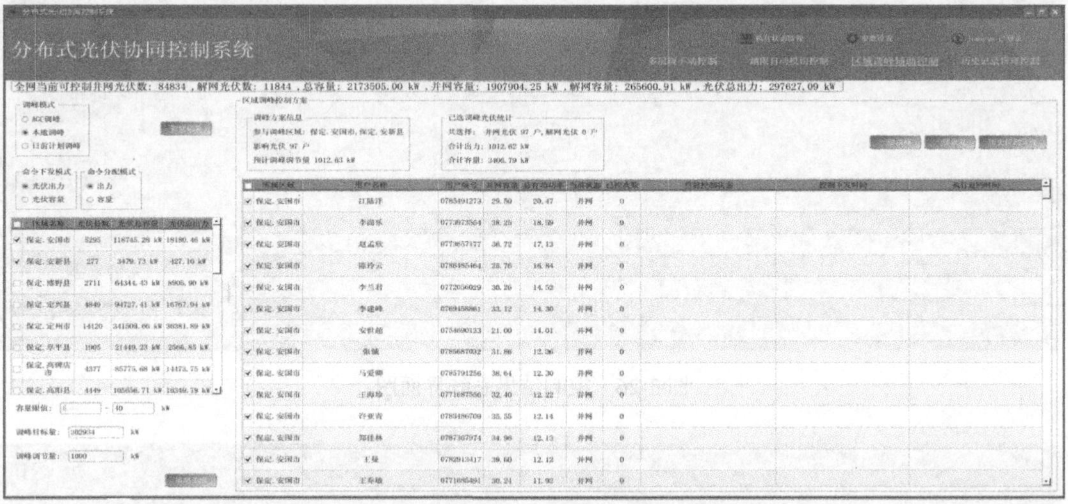

图 3-25 批量控制自动生成控制策略界面

××全域级控制试验测试表如表 3-3 所示。

表 3-3 ××全域级控制试验测试表

时间	第一批（540 户，总容量 11 157kW）			第二批（从第 4min 开始控制，696 户，总容量 14 209kW）			第三批（从第 9min 开始控制，165 户，3661kW）			实控容量（kW）	成功率（%）
	成功（户数）	失败（户数）	未返回（户数）	成功（户数）	失败（户数）	未返回（户数）	成功（户数）	失败（户数）	未返回（户数）		
10min	409	89	42	539	52	105	84	5	76	21 189	73
15min	414	107	19	542	93	61	157	8	0	22 930	79
20min	417	121	2	551	123	22	157	8	0	23 300	80
25min	418	121	1	558	126	12	157	8	0	23 400	80
30min	418	122	0	559	134	3	157	8	0	23 490	80
35min	408	122	0	560	136	0	157	8	0	23 511	81

在图 3-26 中，第一列为控制光伏总户数，第二列为控制成功户数，第三列为控制失败户数。

（三）精准控、保安全

从配变、线路、变电站、县域四个维度分层分级整合资源，可根据全网或局部电网状态对网内分布式光伏精准控制。在停电检修前对分布式电源手动解网、主动拉停，实现“一键离网、源端隔离”，对现场工作人员多一重保护。图 3-27 所示为分布式光伏协同控制系统界面图。

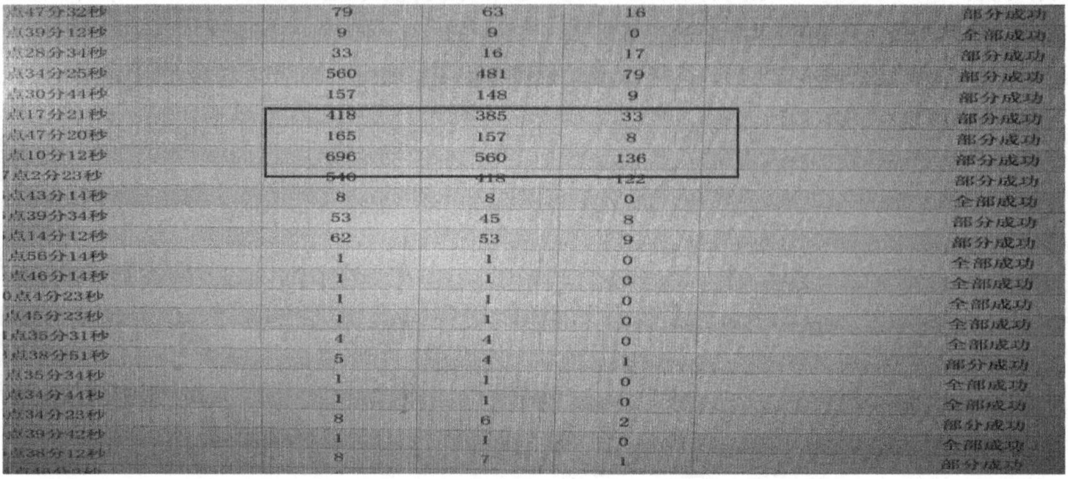

点47分32秒	79	63	16	部分成功
点39分12秒	9	9	0	全部成功
点28分34秒	33	16	17	部分成功
点34分25秒	560	481	79	部分成功
点30分44秒	157	148	9	部分成功
点17分21秒	418	385	33	部分成功
点47分20秒	165	157	8	部分成功
点10分12秒	696	560	136	部分成功
7点2分23秒	540	418	122	部分成功
点43分14秒	8	8	0	全部成功
点39分34秒	53	45	8	部分成功
点14分12秒	62	53	9	部分成功
点56分14秒	1	1	0	全部成功
点46分14秒	1	1	0	全部成功
0点4分23秒	1	1	0	全部成功
点45分23秒	1	1	0	全部成功
点35分31秒	4	4	0	全部成功
点38分51秒	5	4	1	部分成功
点35分34秒	1	1	0	全部成功
点34分44秒	1	1	0	全部成功
点34分23秒	8	6	2	部分成功
点39分42秒	1	1	0	全部成功
点38分12秒	8	7	1	部分成功

图 3-26　控制结果系统界面图

图 3-27　分布式光伏协同控制系统界面图

××供电所谢坊营 5 号台区，配变容量 250kVA，光伏装机 249.84kW，居民用户 137 户，日均户用电量 4.78kWh，当光伏大发时造成台区下用户电压最高升至 271V，造成个别用户家用电器不能正常使用、电压质量不合格等问题。图 3-28 所示为营销用采系统谢坊营 5 号台区某居民 6 月 29 日电压曲线。7 月 8 日试点应用分布式光伏协调控制系统在 15:30～16:30 对光伏出力进行控制，电压下降至 227V（见图 3-29），满足电压质量要求，保障用户正常用电，提高供电服务水平。

蓝色曲线为 7 月 7 日电压曲线，红色曲线为 7 月 8 日 15:30—16:30 调节后曲线，通过控分部分分布式光伏解决电压过高问题，调节后电压相比于平时有明显下降。

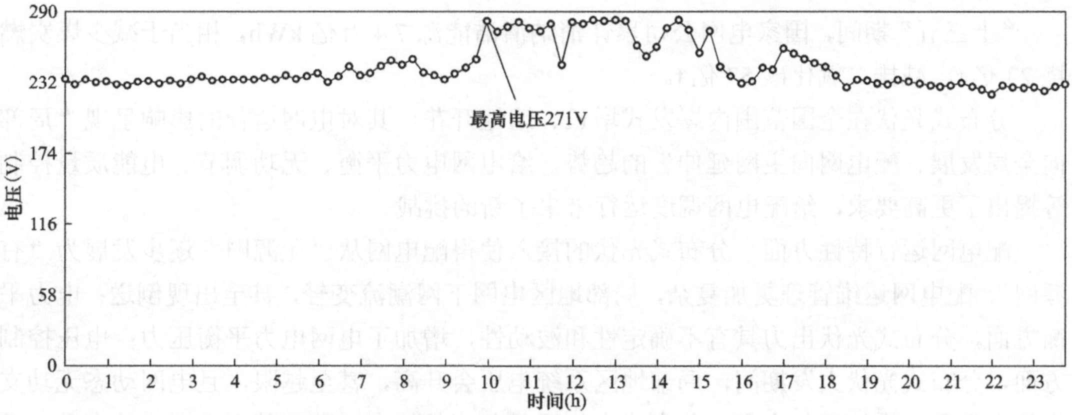

图 3-28 营销用采系统谢坊营 5 号台区某居民 6 月 29 日电压曲线

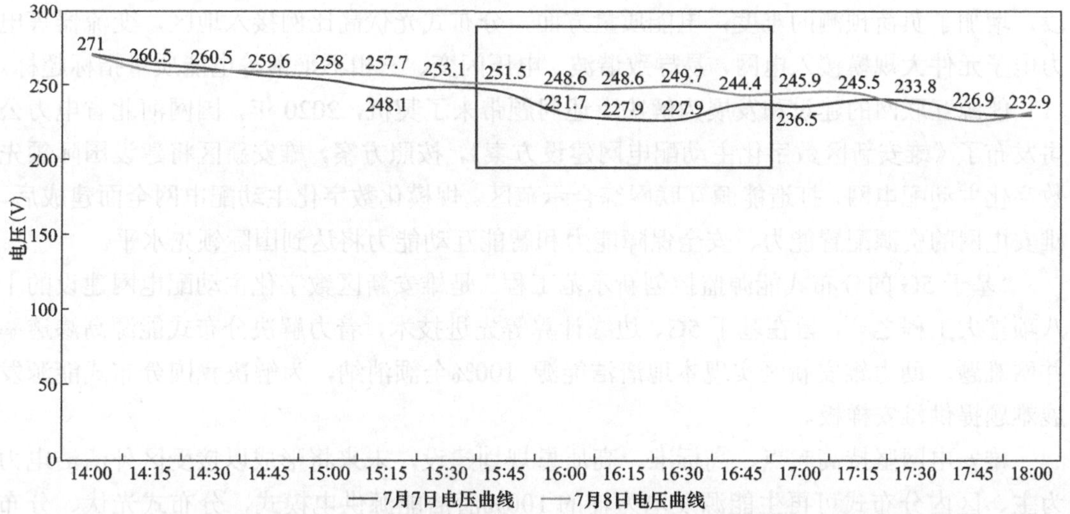

图 3-29 分布式光伏协调控制系统在 15:30～16:30 对光伏出力进行调节曲线

第二节 基于 5G 的分布式能源群调群控

一、实施背景

2020 年 9 月 22 日，习近平总书记在第七十五届联合国大会上提出："中国将提高国家自主贡献力度，采取更加有力的政策和措施，二氧化碳排放力争于 2030 年前达到峰值，努力争取 2060 年前实现碳中和"。

国家电网公司作为"大国重器"和"顶梁柱"，自觉担负起推动能源转型和绿色发展的历史使命，研究提出"碳达峰、碳中和"行动方案，高标站位，见事早、行动快，体现了强烈的大局意识、责任担当和创新精神，为加快能源转型当好了排头、作出了表率。

目前，国家电网公司经营区新能源并网装机达到 4.5 亿 kW，占总装机容量的 26%，新能源利用率达到 97.1%，电能占终端能源消费比重达到 27%左右。

“十三五”期间，国家电网公司累计消纳清洁能源7.4万亿kWh，相当于减少煤炭燃烧23亿t，减排二氧化碳57亿t。

分布式光伏在全国范围内爆发式增长、遍地开花，其对电网运行的影响呈现“局部向全局发展、配电网向主网延伸”的趋势，给电网电力平衡、无功调节、电能质量控制等提出了更高要求，给配电网调度运行带来了新的挑战。

配电网运行特性方面，分布式光伏的接入使得配电网从“无源网”逐步发展为“有源网”，配电网运维管理更加复杂，局部地区电网下网潮流变轻，甚至出现倒送；电力平衡方面，分布式光伏出力具有不确定性和波动性，增加了电网电力平衡压力；电压控制方面，分布式光伏大发期间，局部地区系统电压会升高，甚至越限，且电网动态无功支撑能力不足；系统调频方面，分布式光伏不具备调频能力，随着其出力占比的上升，系统频率调节能力呈下降趋势；负荷预测精度方面，分布式光伏缺乏有效的监测和预测手段，增加了负荷预测的难度；电能质量方面，分布式光伏高比例接入地区，变流器等电力电子元件大规模接入电网，易导致谐波、电压闪变、三相不平衡等电能质量指标超标。

能源互联网的建设和发展为解决上述问题带来了契机，2020年，国网河北省电力公司发布了《雄安新区数字化主动配电网建设方案》，按照方案，雄安新区将建设国际领先数字化主动配电网，打造能源互联网综合示范区。规模化数字化主动配电网全面建成后，雄安电网的资源配置能力、安全保障能力和智能互动能力将达到国际领先水平。

“基于5G的分布式能源监控创新示范工程”是雄安新区数字化主动配电网建设的十八项重大工程之一，旨在基于5G、边缘计算等先进技术，着力解决分布式能源高渗透率并网难题，助力雄安新区实现本地清洁能源 100%全额消纳，为解决我国分布式能源发展难题提供雄安样板。

雄安电网坚持高起点、高标准、高质量规划建设，未来将形成以接受区外清洁电力为主、区内分布式可再生能源发电为辅的100%清洁能源供电模式，分布式光伏、分布式储能等技术必将在新区获得大规模应用。然而传统的低速率、窄带宽、长延时的通信方式，已无法满足井喷式发展的分布能源精准监控需求，导致分布式光伏普遍处于盲调状态，电压越限、谐波超标等电能质量问题日益凸显，成为限制我国分布式能源进一步发展的重要因素。

HPLC（高频载波通信）、5G等新型通信技术在雄安新区的推广应用为解决上述问题带来了可能。根据相关规划，2020年新区将完成HPLC通信全覆盖，实现电力用户用电信息高频全量采集，2023年新区将完成5G技术广泛推广应用，为实现覆盖全电压等级的源网荷储协同优化控制奠定坚实通信基础。

综合上述情况，结合新区5G建设规划及分布式能源发展情况，着力打造基于5G的分布式能源监控创新示范工程，助力雄安新区实现本地清洁能源100%全额消纳，为解决我国分布式能源发展难题提供雄安方案，发出河北声音。

依托大数据、人工智能等先进技术，着力打造基于5G的分布式能源监控创新应用，针对分布式光伏集群灵活并网群调群控关键技术展开研究，提出集群内部自律控制、群间协同控制和主配网协调控制相结合的调控方案，有效解决分布式光伏局部高密度并网引发的配电网电压越限、谐波超标等电能质量问题，助力雄安电网实现本地清洁能源100%全额消纳。

（1）基于5G的分布式能源监控系统架构。研究提出基于5G的分布式能源监控系统总体架构，明确系统各层级功能、控制逻辑、软硬件组成、通信组网方式及数据传输方案。

（2）分布式能源并、离网主动支撑技术研究。研究并网模式下分布式光伏有功/无功主动支撑原理与协调运行技术，研究极端情况下分布式光伏带负荷离网电压支撑控制技术与功率平衡控制策略，研制具有并、离网主动支撑功能的分布式光伏样机；研究分布式储能单元优化配置与高效运行技术，研制具有主动支撑能力的分布式储能样机。

（3）分布式能源集群内部自律控制技术研究。研究分布式光伏、储能设备和离散控制元件的配电网设备建模和潮流计算；研究多设备协同的配电网区域优化控制策略，实现分布式能源集群的内部协同优化控制，有效解决配电网电压越限等问题；针对具有较强调节能力的集群，研究分布式光伏与储能的动态协调控制策略，使其具备同步机特性及对大电网电压、频率的毫秒级快速支撑能力。

（4）分布式能源集群的群间协同调控技术研究。研究分布式光伏集群划分的关键指标和方法；研究接入多个分布式光伏发电集群的三相配网潮流分布；研究基于最优潮流及二阶锥规划，同时计及分布式光伏无功调节特性的双时间尺度全局优化调度模型；以分布式光伏集群为控制对象，针对复杂通信状况，研究不同分布式能源集群的协同趋优控制方法；考虑分布式光伏功率的波动性和随机性，研究中、低压配网互动模型；考虑OLTC/SC的动作计划，研究中、高压输配电网络互动模型；研究基于模型预测控制（model predictive control，MPC）的分布式光伏的主配协调控制策略。

（5）分布式能源监控创新示范工程建设。开展示范工程建设，全面验证项目各项创新成果，以部署于调度端的监控主站、子站实现主配网协同控制及分布式能源集群间的协同优化调度，以集群控制子站实现分布式能源集群内部的自律控制。

二、主要做法

（一）建设分布式能源监控创新示范工程

依托保定地调D5000系统构建分布式能源监控主站，并在保定、雄安地区开展三个分布式能源监控集群建设。

第一集群（5G直控试点）：围绕雄安110kV新安站区域开展建设，在新安站下属景区供电所自建分布式光伏20kW，基于5G技术实现该光伏电站的信息上传和控制，完成基于5G的分布式能源监控技术路线验证。

第二集群（群调群控试点）：围绕徐水110kV黑山站区域开展建设，在黑山站下属大王店供电所、户木供电所屋顶建设两个分布式光伏电站（合计80kW），对太和庄村38户户用分布式光伏（合计400kW）进行基于5G技术的升级改造，开展分布式光伏群调群控策略研究及应用。

第三集群（源网荷储试点）：围绕雄安220kV剧村站区域开展建设，计划后续将变电站建设的充电桩、储能、光伏电站、可控负荷等接入，实现“源网荷储”协同互动。

（二）科学设计群调群控建设架构

示范工程按照分布式能源监控主站、集群控制子站、受控设备三级架构开展建设，主要包括分布式能源监控主站、集群控制子站功能开发，基于5G的配变台区监测、边缘计算功能开发，光伏逆变器快速调控功能优化等方面内容，系统架构如图3-30所示。

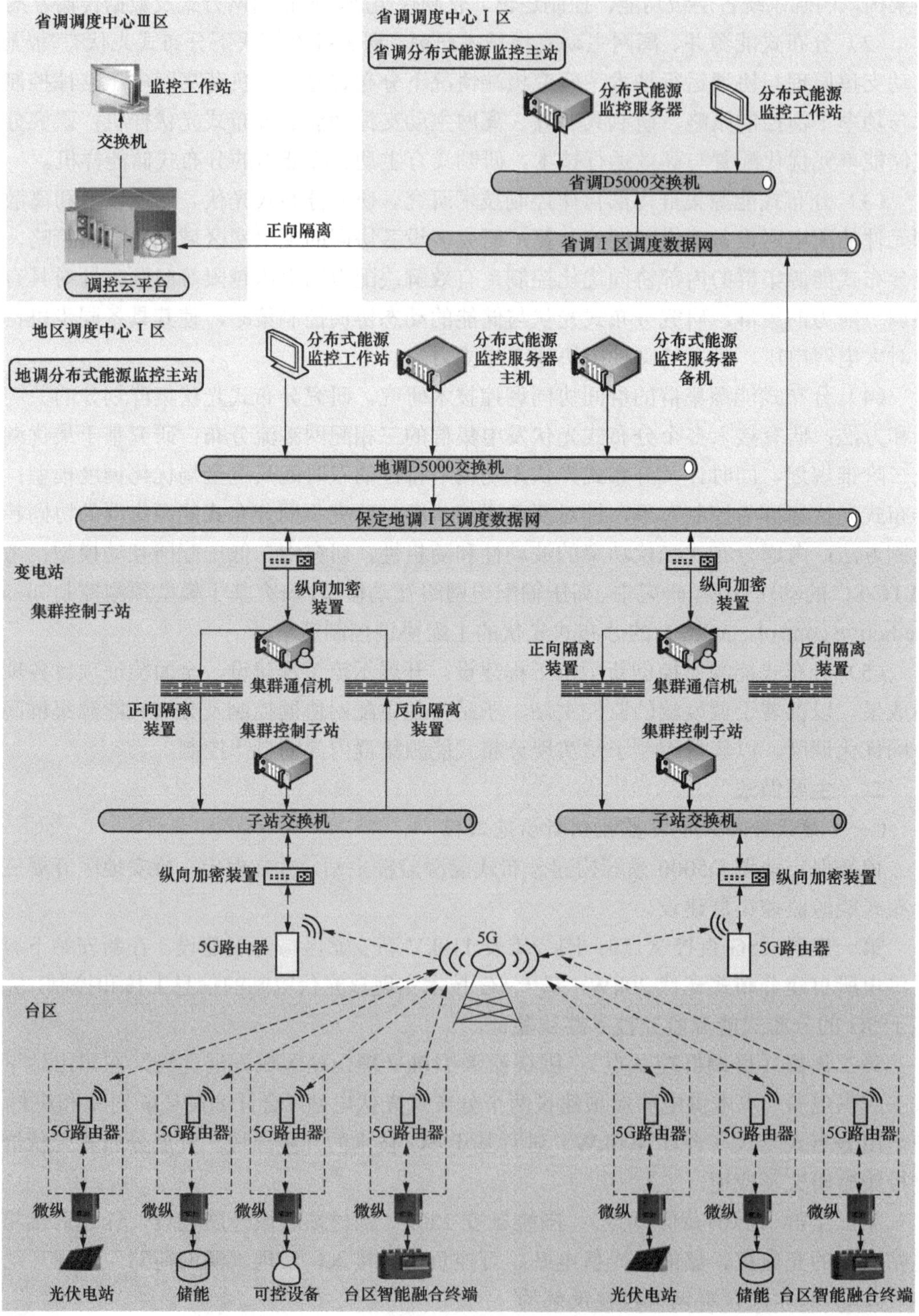

图3-30 系统架构

1. 建设主动管理监控主站

分布式能源监控主站基于D5000平台对集群控制子站进行主动管理，通过网络重构提供集群间的最优运行方式调整，调节群间功率分布，改善分布式发电大规模接入带来的过电压问题，提高分布式发电的消纳能力。分布式能源监控主站提供分布式能源运行监视、群间拓扑优化、群间有功-无功协调调控等功能。

（1）分布式能源运行监视。实现对集群运行工况的监视，包括有功、无功、电流、电压和频率等实时数据工况的监视。应能通过地理潮流图、分层分区电网潮流图、厂站一次接线图、曲线、列表等方式显示集群实时潮流运行情况；应提供饼图、棒图、等高线、柱状图、箭头图等可视化的展现手段；应能对集群的发电、受电、用电等重要量测及相应极值情况进行记录，对突变和越限情况进行告警提示。

（2）群间拓扑优化功能。群间拓扑优化通过操作群间网络的开关开合，改变集群的组合方式和群间的潮流流向，提升系统的运行效率，具体功能包括：

1）日前拓扑优化：支持以降低系统网损为目标的群间网络日前优化重构；支持以提高负载平衡度为目标的群间网络日前优化重构；支持以提高电压安全裕度为目标的群间网络日前优化重构。

2）数据分析与统计：支持查询历史优化方案、执行情况和执行效果；支持开关动作频次和效果分析。

3）数据展示：支持实时的开关状态、潮流分布、电网电压水平在接线图及图表展示；支持在各时间尺度上拓扑优化方案的展示，包含控制对象、实施时间、控制效果的图表展示。

（3）群间有功-无功协调调控功能。群间有功-无功协调调控利用集群和直接管控设备的调控能力，改善群间潮流分布，促进分布式发电消纳，具体功能包括：

1）群间有功调度，支持有功功率的优化调度，实现日前以运行经济性为目标、滚动进行经济性修正、实时完成紧急状态控制的运行目标；日前有功调度，支持以下个自然日运行经济性为目标，协调有功调度、电压优化、网络重构等功能，实现日前综合优化；滚动有功调度，支持利用分布式发电功率预测和负荷预测在日内的滚动修正数据，滚动优化各集群及直接管控设备的有功功率，实现不同运行状态在经济性和安全性两方面的不同需求；实时有功控制，支持响应群间协同调控系统指令，实时控制各集群和直接管控设备的有功功率，满足指令要求。

2）群间电压控制：调节集群和直接管控设备的无功功率，综合优化群间无功分布，给出集群调控指令，改善群间各节点电压，降低分布式电源脱网风险。

3）数据分析与统计：支持查询历史优化方案和执行情况。

4）数据展示：支持实时的有功、无功调节状态和开关状态、潮流分布、电网电压水平在接线图及图表展示；支持在各时间尺度上协调调控方案的展示，包含控制对象、实施时间、控制效果的图表展示。

2. 建设高度兼容集群控制子站

集群控制子站系统旨在对分布式能源进行主动管理，通过控制区域内的分布式电源及其他可控资源，实现对现存资源的高效利用和可再生能源的高度兼容。集群控制系统提供分布式光伏建模、状态估计、潮流计算、协调控制等功能。

（1）集群控制建模。集群控制建模提供图模库一体化的方式，建立覆盖中低压馈线、箱变、电容电抗器、储能、负荷，以及所有光伏逆变器的详细模型，支持在此模型基础上进行实时监视、潮流分析和控制，具体功能包括：

1）图形生成与编辑：支持采用绘制和编辑图形的方式，描述分布式发电的电网模型。

2）设备参数维护：支持在绘制的电网图形上设置每个图元代表的电网设备的名称，并录入电网元件参数。不同设备的参数类型可以定制，并可以根据应用的要求增加新的参数。参数类型满足集群控制分析计算的要求，在常规网络分析要求的参数基础上包括如下参数：①母线参数，母线电压等级、电压上下限参数；②变电站变压器参数，铭牌参数、分接头类型、分接头遥控参数；③馈线参数，馈线型号、长度、电阻、电抗；④光伏逆变器参数，光伏逆变器控制模式、容量约束、功率因数约束、机端电压上下限；⑤箱变参数，铭牌参数、分接头类型、变比参数；⑥储能变流器参数，变流器控制模式、容量约束、功率因数约束、荷电状态约束、机端电压上下限。

（2）集群状态估计。集群状态估计利用量测系统采集的信息估算电力系统的实时运行状态，给出各母线的电压和相角，各线路和变压器的潮流，各光伏逆变器有功无功出力。状态估计功能提供开关错误辨识能力，发现遥信信息错误并予以纠正，也提供对遥测数据中的不良数据进行检测和辨识的能力。在量测系统中存在不良数据时，指出正常数据和不良数据，具体功能包括：

1）支持网络拓扑分析，根据遥信信息确定实时的拓扑结构。

2）支持变比可调变压器的分接头挡位分析。

3）支持量测数据粗监测功能：辨识两端量测值不平衡支路，注入量测值不合理的节点，潮流不平衡的母线，并辨识无支路潮流量测的支路，无注入量测的母线，无电压量测的母线，辨识不可观测元件。

4）支持对遥测数据中的不良数据进行检测和辨识，指出正常数据和不良数据。

5）支持根据估计结果对电压、潮流越限信息发布。

6）支持对可观测区负荷历史数据记录。

7）支持估计值和实测值对照。

（3）集群潮流计算。集群潮流计算分析给出当前时刻控制集群完整的有功、无功潮流分布和电压分布，覆盖变压器、光伏及储能节点和馈线，同时可在线计算光伏的无功功率对机端电压和母线电压的灵敏度，用于对光伏有功、无功控制策略和电容电抗无功控制策略进行精确电压预估，具体功能包括：

1）支持网络实时潮流结果计算，给出节点电压、相角，以及支路有功、无功潮流分布；

2）支持网络历史潮流结果计算；

3）支持部分 380V 低压网络潮流计算及三相不平衡分析；

4）支持潮流越界报警；

5）支持控制策略仿真模态下潮流计算和策略验证；

6）支持灵敏度分析计算，可模拟光伏、储能功率及变压器接头挡位调节对潮流的影响，可模拟各种刀闸、开关变位操作对潮流的影响，可模拟各类设备投撤对潮流的影响，可模拟多重操作组合对潮流的影响，并可随时返回操作前基态。

7）支持潮流计算结果在单线图上显示。

（4）集群无功电压控制。集群无功电压控制利用新能源电站、分布式发电、储能装置、补偿装置等设备的无功调控能力，使得集群并网点电压（无功）响应上级调控指令，并实时优化集群内各节点电压，保证节点电压不越限，降低集群内网络损耗，平抑集群功率和电压波动，具体功能包括：

1）配电台区电压控制。将台区挡位手动可调的配变改造为支持挡位远方自动可调。

台区配变低压侧电压越限时，首先调节台区内新能源电站及分布式发电、储能无功功率，使配变低压侧电压处于合格范围内；其次，如果台区内分布式能源可调无功能力已用尽、配变低压侧电压仍不合格而挡位可调配变仍有调挡能力时，则通过调节配变挡位使配变低压侧电压处于合格范围内。

2）分布式能源无功电压控制。支持分布式能源运行状态整体评估和实时无功可调裕度上传，支持调节新能源电站及分布式发电、储能无功功率，在控制指令间隔内通过无功控制保证集群并网点电压或无功追踪上级电网给定指令，同时实现集群内部无功最优分配，保证节点电压不越限，并降低集群内网络损耗，平抑集群电压波动。

（5）集群有功调控。集群有功控制利用新能源电站、分布式发电、储能装置的有功调控能力，满足集群内电压和潮流约束的同时，改善潮流分布，促进分布式发电消纳，响应电网的运行状态，跟踪上级有功调度指令，对电网提供有效支撑，具体功能包括：

1）支持有功功率的优化调度，实现以运行经济性为目标、滚动进行经济性修正、实时状态控制的运行目标；

2）支持利用分布式发电功率预测和负荷预测在日内的滚动修正数据，滚动优化各集群及直接管控设备的有功功率，实现不同运行状态在经济性和安全性两方面的不同需求；

3）支持集群运行状态整体评估和实时有功可调裕度上传，在控制指令间隔内通过有功控制保证集群并网点追踪给定有功功率交换功率，同时实现集群内部有功最优分配。

3. 创新建设配变台区多种监视控制功能

（1）配变台区低压侧秒级交流采样、计算及统计分析功能。

1）实现与交采芯片的秒级遥测数据更新，实现交采芯片遥测数据的采集功能。

2）实现配变台区低压侧交流采样计算量功能。利用傅里叶变换 FFT 算法计算多次谐波，实现 2～19 次谐波，包括谐波含有率、谐波含有量、正序电压、正序电流、负序电压、负序电流、零序电压和零电流等。

3）实现配变台区低压侧交流采样统计分析功能，即统计分析日、月电压合格率等。

（2）光伏逆变器交流侧、直流侧遥测数据采集和 SOE 数据处理功能。

1）实现逆变器交流侧遥测数据采集，实现交流侧遥测数据包括三相电压、三相电流、三相功率、功率因数、频率等；

2）实现直流侧遥测数据采集，实现直流侧每一路的电压、电流、功率、日发电量、总发电量、内部温度、风扇状态等；

3）实现 SOE 数据处理，实现逆变器过压、过流、过温、限功率等 SOE 报警。

（3）配变台区电能质量分析功能。

1）与交流采样、逆变器 App 数据交互，计算配变台区三相负荷不平衡度；

2）与交流采样、逆变器 App 数据交互，计算配变台区负载率；

3）与交流采样、逆变器 App 数据交互，计算台区线损。

（4）配变台区有功调节和无功电压控制功能。

1）根据算法形成调控策略，基于 5G 通信技术，根据柔性毫秒级调控算法形成调控策略；

2）接收调控指令，基于 5G 通信技术，接收调变电站调控指令；

3）接收逆变器数据信息，基于 5G 通信技术，接收逆变器相关数据信息；

4）接收配变台区交采数据信息，基于 5G 通信技术，接收配变台区交采数据信息；

5）快速下发调控指令，基于 5G 通信技术，下发调控指令给逆变器。

（5）基于 5G 通信的柔性毫秒级调控算法、通信协议和低延时通信功能。

1）基于配变台区交流采样与逆变器信息采集和调控，研究配电台区电能质量优化分析；

2）基于 5G 通信技术，研究毫秒级调控通信协议、配电台区柔性毫秒级调控算法，实现调控命令快速响应与柔性调控。

4. 优化提升光伏逆变器性能

（1）无功功率调节范围的优化。逆变器通过调整基于电压前馈、PR 控制、谐波补偿的综合控制算法可以实现有功功率和无功率的解耦控制，配合硬件功率器件的参数调整，有功功率可以实现 0%～110%视在功率范围内任意调节，无功功率可以实现在–100%～+100%的视在功率范围内调节，可以完全满足无功功率调控的需求。同时修改了逆变器内部的供电电路，可以在夜晚无光照的情况下工作，实现 SVG 功能。

（2）调节速度的优化。通过控制参数优化和实验测试将原来光伏逆变器的调节速度大幅提高。有功功率调节可以在一个电网周期内跟随设定值；无功功率的调节可以在 5ms 内跟随设定值，从而可以快速响应通过 5G 传输过来的控制信号，满足实时调控的需求。

（3）电网适应性的优化。基于广义积分滤波器的 SPLL 算法可以适应弱电网、谐波较大的电网、电压跳变的电网、三相不平衡电网等多种工况，可以满足在复杂工况下的稳定运行。

（三）科学论证分布式能源群调群控功能

1. 可视化实时运行主站监控界面

监控主站通过地理潮流图、厂站一次接线图等可视化方式对分布式能源的有功、无功、电流、电压和频率等实时数据进行监视。图3-31～图3-34分别为保定地区电网运行监视、示范区新能源监视、新能源集群监视、台区监视画面。

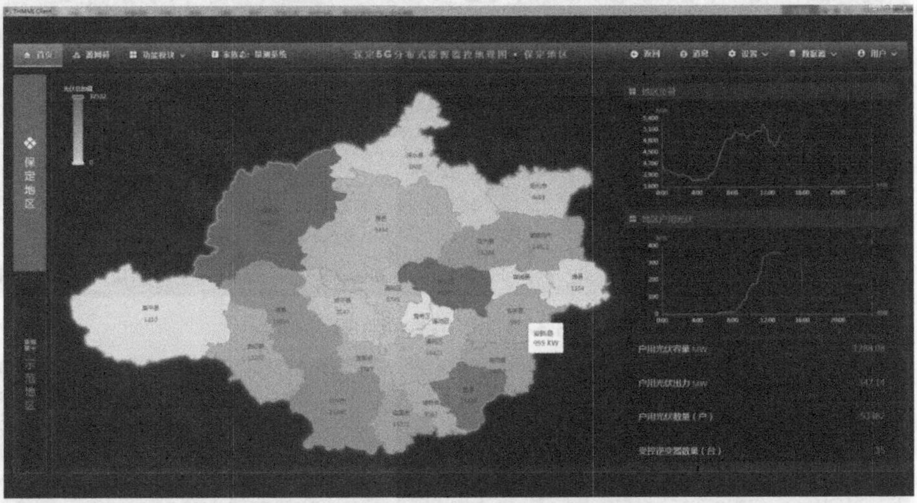

图 3-31 保定地区电网运行监视

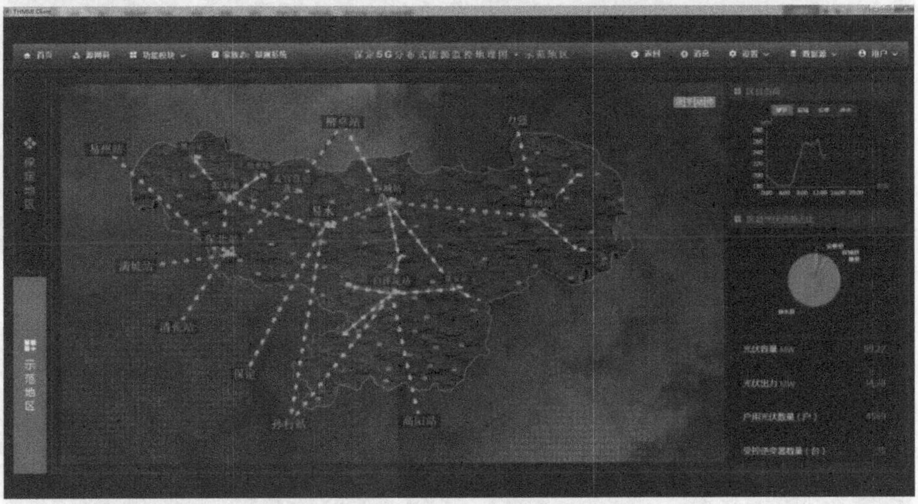

图 3-32 示范区新能源监视

2. 优化主站有功、无功协调调控

为平抑分布式电源出力波动、提高新能源的消纳能力，综合考虑间歇性能源出力的预测误差逐级细化以及柔性负荷不同时间尺度响应特性的不同，通过“日前-日内-实时”逐级细化的多时间尺度优化调度，协调储能和柔性负荷实现配电网的优化经济运行。下面分别介绍日前、日内、实时优化调度现场应用效果。

在有功协调优化中，集群关口潮流=集群内负荷总加+新能源功率总加。

（1）有功-无功日前协调优化。图 3-35 是黑山集群日前有功优化。

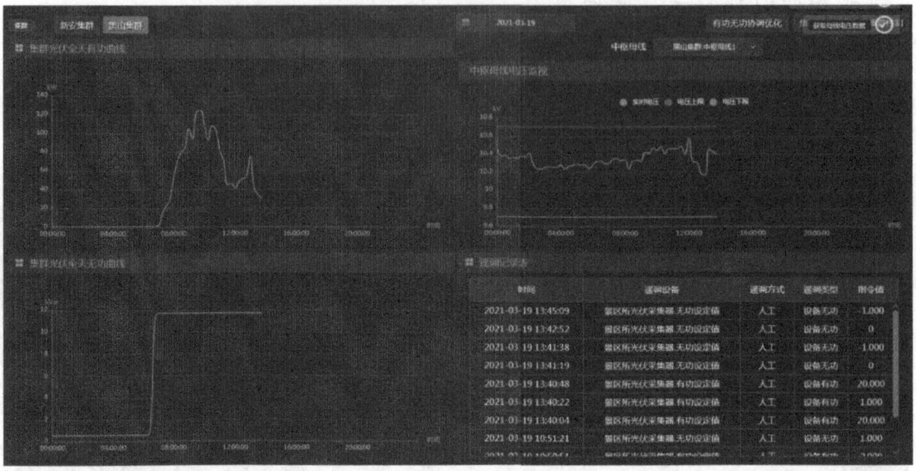

图 3-33　黑山集群监视

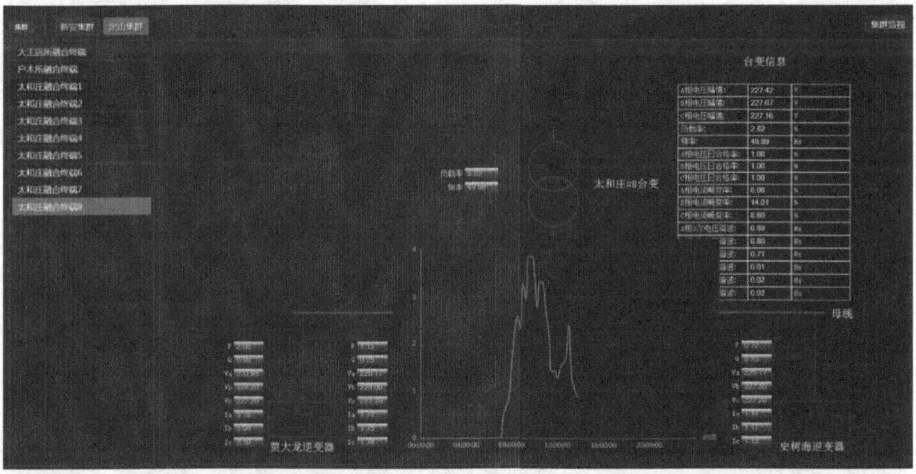

图 3-34　黑山集群-太和庄台区监视

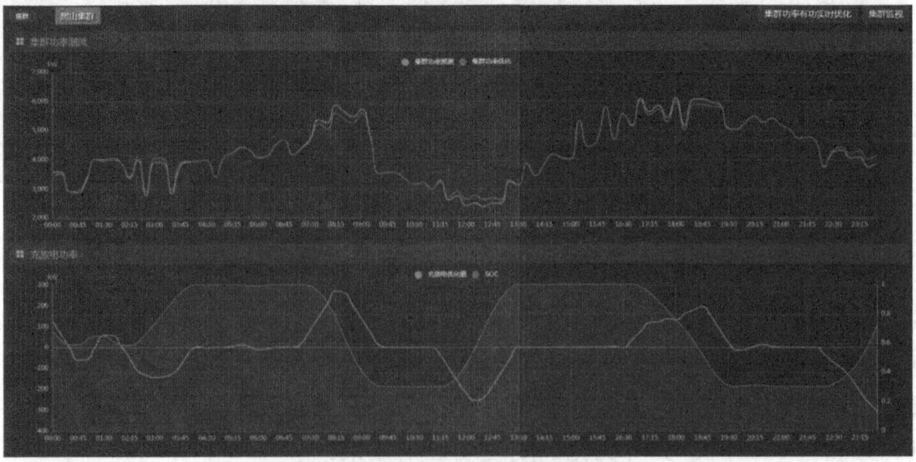

图 3-35　黑山集群日前有功优化

在日前的有功优化调度中，将集群中的储能设备作为主要调度对象，以最小化预测关口功率波动的平方和与储能设备输出功率波动的平方和加权的形式作为目标，在保证集群储能设备的功率约束、能量约束等技术约束的前提下，使得储能设备输出功率的波动尽可能地减小，同时平抑集群关口的有功功率的波动。因此，通过有功调度的优化，促进了输电网系统的平稳运行，提升了系统的安全性。

图 3-36 是黑山集群日前电压优化。日前电压优化以网损最小和保证电压安全为目标，通过调节逆变器无功和其他无功可调资源实现日前电压优化，减小网损，抑制新能源并网带来的过电压。调度主站日前协调优化测试表见表 3-4。

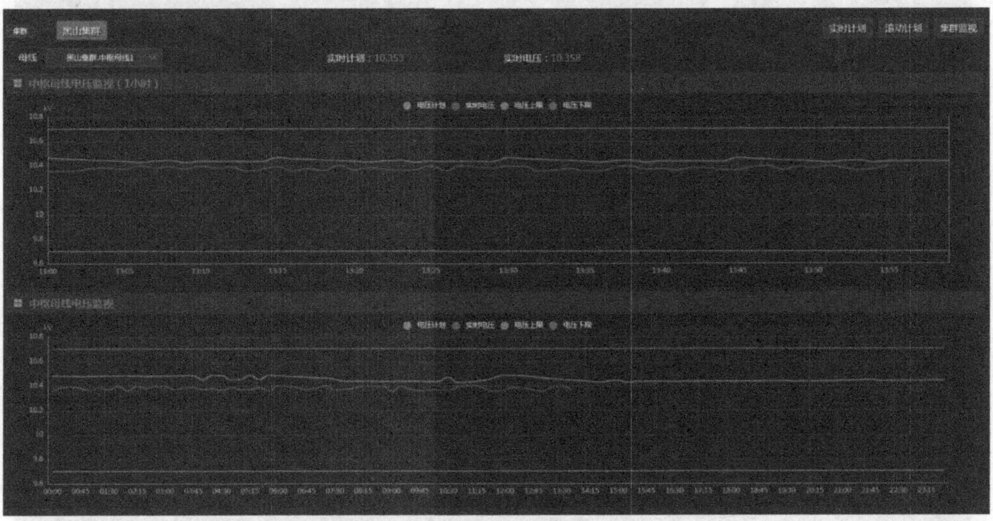

图 3-36　黑山集群日前电压优化

表 3-4　调度主站日前协调优化测试表

序号	测试项目	测试目的	测试方法及预期结果	测试记录	测试结论
1	日前有功优化	主站能够实现日前有功优化调度	在日前有功优化界面，查看集群功率优化曲线和指标	按照测试步骤进行测试	通过
2	日前电压优化	主站能够实现日前电压优化调度	在日前电压优化界面，查看中枢母线电压日前优化曲线和指标	按照测试步骤进行测试	通过

（2）有功-无功滚动协调优化。图 3-37 是黑山集群滚动有功优化结果。

滚动有功优化调度以日前优化的结果为基础，将集群中的储能设备作为主要调度对象，以最小化预测关口功率波动的平方和与储能设备输出功率波动的平方和加权的形式作为目标，在保证集群储能设备的功率约束、能量约束等技术约束的前提下，使得储能设备输出功率的波动尽可能地减小，同时平抑集群关口的有功功率的波动。在滚动优化调度中，所采用的预测信息是在近期更新的。因此，计算得到的优化结果可以更加准确，通过有功滚动调度的优化，更新了更加准确的预测信息，促进了输电网系统的平稳运行，提升了系统的安全性。

图 3-38 是黑山集群滚动电压优化结果。滚动无功电压协调优化在日前电压优化的

基础上，结合滚动更新的新能源预测信息，以最小化调整量，最大化新能源消纳和保证电压安全为目标，滚动修正新能源无功计划以及其他无功可调设备的计划，提升新能源消纳，更好地追踪新能源日内的波动，保证电力系统的电压安全。调度主站滚动优化测试表见表 3-5。

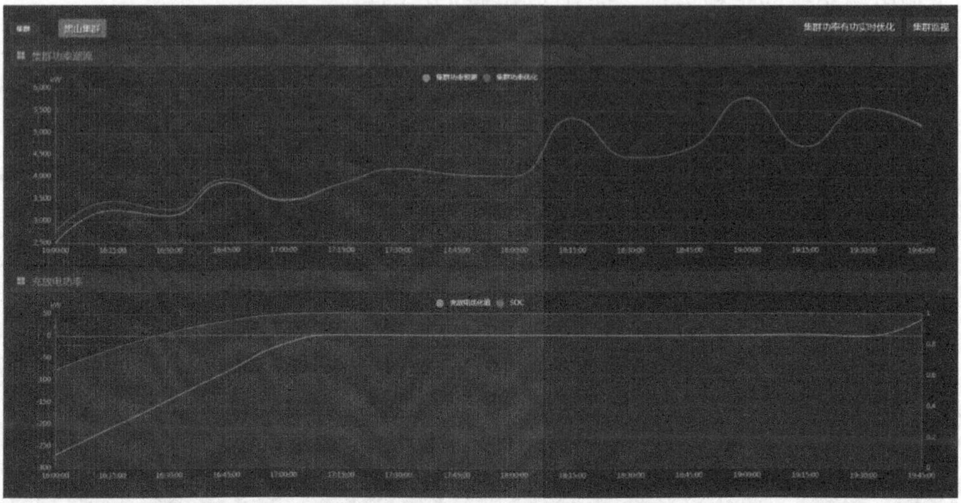

图 3-37　黑山集群滚动有功优化

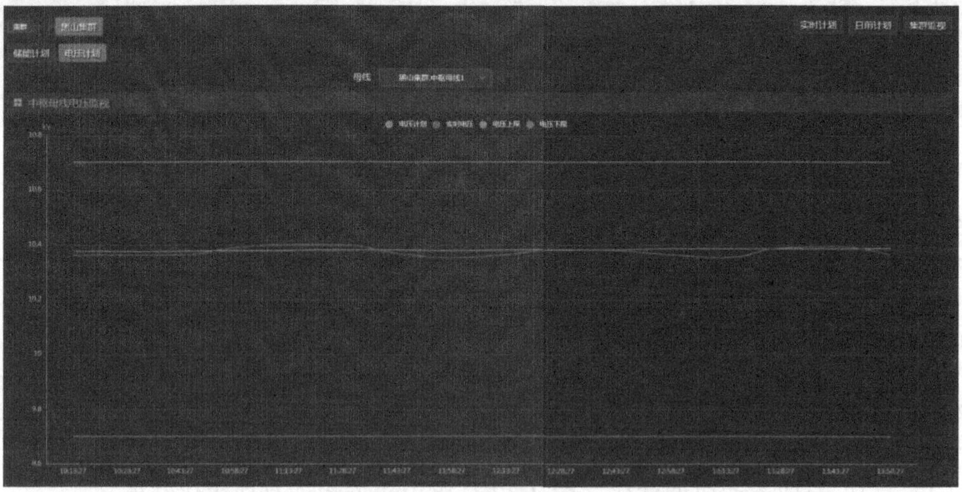

图 3-38　黑山集群滚动电压优化

表 3-5　　　　调度主站滚动优化测试表

序号	测试项目	测试目的	测试方法及预期结果	测试记录	测试结论
1	滚动有功优化	主站能够进行各集群有功滚动优化的计算	在有功滚动优化界面，查看集群关口潮流的优化值曲线和充放电计划值曲线	按照测试步骤进行测试	通过
2	滚动电压优化	主站能够进行各集群滚动电压优化的计算	在滚动电压优化-电压优化界面，查看电压优化值和实时电压值曲线	按照测试步骤进行测试	通过

（3）有功-无功实时协调优化。图 3-39 是黑山集群实时有功优化结果。

实时有功优化调度以日前和滚动优化的结果为基础，将集群中的储能设备作为主要调度对象，以最小化预测关口功率波动的平方和与储能设备输出功率波动的平方和加权的形式作为目标，在保证集群储能设备的功率约束、能量约束等技术约束的前提下，使得储能设备输出功率的波动尽可能地减小，同时平抑集群关口的有功功率的波动。在有功实时优化调度中，所采用的预测信息是实时更新的最新结果。因此，优化结果有效反映了针对实时状态所采取的优化结果，通过有功实时调度的优化，实时更新了更加准确的预测信息，促进了输电网系统的平稳运行，提升了系统的安全性。图3-40是黑山集群实时电压优化结果。

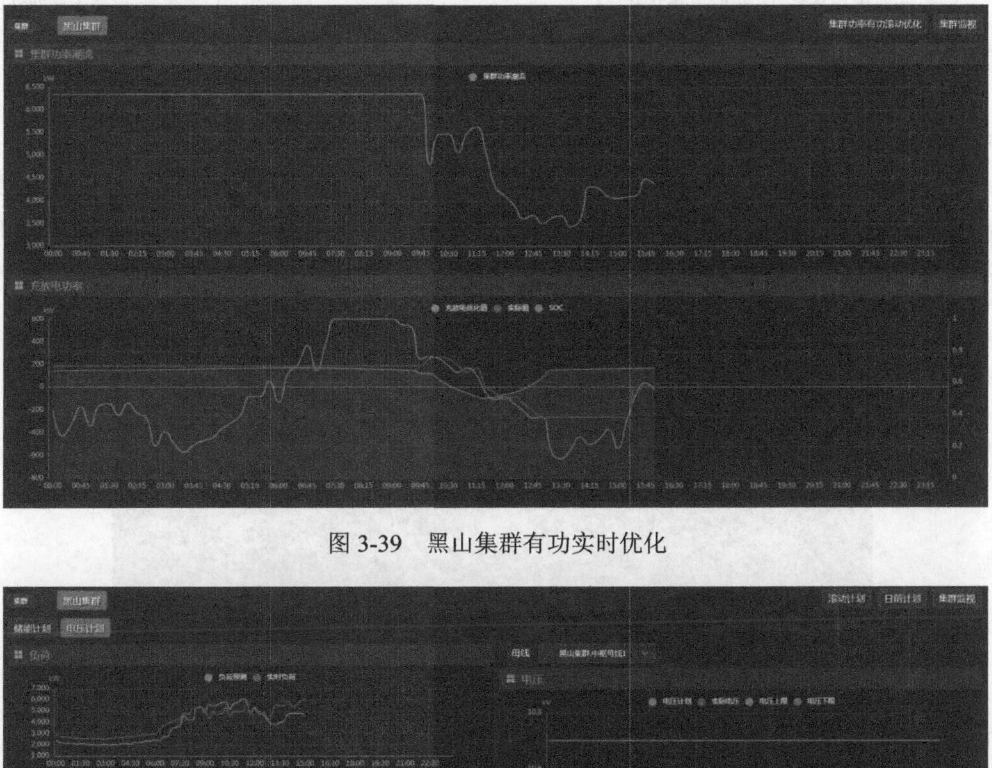

图 3-39　黑山集群有功实时优化

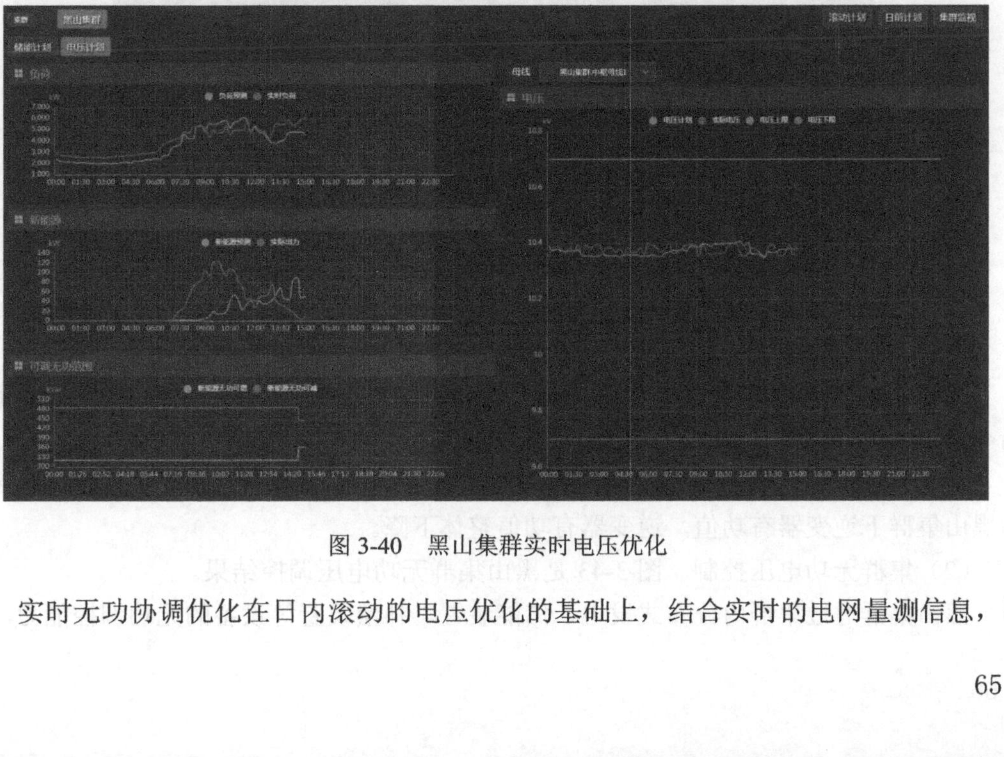

图 3-40　黑山集群实时电压优化

实时无功协调优化在日内滚动的电压优化的基础上，结合实时的电网量测信息，以保证电压安全为目标，在电网存在过电压等安全风险的情况下，实时调整新能源无功出力以及其他无功可调设备的无功出力，保证实时的电压安全，促进新能源消纳。调度主站实时协调优化测试表见表3-6。

表3-6　　调度主站实时协调优化测试表

序号	测试项目	测试目的	测试方法及预期结果	测试记录	测试结论
1	实时有功优化	主站能够进行实时有功优化的计算	在实时有功优化界面，查看集群关口潮流的优化曲线和充放电计划值曲线	按照测试步骤进行测试	通过
2	实时电压优化	主站能够进行实时电压优化的计算	在实时电压优化-电压优化界面，新能源无功可调值和中枢母线电压优化曲线	按照测试步骤进行测试	通过

3. 首创基于5G通信分布式能源集群调控

（1）集群有功调控。图3-41是黑山集群有功调控结果。

黑山集群通过集群内分布式发电、储能装置的有功调控能力，跟踪上级有功调度指令，在满足集群内电压和潮流约束的同时，改善潮流分布，促进分布式发电消纳，响应电网的运行状态。

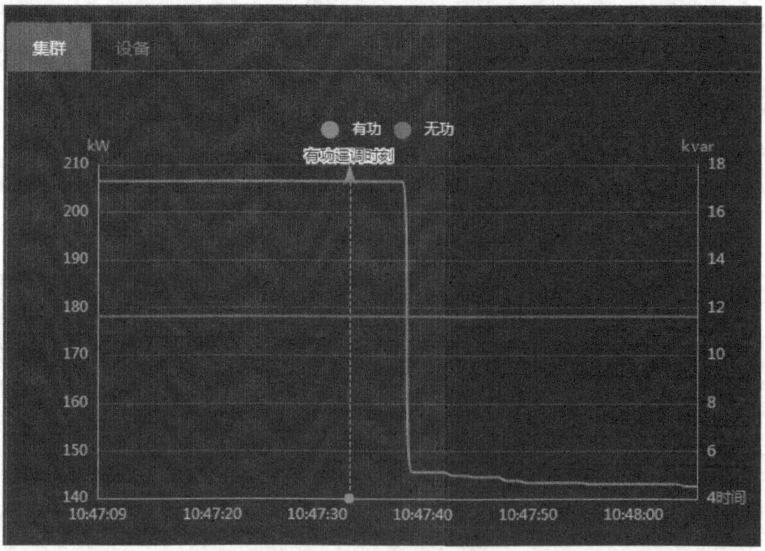

图3-41　黑山集群有功下调

在图3-41中，调节之前的黑山集群有功为206.51kW，手动下发黑山集群有功遥调指令130kW，下发遥调指令后，黑山集群有功值调节为142.6kW。

在图3-42中，左侧为调节之前的黑山集群下逆变器有功值，右侧为下发遥调指令后的黑山集群下逆变器有功值，逆变器有功值整体下降。

（2）集群无功电压控制。图3-43是黑山集群无功电压调控结果。

黑山集群通过集群内分布式发电、储能装置、补偿装置等设备的无功调控能力，响应上级调控指令，实时优化集群内各节点电压，保证节点电压不越限，降低集群内网络损耗，平抑集群功率和电压波动。调度主站对集群有功遥调测试表见表 3-7。

光伏

名称	运行状态	额定功率(kW)	有功(kW)	无功(kvar)
户木所光伏采集器1#光	受控	20	13.61	0.6
户木所光伏采集器2#光	受控	20	10.13	0.6
户木所光伏采集器3#光	受控	10	6.59	0.25
大王店所光伏采集器1#	受控	20	10.4	0.6
大王店所光伏采集器2#	受控	20	5.45	0.6
村委会光伏	受控	15.08	7.42	0.6

光伏

名称	运行状态	额定功率(kW)	有功(kW)	无功(kvar)
户木所光伏采集器1#光	受控	20	4.21	0.6
户木所光伏采集器2#光	受控	20	10.13	0.6
户木所光伏采集器3#光	受控	10	6.59	0.25
大王店所光伏采集器1#	受控	20	3.98	0.6
大王店所光伏采集器2#	受控	20	5.45	0.6
村委会光伏	受控	15.08	6.22	0.6

图 3-42 黑山集群有功下调逆变器有功调节记录

表 3-7　　调度主站对集群有功遥调测试表

序号	测试项目	测试目的	测试方法及预期结果	测试记录	测试结论
1	集群有功调节	实现对集群的有功调节控制	在集群控制界面选择受控集群，对集群进行有功下调	按照测试步骤进行测试	通过

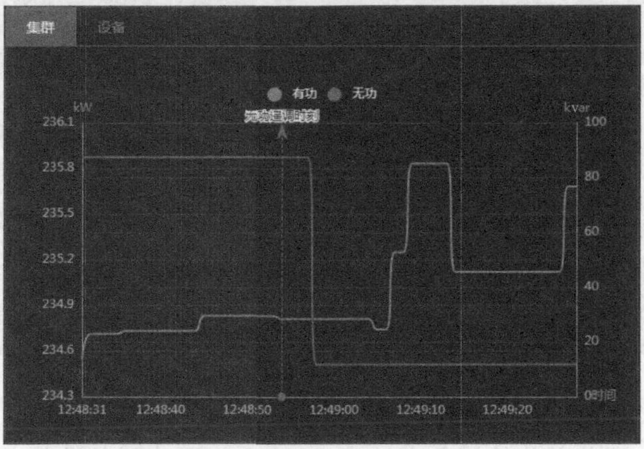

图 3-43 黑山集群无功下调

在图 3-43 中，调节之前的黑山集群无功为 84.71kvar，手动下发黑山集群无功遥调指令 0kvar，下发遥调指令后，黑山集群无功值调节为 11.65kvar。

在图 3-44 中，左侧为调节之前的黑山集群下逆变器无功值，右侧为下发遥调指令后的黑山集群下逆变器无功值，逆变器无功值整体下降。

光伏

名称	运行状态	额定功率(kW)	有功(kW)	无功(kvar)
户木所光伏采集器1#光	受控	20	9.1	1.42
户木所光伏采集器2#光	受控	20	7.07	0.6
户木所光伏采集器3#光	受控	10	4.57	0.25
大王店所光伏采集器1#	受控	20	7.09	1.42
大王店所光伏采集器2#	受控	20	7.27	0.6
村委会光伏	受控	15.08	6	1.42

光伏

名称	运行状态	额定功率(kW)	有功(kW)	无功(kvar)
户木所光伏采集器1#光	受控	20	9.1	0.6
户木所光伏采集器2#光	受控	20	7.29	0.6
户木所光伏采集器3#光	受控	10	4.57	0.25
大王店所光伏采集器1#	受控	20	7.09	0.6
大王店所光伏采集器2#	受控	20	7.27	0.6
村委会光伏	受控	15.08	6	0.6

图 3-44 黑山集群无功下调逆变器无功调节记录

调度主站对集群无功遥调测试表见表 3-8。

表 3-8　　调度主站对集群无功遥调测试表

序号	测试项目	测试目的	测试方法及预期结果	测试记录	测试结论
1	集群无功调节	实现对集群下调无功控制	在集群控制界面选择受控集群，对集群进行无功下调	按照测试步骤进行测试	通过

4. 首创基于 5G 通信分布式能源集群主站远程逆变器调控

（1）逆变器有功调控。图 3-45 是黑山集群内逆变器有功调控结果。

在主站集群控制界面，对黑山集群内可调的逆变器进行有功调节。可以看出，可调逆变器有功动态响应特性良好。

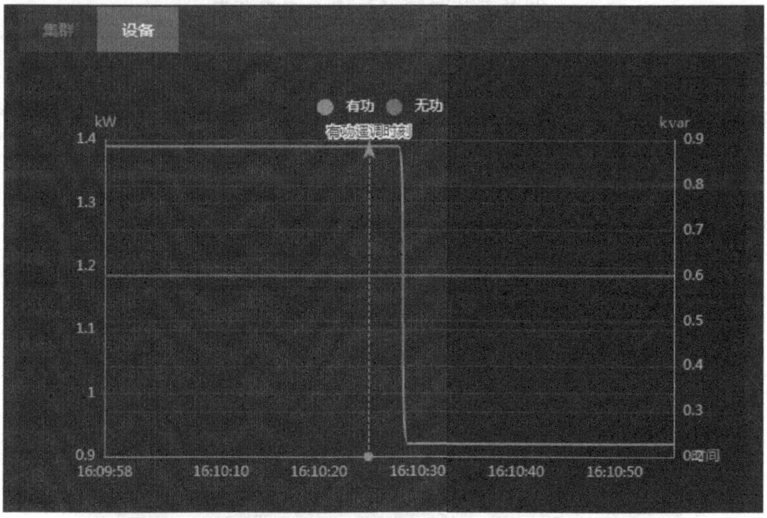

图 3-45　黑山集群内逆变器有功下调

在图 3-45 中，调节之前的设备有功为 1.39kW，手动下发设备有功遥调指令 1kW，下发遥调指令后，设备有功值调节为 0.92kW。调度主站对逆变器有功遥调测试表见表 3-9。

表 3-9　　调度主站对逆变器有功遥调测试表

序号	测试项目	测试目的	测试方法及预期结果	测试记录	测试结论
1	主站调节逆变器有功	主站侧实现对逆变器的下调有功控制	在集群控制界面选择受控逆变器，对逆变器进行有功下调	按照测试步骤进行测试	通过

（2）逆变器无功调控。图 3-46 是黑山集群内逆变器无功调控结果。

在主站集群控制界面对可调逆变器进行无功调节，可以看出，可调逆变器无功动态响应特性良好。

在图 3-46 中，调节之前的设备无功为 0.6kvar，手动下发设备无功遥调指令−1kvar，下发遥调指令后，设备无功值调节为−1kvar。

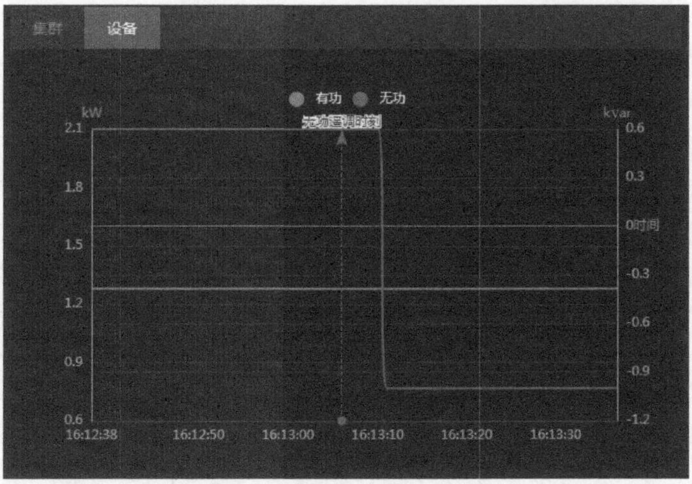

图 3-46 黑山集群内逆变器无功下调

调度主站对逆变器无功遥调测试表见表 3-10。

表 3-10　　调度主站对逆变器无功遥调测试表

序号	测试项目	测试目的	测试方法及预期结果	测试记录	测试结论
1	主站调节逆变器的无功	主站侧实现对逆变器的下调无功控制	在集群控制界面选择受控逆变器，对逆变器进行无功下调	按照测试步骤进行测试	通过

5. 首创基于5G通信分布式能源集群子站远程逆变器遥调

（1）子站对逆变器有功遥调。在子站对可调逆变器进行有功遥调测试，如表 3-11 所示。

表 3-11　　调度子站对逆变器有功遥调测试表

序号	测试项目	测试目的	测试方法及预期结果	测试记录	测试结论
1	子站上调逆变器的有功	子站侧实现逆变器的上调有功控制	选择受控逆变器，对逆变器进行有功上调	按照测试步骤进行测试	通过
2	子站下调逆变器的有功	子站侧实现逆变器的下调有功控制	选择受控逆变器，对逆变器进行有功下调	按照测试步骤进行测试	通过

如图 3-47 所示，13 时 16 分 56 秒至 13 时 21 分 49 秒执行大王店光伏降有功试验。分析大王店光伏降有功设定值和遥测返回值及时间，整理成表 3-12，经分析可知，大王店光伏降有功调节时，平均响应速度 97.5ms。

如图 3-48 所示，13 时 16 分 56 秒至 13 时 37 分 11 秒执行大王店光伏升有功试验。分析大王店光伏升有功设定值和遥测返回值及时间，整理成表 3-13，经分析可知，大王店光伏升有功调节时，平均响应速度 96.3ms。

表 3-12　　大王店降有功遥调试验表

设定前遥测值（kW）	设定时刻	设定值（kW）	遥测值（kW）	遥测变化时刻	反应时间（ms）
11.1	13:16:17:630	4	4.1	13:16:17:745	115
8.0	13:20:27:299	4	4.1	13:20:27:393	94
8.0	13:21:49:113	4	4.1	13:21:49:199	86
7.9	13:24:32:629	4	4.1	13:24:32:733	87
8.0	13:26:22:832	4	4.1	13:26:22:919	102
4	13:29:37:765	3	2.9	13:29:37:876	111
4	13:30:25:615	3	3	13:30:25:715	100
4	13:32:14:907	3	3.1	13:32:15:2	95
4	13:34:02:594	2.8	2.8	13:34:02:683	89
4	13:36:08:234	2.7	2.7	13:36:08:330	96
平均反应时间					97.5

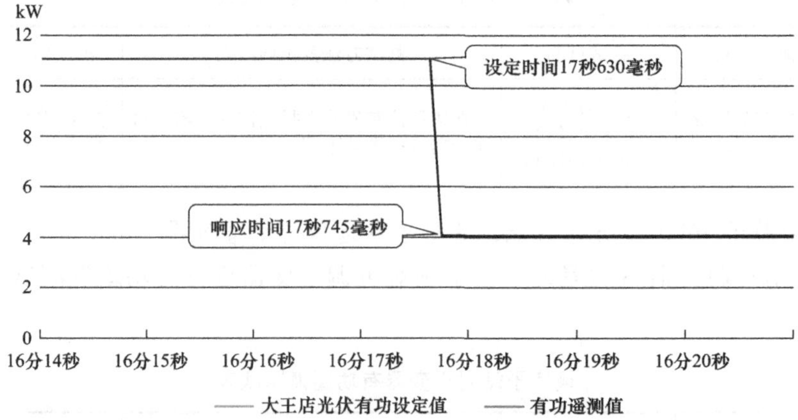

图 3-47　大王店光伏降有功遥调试验结果截图

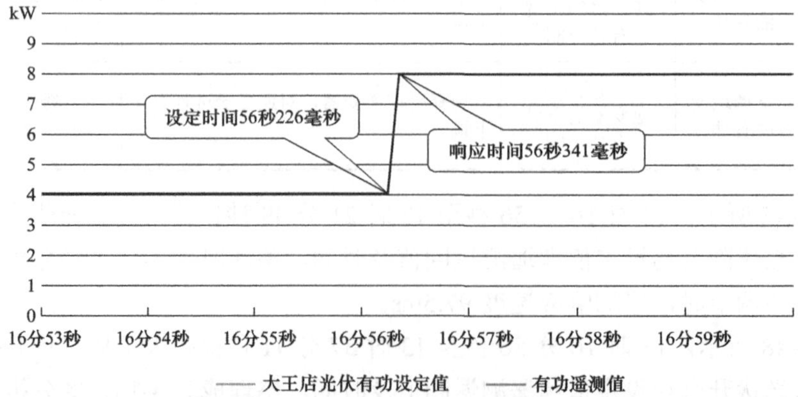

图 3-48　大王店光伏升有功遥调试验结果截图

表 3-13　　大王店升有功遥调试验表

设定前遥测值（kW）	设定时刻	设定值（kW）	遥测值（kW）	遥测变化时刻	反应时间（ms）
4.1	13:16:56:226	8	8.0	13:16:56:341	115
4.1	13:21:10:115	8	8.0	13:21:10:206	91
4.1	13:23:43:12	8	7.9	13:23:43:99	94
4.1	13:25:37:229	8	8.0	13:25:37:331	104
2.8	13:28:13:203	4	4	13:28:13:287	84
2.7	13:31:12:733	4	4	13:31:12:819	86
2.6	13:33:19:553	4	4	13:33:19:646	93
2.6	13:34:55:894	4	4	13:34:56:1	107
2.5	13:37:11:755	4	4	13:37:11:848	93
平均反应时间					96.3

（2）子站对逆变器无功遥调。在子站对可调逆变器进行无功遥调测试，如表 3-14 所示。

表 3-14　　子站对逆变器无功遥调测试表

序号	测试项目	测试目的	测试方法及预期结果	测试记录	测试结论
1	子站上调逆变器的无功	子站侧实现逆变器的无功上调控制	选择受控逆变器，对逆变器进行无功上调控制	按照测试步骤进行测试	通过
2	子站下调逆变器的无功	子站侧实现逆变器的无功下调控制	选择受控逆变器，对逆变器进行无功下调控制	按照测试步骤进行测试	通过

如图 3-49 所示，12 时 04 分 24 秒至 12 时 09 分 31 秒执行大王店光伏升无功试验。分析大王店光伏升无功设定值和遥测返回值及时间，整理成表 3-15，经分析可知，大王店光伏升无功调节时，平均响应速度 81ms。

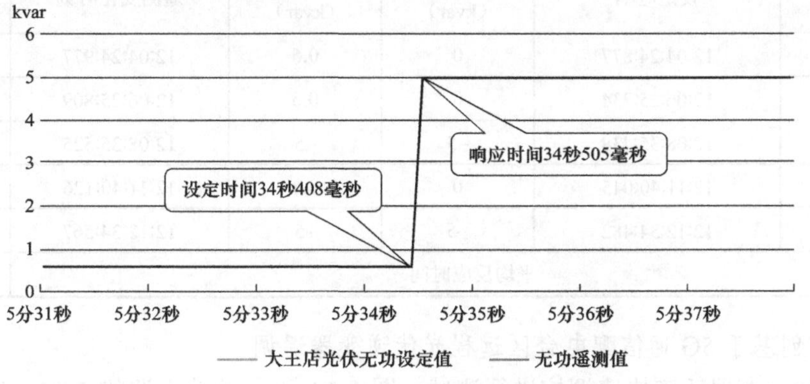

图 3-49　大王店光伏升无功遥调试验结果截图

表 3-15　　大王店升无功遥调试验表

设定前遥测值（kvar）	设定时刻	设定值（kvar）	遥测值（kvar）	遥测变化时刻	反应时间（ms）
0.6	12:05:34:408	5	5	12:05:34:505	97
–5	12:09:31:183	0	0.6	12:09:31:261	78
0.6	12:10:26:914	5	5	12:10:26:993	79
–5	12:13:23:168	0	0.6	12:13:23:244	76
0.6	12:14:23:928	5	5	12:14:24:3	75
平均反应时间					81

如图 3-50 所示，12 时 4 分 20 秒至 12 时 13 分 23 秒执行大王店光伏降无功试验。分析大王店光伏降无功设定值和遥测返回值及时间，整理成表 3-16，经分析可知，大王店光伏降无功调节时，平均响应速度 85.6ms。

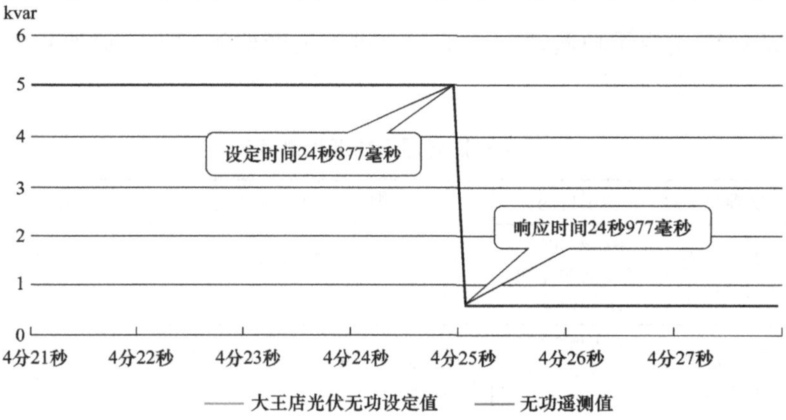

图 3-50　大王店光伏降无功遥调试验结果截图

表 3-16　　大王店降无功遥调试验表

设定前遥测值（kvar）	设定时刻	设定值（kvar）	遥测值（kvar）	遥测变化时刻	反应时间（ms）
5	12:04:24:877	0	0.6	12:04:24:977	100
5	12:06:25:734	0	0.6	12:06:25:809	75
0.6	12:08:35:438	–5	–5	12:08:35:525	87
5	12:11:40:045	0	0.6	12:11:40:126	81
0.6	12:12:34:482	–5	–5	12:12:34:567	85
平均反应时间					85.6

6. 首创基于 5G 通信配电台区远程光伏逆变器遥调

对光伏逆变器适应快速调控进行测试，图 3-51 为有功功率调整 50%～100%的波形图，图 3-52 为感性无功功率调整 0～50%的波形图，图 3-53 为容性无功功率调整 0～50%

波形图。有功功率调整在 20ms 内调整到设定值附近，无功功率调整在 5ms 内调整到设定附近，调控效果良好。光伏逆变器适应快速调控测试表见表 3-17。

表 3-17　　光伏逆变器适应快速调控测试表

序号	测试项目	测试目的	测试方法及预期结果	测试记录	测试结论
1	光伏逆变器适应快速调控	测试光伏逆变器的软硬件性能优化指标与 5G 通信	逆变器响应速度	按照测试步骤进行测试	通过

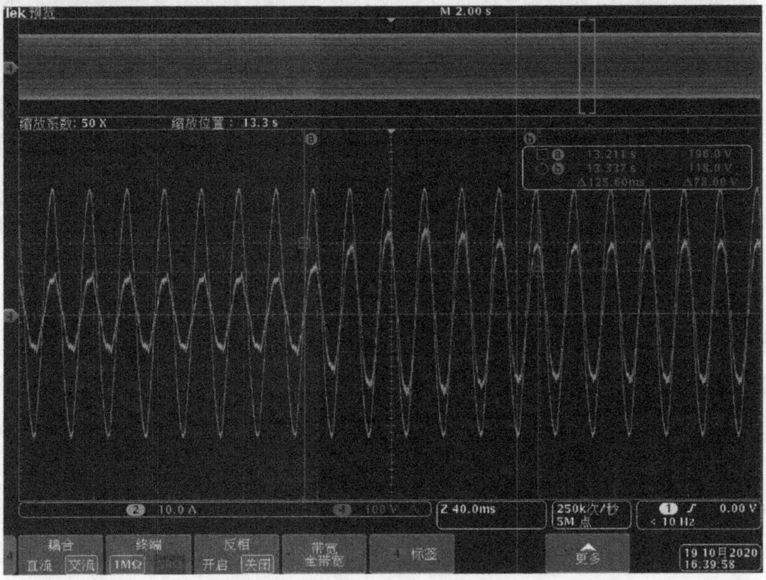

图 3-51　逆变器有功功率调整波形图

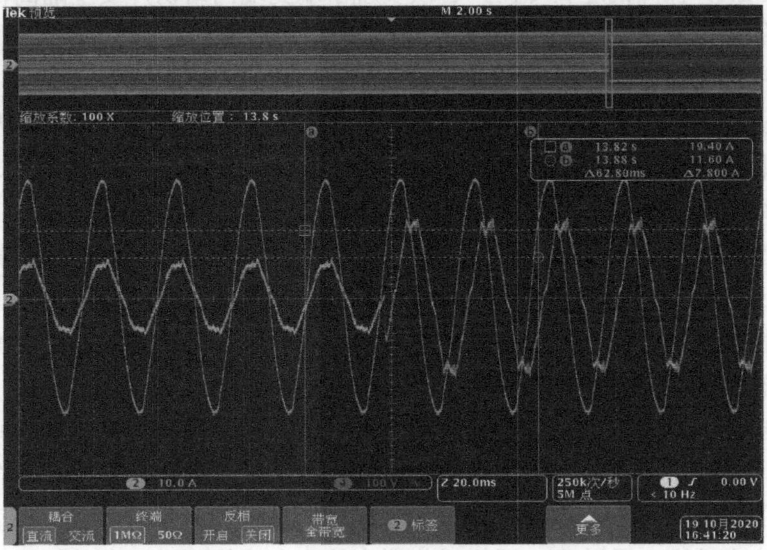

图 3-52　逆变器感性无功功率调整波形图

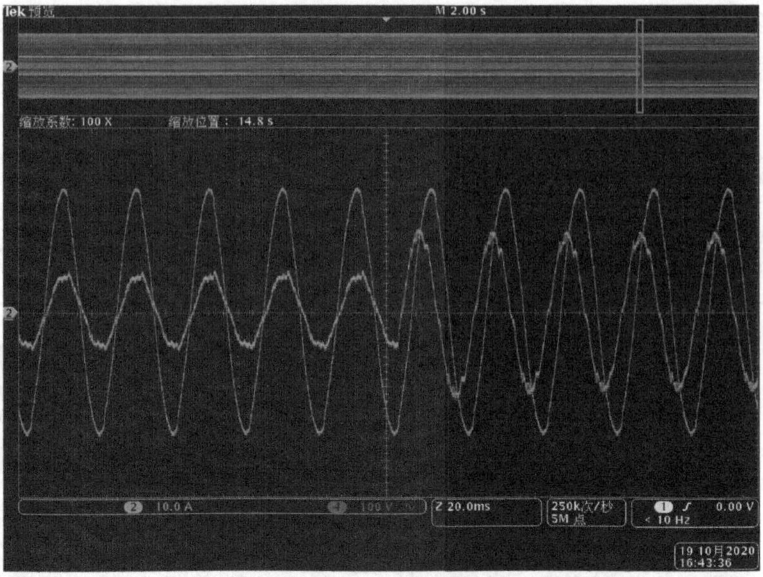

图 3-53　逆变器容性无功功率调整波形图

三、实施成果

基于 5G 先进通信技术，提出了由监控主站、集群控制子站、受控设备三级架构组成的分布式能源监控系统，明确了系统各层级功能、控制逻辑、通信组网方式及数据传输方案，在世界范围内首次基于 5G SA 网络架构及 MEC、切片技术实现了海量分布式能源的实时监视和灵活调控，有效提升了电网新能源消纳能力和安全稳定运行水平。

（1）首次基于 5G SA 网络架构及 MEC、切片技术实现了分布式能源监控。本项目基于 5G SA 网络架构，利用 MEC、切片技术构建了具有特定服务级别协议（service level agreement，SLA）保障的逻辑专网，首次实现了端到端网络切片安全隔离机制在分布式能源监控中的应用。

（2）首次提出并验证了面向海量分布式能源调控的广域无线网络安全防护体系。通过 5G 切片技术及核心网设备划分的专属物理网络保障网络安全，通过电力专用微型纵向加密认证装置保障数据安全，首次提出并工程验证了满足未来海量分布式能源调控需求的无线网络安全防护体系。

（3）首次实现了分布式能源集群对大电网电压、频率的毫秒级快速支撑。通过 MEC 算力下沉和 5G 边缘分流，充分发挥 5G 低延时技术特性，结合通信协议改进及分布式能源并网装置性能优化，使分布式能源集群对大电网电压、频率支撑能力获得本质提升，实测集群动态响应时间小于 100ms。

（4）提出了适应海量分布式能源接入的多级协同控制系统架构和多时间尺度集群协调控制方法，实现了海量分布式能源的多级优化调度和自律敏捷控制。分布式能源监控主站部署于 D5000 平台中，实现分钟级的输配网协同控制和集群间优化调度，集群控制子站部署于变电站内，通过 5G 网络对集群内的分布式能源进行毫秒级实时监测和灵活调控，实现分布式能源集群内的自律敏捷控制。

（5）提出了双向互动的分布式能源输配协同电压控制方法。输网 AVC 可向分布式能源监控主站发送各个 10kV 馈线关口功率因数目标值，充分发挥配电网中分布式光伏自身的无功调节能力，减少无功不合理流动，支撑配电网末端电压；当配电网内无功调节能力不足时，分布式能源监控主站向输网 AVC 发送 10kV 母线电压期望目标值，通过发挥上级电网中变电站内的调压手段，保证低压配电网电压合格。

（6）提出了负荷驱动型分布式光伏控制方法。首次将传统电源驱动型的光伏发电控制方式转变为负荷驱动型控制方式，仅由分布式光伏作为孤岛微电网发电单元，不依赖与其他能源形式和发电设备的支持，攻克了分布式光伏对配电网电压、频率主动支撑难题。

（7）提出了分布式光伏并、离网主动支撑控制策略和运行状态切换的检测、判别方法。实现了分布式光伏正常工况及极端失电工况下的并、离网多模态平滑切换控制，研制了并、离网主动支撑和多模态自适应切换的分布式光伏单元样机。

第三节 智能配电物联示范区

一、实施背景

配电物联网是泛在电力物联网在配电领域中的应用体现，是传统工业技术与物联网技术深度融合产生的一种新型电力网络运行形态。2018 年为落实公司全面建设智能配电网工作部署，促进配电网向新一代电力系统转型升级，国网设备部探索实践了以智能配变终端为核心的配电物联网技术，实现传统工业技术与物联网技术的深度融合，提升中、低压配电网精益化管理水平。

随着“三型两网、世界一流”战略目标的提出，明确到 2021 年初步建成具有全球竞争力的世界一流能源互联网企业，部署了大力服务脱贫攻坚和乡村振兴战略、持续优化电力营商环境、提升配电网建设标准、建设配电物联网示范区等配电领域重点工作。公司提出“1135”新时代配电管理战略：以客户为中心，以提高供电可靠性为主线，强化标准化建设、精益化运维、智能化管控，着力打造结构好、设备好、技术好、管理好、服务好的一流现代化配电网。通过促进配电自动化与信息化融合发展，结合配变智能融合终端，低压电力物联网、一二次融合设备和直流配电技术的研究应用，满足各类供用电主体灵活接入、设备即插即用需要，增强配电网运行灵活性、自愈性和互动性，打造以配电网为基础的能源互联网。努力提升配电网的智能感知能力、数据融合能力和智能决策水平，强化分布式能源、储能接入，全力构建“清洁低碳、安全高效”的智能配电网能源体系。

以保定公司为例，截至 2021 年 7 月底，10kV 全口径馈线（大馈线）共 2527 条、长度 43 167.69km（城网 344 条、2544.2km，农网 2183 条、50 523.49km），其中架空导线长度 40 156.95km（城网 1301.78km、农网 38 855.17km），电缆导线长度 3010.74km（城网 1342.41km，农网 1668.32km）。配电变压器共计 70 616 台、容量共计 1392.63 万 kVA（城网 3372 台、165.5 万 kVA，农网 67 244 台、1227.13 万 kVA）；配电开关 9374 台，故

障指示器 7808 台。低压配电网设备点多面广，面对用户和设备运维工作量巨大。

保定供电公司配电自动化系统于 2014 年开始建设，2018 年 10 月升级为新一代配电自动化系统，现已成功实现与 PMS/GIS 系统、供电服务指挥平台数据流畅交互。保定市中压配电自动化实现方式主要采用光纤、无线公网（无线虚拟专网）通信方式实现配电自动化终端的接入。采用主站集中故障处理的馈线自动化自愈方式，通过配电终端检测到的故障报警，结合变电站、配电所的继电保护信号、开关跳闸等故障信息，启动故障处理程序，确定故障类型和发生位置并自动进行故障隔离、网络重构。采用声光、语音、打印事件等报警形式，并在自动推出的配网单线图上，通过网络动态拓扑着色的方式明确地表示出故障区段。随着配电网的快速发展，用户需求呈现多样化、变化快的特征。如果在配变低压侧继续采用中压配电自动化的思路，也就是构建基于云计算架构的系统是不现实的。存在通信延迟大，无法满足实时业务需要；所有的数据都汇集到云端，通信压力大；海量末端设备都汇集到云端，云端计算、存储压力大；业务数据保密性差；人员严重不足，现有的人力资源不足以支撑低压台区自动化运维。既然所有的设备、数据上送到云端进行计算存储不现实，那么能不能将计算、存储能力配置在就地呢？通过技术探索和试点，证明这条道路是可行的。而这种将计算、存储能力，融合应用能力配置在就地的思路就是边缘计算。引入边缘计算以后，系统架构就由原来配电自动化的两层变成了云、边、端三层。“边”将收集所有端设备的数据，并就地处理，然后将处理结果数据上送给云。这样可有效减轻通信的压力和主站的存储、计算压力。边缘计算就是处理速度快，通信链路短，反应迅速，也能满足实时业务的需求。这在配电物联网系统中承担着承上启下、区域自治的重担。承上启下指的是将自身和端的数据上送给云，把云的指令下发给端；区域自治是说赋予了边设备一定的自治能力和权力。

智能配电物联网示范区是基于平台化设计、软件 App 化理念开展智能配变终端应用试点，采用边缘计算方式提升配电台区信息处理与决策水平。结合新一代配电自动化建设，扩大智能配变终端示范应用规模，以智能配变终端为核心，构建低压配电网运行监测体系，强化低压配电网故障研判、拓扑分析、分布式电源接入、电动汽车充电管理等应用成效。在城乡配电网各类配电台区智能化改造、综合配电箱、一体化变台、成套化设备中全面推广智能配变终端应用，满足配电网业务快速发展需求，提升配电网精益管理水平。

二、主要做法

（一）主站侧实现方法

1. 有源配电网接入信息建模

配电自动化主站系统考虑与源端数据的一致性，配网侧不再单独对分布式电源并网点、供出点进行建模，沿用主网现有的模型，通过在配电网上增加分布式电源的挂节点，结合主配网拓扑拼接的方式，实现中压接入的分布式电源与配电网的拓扑联通，具体方案如下：

基于配电网馈线单线图，通过类似挂接故障指示器的方式，在配网线路上挂接分布式电源并网点，该方式分布式电源并网点并不直接参与拓扑，而是通过建立分布式电源并网点与配网线路中电缆的关联关系，基于电缆的拓扑关系参与配电网的拓扑分析。

模型侧修改：新增光伏电站信息表，表中维护低压台区的台账信息，以及可调的参数信息等，后续还可增加针对低压台区的统计信息。新增并网点信息表，用于记录并网点与配网设备的拓扑关联关系、并网点与开关的量测关联关系。

基于配网馈线单线图，通过在配网设备上挂接分布式电源并网点，建立分布式电源并网点与配网设备的关联关系，关联关系记录在并网点信息表中，分布式电源并网点并不直接参与拓扑，基于配网设备的拓扑关系参与拓扑。

2. 有源配电网分布式电源主站展示

在有源配电网建模基础上，配电自动化主站系统实现对有源配电网的图形数据展示，主要包括以下内容：

（1）有源线路单独展示：分析出配电自动化主站系统里有源配变，有源用户以及有源线路。在调度员界面单独体现，以便调度人员查阅有源线路，并针对有源线路功率倒送潮流等监视。

（2）有源配电网分布式电源列表台账展示：通过列表展示分布式电压信息：在接线图配变右键弹出配变或者用户接入点下方的分布式电源列表。在接线图空白处理，右键菜单弹出线路的分布式电源列表，以及其对应的配变或用户接入点信息。

3. 有源配电网运行监视及告警

综合配网 SCADA 数据、EMS 采集数据、配电台区智能 TTU 的实时及准实时数据信息，对分布式电源的实时频率、电压/电流、有功功率、无功功率等数据实现实时采集和监视，估算出配电网实际负荷需求，按照台区、馈线、变电站为单位对有源配电网发电、负荷功率进行统计。

有源配电网分布式电源量测准实时数据展示：点击列表中的每条分布式电源记录，可以进入分布式电源的详细间隔页面；查看分布式电源的准实时数据（三相电流、三相电压、有功无功等）。在分布式电源准实时数据基础上，进行周期计算分析，计算出该分布式电源历史最大有功、无功并进行展示。

4. 有源配电网调控决策支持应用功能

配电自动化系统研发了有源配电网潮流计算模型及潮流调节策略，结合就地调节、主配协调联动，实现潮流调节策略下发+就地自调节+协同联动多重调控。

5. 有源配电网负荷转供决策优化

当线路计划停电导致需要进行负荷转供时，传统的负荷转供功能只根据出线开关的负荷对馈线负荷进行估计，有源配电网存在潮流倒送的情况。因为检修范围内的分布式电源无法继续并网，导致需转供实际负荷可能大于原馈线出口功率，所以采用计及供电区段内的发电功率利用改进的配网双向潮流计算实现负荷转供策略的评估决策，避免负荷转供导致设备的过载情况发生。

6. 含分布式电源的配电网故障处理策略

当含分布式电源的馈电线路发生故障后，隔离故障区段时，对于含分布式电源的负荷支路也需要进行隔离，确保待检修区段的安全；对于无分布式电源的故障支路开关，可不进行隔离，减少开关的操作。

对于故障下游待恢复供电的区域，如果含有分布式电源，则需要确认分布式电源并网开关已经分闸，否则，需要先断开并网开关，避免对孤岛运行的区域进行负荷转供。

7. 有源配电网下的电能质量管控

针对分布式光伏大量接入后造成的各种电能质量问题，通过在配电房或环网柜中加装电能质量监测装置（见图 3-54）实现对各种电能质量数据的采集和上送，结合配电自动化数据以及网架模型信息，对暂、稳态电能质量进行分析，根据分析结果提供相应的展示及治理方案。电能质量监测装置外观尺寸见表 3-18。

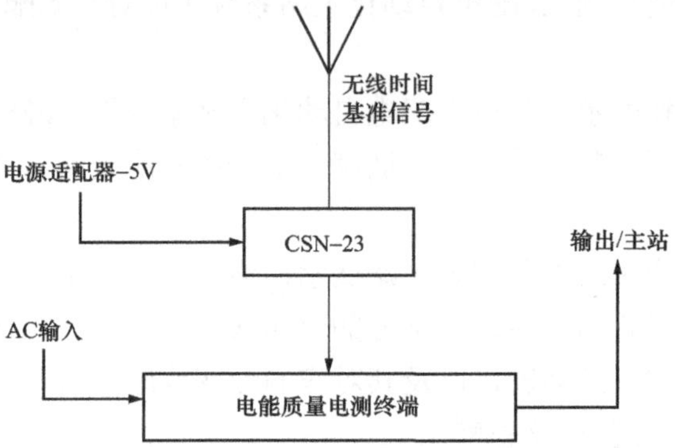

图 3-54　电能质量监测装置原理图

表 3-18　电能质量监测装置外观尺寸

装置名称	宽（mm）	高（mm）	深（mm）
电能质量监测终端	334	113	212

注　可接入模拟量：24 个；数字量：2 个，数字量输出：6 个。

（1）电能质量全景展示。构建电能质量污区图，按网格分块直观地展示整体电能质量的情况，以及电能质量合格率的分布情况。实现稳态电能质量水平评价结果可视化展示，展示全区稳态电能质量水平评价结果（电压总谐波畸变率、电流总谐波畸变率、三相不平衡度）。实现暂态电能质量水平评价结果可视化展示，展示全区暂态电能质量问题（电压暂降、暂升、中断）发生次数、平均持续时间、平均幅度。

（2）测点数据多维度展示。利用主站配网接线图、地理背景图等方式展示监测点的具体位置，鼠标移动到监测点上时，显示监测点名称、所属的线路、台区或用户，以及相应的运行状态等。

通过对监测点实时/历史暂、稳态数据展示分析，可根据用户实际需要，查询历史时间段内的暂、稳态数据。在监测点分布图上，浮窗滚动实时提示监测点暂、稳态电能质量超标告警信息，包括监测点名称、事件类型、告警时间。

（3）治理点可视化展示。在主站配网接线图或地理背景图上展示治理点的具体位置，鼠标移动到治理点上时，简略显示治理点名称、治理设备类型、所属的线路、台区或用户及运行状态等。治理终端基本参数展示，点开某一治理点，可以详细展示该治理点的设备类型、治理规模、治理终端厂家、运维管理信息、投运时间等。治理终端治理运行情况查询，显示该治理终端的运行时间，治理事件情况（事件类型、事件发生时间，治理录波数据等）。

8. 有源配电网的运行优化及协同控制

有源配电网运行优化目的是在对新能源高效消纳基础上，实现参与电网的频率、电压、峰谷负荷调节等功能。采用全局优化、区域（网格/馈线组/分布式电源运营商等形式）协调、台区（含分布式发电站、充换电站等）自治的分层分区控制模式实现对分布式电源、储能设备、充换电站（充电桩）、其他柔性可控负荷等多种可调节资源设备的出力计划，以及实时出力进行优化及协同控制，并可和上级电网调度进行互动，实现参与电网功率调节控制，以及配电网电压越限控制、重过载情况的消除等。建设内容主要包括：

（1）区域协调控制：每个区域包含了多个供电台区、分布式电源厂站、储能及充换电站；综合考虑各台区、厂站的实时出力及可调节能力，实现所需调节目标功率在多种能源间的协调分配。考虑充分利用储能设备、充换电站、可调节负荷等调节能力，实现对分布式电源出力高效消纳和用电的经济性。对各台区智能融合终端或者厂站控制器下达相应的有功调节需求计划或指令，由智能融合终端、厂站控制器等设备对具体的储能、分布式电源、充电桩、柔性负荷等进行直接功率控制。

（2）有源配电网的电压控制：有源配电网运行过程中电压越限情况不仅受负荷水平的影响，也受分布式电源出力的影响；当出现电压越限时，对于单个台区、分布式电源站出现电压越限情况，由台区的智能融合终端、分布式电源站控制装置通过无功就地补偿方式实现快速电压越限控制；当配电网出现配网线路多点电压越限以及局部点长时间电压越限情况时，由主站系统按无功控制区域范围进行区域内的电压越限校正；当出现较大面积区域的电压越限时，可通过区域间的无功协调支援来优化电网电压水平，并且可通知上级调度对关键变电站进行 AVC 调节控制，由上级 AVC 系统实现变电站的电压控制，达到调节有源配电网电压的目的。

（二）台区侧实现方法

“基于有源配电网的低碳智能配电台区”项目，实现配电台区全景物联感知、电能质量分析、分布式能源监测与自治调控、台区拓扑自动识别、故障快速研判、线损精益管理等多项深化应用。系统包含台区智能融合终端、智能断路器、光伏逆变器、光照传感器、温湿度传感器、变压器柱头，以及外壳本体测温传感器等设备。系统基于 IPV6 微功率无线自组网通信，实现了信息全景感知与基于分布式能源的台区自治。

利用台区智能融合终端的边缘计算能力提高了配电网主动支撑能力，完善光伏安全并网措施，加快调控响应速度；以优化电能质量为前提，实现配电台区下电动汽车的协调充电控制；采用“大、物、智、移、云”等新一代信息技术实现“源、网、荷、储”各要素全景感知、广泛互联及协调互动；最终满足分布式光伏安全并网与充分消纳，电网运行稳定、经济，用户供能低碳、可靠，助力“双碳”目标实现。

1. 系统架构图

图 3-55 所示为基于“云、边、端”物联网架构的台区供电线路架构图。

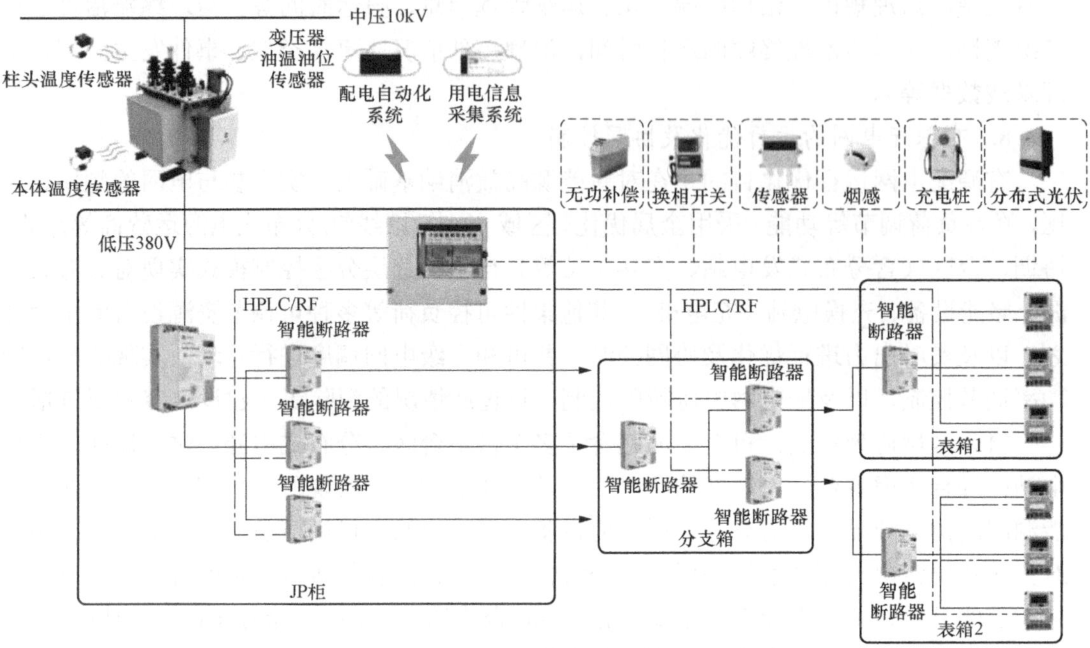

图 3-55　基于“云、边、端”物联网架构的台区供电线路架构图

2. 智能“边端”设备

（1）融合终端。台区智能融合终端安装于杆变的变压器二次侧，是智慧物联体系“云管边端”架构的边设备，主要用于监测配电变压器的运行工况，包括电压、电流、功率、频率、电量、谐波、停电事件等运行参数，是集配电台区供用电信息采集、设备状态监测及通信组网、就地化数据存储与决策分析、协同计算等功能于一体的融合终端设备。

台区智能融合终端支持以太网、4G 公网的通信方式将数据上送云端配电主站，下行通过电力线载波、RS485、微功率与智能断路器、智能光伏中高端、充电桩、集中器、温/湿度传感器等设备进行通信。

（2）智能断路器。具备高精度计量 0.5s 级。HPLC 耦合旁路，剩余电流、过流、过压、欠压、缺相保护，触头温度监测，采集安装点的电压、电流、功率、功率因数、频率等遥测数据，开关位置，过压、欠压、过流、缺相等保护事件。采用 HPLC/RF/RS485 远方通信方式，RS485 和 USB 本地维护。支持 DL/T 645 协议（扩展）采集光伏采集器的遥测、遥信，支持通过光伏采集器对逆变器进行遥调、遥控操作，实时调节光伏逆变器的输出功率。

（3）智能光伏终端。采用高速 32 位嵌入式微处理器和嵌入式实时操作系统进行设计，支持 RS485/RF 通信，可与光伏逆变器交互。终端具有数据采集与处理，参数设置和查询，功率调控，协议转换等功能。

（4）光伏逆变器。光伏逆变器采用全新三相有源功率因数校正技术，空间矢量（SVPWM）控制策略，整机负载 THD 小于 2%，功率因数大于 0.99；使用移相全桥拓扑、数字控制、全范围 PFM+PWM 控制方式，输出纹波峰值系数小于 1%；增加母线电流前馈技术，对负载突变及输出短路快速响应，提高模块可靠性；具有多种通信接口方便扩展级联，调节通信接口为 RS485，通信协议支持 modbus。

（5）交/直流充电桩。交/直流充电桩采用统一化、模块化设计。整桩主要包括：计费控制单元（TCU）、充电主控模块、功率控制模块、充电模块、开关模块、散热控制模块和通信模块七大部分。充电桩在连接车联网的同时可接受台区智能融合终端调控。

（6）温湿度测量仪。温湿度测量仪采集环境温湿度，温度测量范围为–40～80℃，分辨率为 0.1℃，精度为±0.5℃，湿度测量范围为 0～100%RH，分辨率为 0.1%RH，精度为 25℃环境下±3%RH。供电电源为 176～264V AC 或 8～27V DC。采用 RS485、RF 远方通信方式，通信协议为 modbus。

（7）变压器测温套件。实现变压器进线、出线柱头和外壳温度监测。柱头温度传感器采用感应取电方式，外壳本体温度传感器采用电池供电。支撑台区智能融合终端过温报警。采用微功率 RF 远方通信方式，通信协议为 modbus。

（8）光照传感器。监测配电台区光照度；采用高灵敏度的感光探头，信号稳定、精度高；具有测量范围宽、线形度好、防水性能好、使用方便、便于安装等特点；采用 RS485 通信方式，通信协议为 modbus。

（9）末端监测终端。实现末端三相电压监测，支撑台区智能融合终端的低电压报警功能，支持 RF 通信方式，通信协议为 DL/T 645。

（10）基于 IPV6 微功率 RF 模块。模块基于 IPV6 网络，通过虚拟 MAC 层技术实现和台区智能融合终端通信，使用串行链路协议将 IP 报文和微功率模块网络连接，实现台区智能融合终端和微功率模块网络的桥接。模块包括微功率通信网关和微功率从模块。

微功率 RF 通信网关采用嵌入式处理器，体积小、成本低，功耗小于 0.5W，支持 DHCP。微功率 RF 通信网关具有自适应边缘网关地址、自动分配端设备节点 IPV6 地址、支持热拔插、与 HPLC 主载波模块可互换等特点。

微功率 RF 具有从模块通信模块支持乱数跳频、抗干扰强、采用 IPV6 地址、支持热拔插、与 HPLC 从载波模块可互换等特点。

3. 系统功能

基于台区智能融合终端开发“基于有源配电网的智能配电物联台区”高级应用 App。

（1）电能质量分析。采集融合终端本地的 A、B、C 三相电压、电流、功率、功率因数等遥测信息，支持采集 4 路外部开入信号，并将数据存放数据中心。实现台区三相不平衡、台区重载、过载、电压合格率、电压电流畸变率、谐波监测、台区低电压、过电压、断相、失压等监测与分析功能。同时具备台区电能计量，正向、反向有功电能量和四象限无功电能量分时计量等功能。

（2）智能传感器感知。温湿度 App 通过 RS485 与温湿度设备通信，使用 modbus 规约采集环境的温度、湿度、变压器本体温度、变压器进出线 A、B、C 三相柱头温度等遥测信息。

（3）智能断路器交互。App 支持 HPLC、RS485、RF 多种通信方式，采集智能断路器的电压、电流、剩余电流值，以及最大相等遥测数据；支持实时监测智能断路器的开关状态、动作告警信息等遥信信息，并第一时间上送给主站，提供抢修研判依据。同时App 支持定制开发，能够采集智能断路器的功率和光伏数据、还可实现断路器的拓扑、智能断路器的负荷曲线采集。

（4）营销数据采集。

1）集中器级联。针对存量台区，采用 RS485 通信方式，支持已有面向对象协议的 I 型集中器本地数据交互，支持采集户表停上电事件，电能表电压、电流、功率、电能等曲线数据，为实现营配融合提供营销数据支撑。

2）集中器替代。针对新增台区，支持原有集中器功能，为实现营配融合提供营销数据支撑。

（5）光功率监测。实时通过光功率仪监测当前台区的光照度，通过光伏功率调节算法，周期性计算各逆变器设定输出功率。

（6）光伏台区自治调控。充分应用台区智能融合终端边缘计算能力，通过台区光伏发电功率调节算法，调节分布式光伏输出功率，实现台区电能质量优化。

通过光伏采集 App 和光功率监测 App 获取光伏逆变器相关信息，结合主站调节任务和台区负载率等因子，经过边缘计算，下发输出功率参数到逆变器，合理控制分布式光伏发电并网功率，降低因电压升高对电网的冲击，且使光伏发电清洁能源使用比重保持在较高水平，最大限度地降低了太阳能出力波动。

开发光伏逆变器的遥测、遥调、遥控、一键检修功能，可以按照算法实时调节光伏的发电状态，保证最大的收益，也可以远程一键控制所有光伏断路器，完成检修的断电恢复工作。

台区智能融合终端根据台区负载率计算出台区光伏发电总功率上限 P_{limit} 定值。台区智能融合终端根据台区内各个光伏逆变器额定输出功率，调节各逆变器输出功率。保证公平公正的原则，通过光伏调控 App 下发同一光伏输出功率百分比值到逆变器，合理控制分布式光伏发电并网功率，降低因电压升高对电网的冲击，且使光伏发电清洁能源使用比重保持在较高水平，最大限度地降低了太阳能出力波动。

以台区光伏发电总功率 P_{limit} 定值为限值，以并网点电压和末端分支终端电压为依据，以线路过电压限定值 U_{limit} 为限定条件（默认上限 265V，下限 187V），以 T_{cycle}（默认 15min，参数可配）为周期计算各个逆变器最优输出功率值。

（7）充电汽车有序用电。结合低压配电台区负荷预测，应用电动汽车主动有序充电精准调控策略，以配电变压器运行不过载、减小峰谷差、减小三相不平衡度，以及最大限度满足电动汽车用户充电需求为约束条件，从而实现配电台区下电动汽车的协调充电控制。

（8）台区拓扑自动识别。融合终端控制并采集智能断路器特征信号，应用拓扑自动分析算法，实现低压配电网拓扑动态识别。支撑故障快速研判和线损精益管理等高级应用。

（9）故障快速研判。融合终端采集智能断路器遥测、遥信等相关信息，利用多源信息融合感知算法快速定位台区区域内停电范围，网关设备收集到端侧设备上送的停电事件，依次根据网络拓扑进行分析，找到拓扑最上游的停电设备，结合设备自注册时的设备ID及台账信息等，生成具体的停电事件信息上报主站，实现台区故障快速定位与精准抢修，缩短停电时间。

（10）线损精益管理。研究配电台区线损精益化管理技术，解决快速定位线损问题。利用强大的边缘计算能力，通过采集末端感知设备负荷曲线记录，结合台区拓扑，计算台区总线损、馈线总线损、用户侧总线损，实现整个台区分段线损的精细化分析，有效支撑线损治理、窃电核查等工作开展。

（11）主站通信。支持104协议、DL/T 698协议和MQTT协议，同时满足营销和运检不同业务部门的主站通信需求。

（12）IPV6微功率组网管理。IPV6微功率管理App实现IPV6网络和应用App的连接及数据分发。App主动释放融合终端自身的全部IPV6地址，供给微功率无线网络适配。维护无线网络的路由表，有新设备上线或变更则立即更新路由表，并上送给应用App。

微功率管理App收到无线网络突发数据帧后在路由表中验证设备合法性，若合法即可将数据帧转发到应用App。微功率管理App收到应用App召测数据帧后在路由表中验证设备合法性，若合法即可将数据帧转发到无线网络中具体的终端节点。

微功率管理App在台区网络中起到了纽带作用，能够把应用App的命令下发到具体的终端节点上面，也可将终端节点的信息上传。微功率管理App保证了无线网络的自发现、自描述、自注册的基本功能。

三、实施成果

2021年，国网保定供电公司在保定市徐水区太和庄村2号台区搭建了智能配电物联示范台区（见图3-56）。2号台区共58户用户，其中光伏户12户、总容量123kW。2号台区配变处安装了河北南网首台二合一智能融合终端SCU，台区内还加装了智能断路器、光照传感器、温湿度传感器、变压器柱头和外壳本体测温传感器等设备。以智能融合终端为台区能量协调控制核心，基于微功率无线自组网通信，试点自主开发配电台区全景物联感知、分布式能源监测与自治调控、故障快速研判、光伏一键断网等多项App应用。利用台区智能融合终端的边缘计算提高了配电网主动支撑能力，提升分布式光伏安全并网与就地消纳水平，保障配电网运维人员的生命安全及电网稳定运行。

实施应用体现为：

（1）采用基于IPV6的微功率无线自组网技术，实现了物联网化配用电台区智能设备的海量快速接入、即插即用，边、端设备的远距离通信，支撑源、网、荷、储各要素全景感知、广泛互联及协调互动。

（2）采用具备高精度计量、测量的物联网智能断路器作为分布式光伏并网点监控设备，具备防孤岛等多种保护功能，实现台区故障快速定位与精准抢修；同时智能断路器与光伏逆变器通信，实现分布式光伏的遥测、遥控、一键断网、调节分布式光伏输出功率等功能。

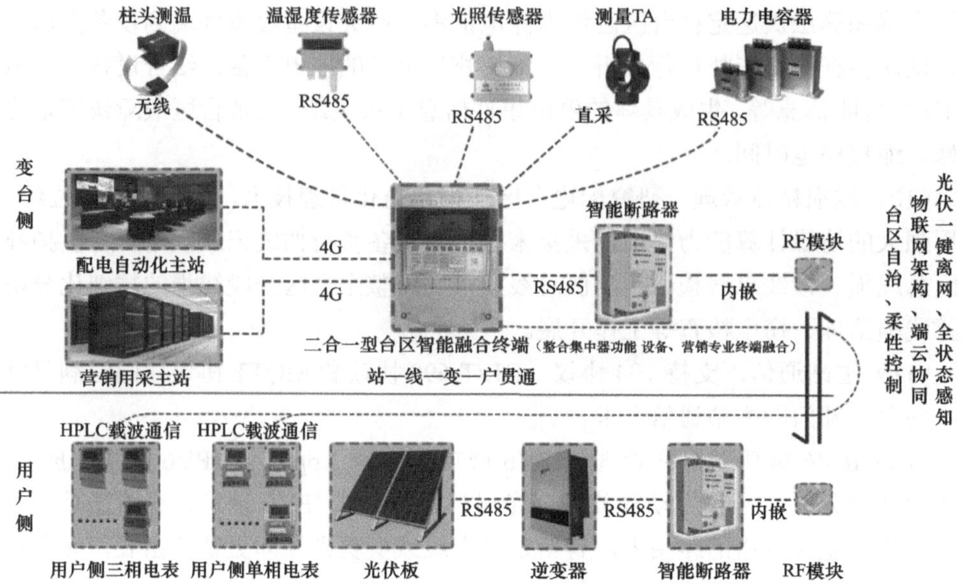

图 3-56　徐水区太和庄村 2 号台区智能配电物联系统架构图

第四章

源网荷储统筹互动技术

第一节　分布式电源智能监控系统

一、实施背景

分布式电源智能监控系统采用直采直控模式，可通过4G、光纤、5G、微功率等技术手段对分布式光伏运行信息秒级采集和实时柔性控制，具有快速、灵活、智能的优点。分布式电源智能监控系统实现对多种能源体进行接入建模，统筹协调控制，如储能、可控负荷、微网、风电、能源聚合体、虚拟电厂、光伏等。增强电网对各种能源体的感知能力、控制能力，通过该系统整体协同控制，智能执行AGC下达的调节任务。另外，还具有配变及线路过载控制、通信链路状态监测和评估、电网电压调节等功能，实现多种资源互补、支持调频调压、推动新能源发展的美好愿景。图4-1所示为分布式电源智能监控系统构想图。

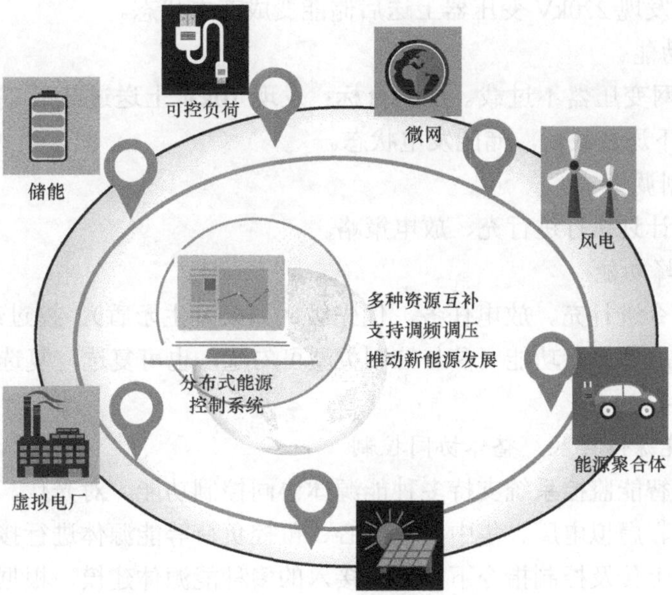

图4-1　分布式电源智能监控系统构想图

二、主要做法

（一）多能源体柔性调节辅助调峰控制策略

分布式电源智能监控系统支持多种能源体协同控制功能。搭建信息统一接入平台，对光伏、储能、风电、微网、能源聚合体、虚拟电厂、集中监控中心、可控负荷等能源体进行接入。控制策略在研发中，目前构建思路如下：

目前控制优先级：储能（调峰部分）＞光伏＞能源聚合体＞微网。

储能分配：按照可调节容量比分配。

光伏分配：按照功率比分配。

能源聚合体/微网：按照当下功率量比分配。

（二）光伏电压协同控制策略

分布式电源智能监控系统可监视配网电压，配电变压器越限可以控制逆变器进相运行，如果还越限进一步控制分布式光伏减少有功（同时还要监视主网电压，如果发生馈线关口母线电压已经接近低限，直接控分布式减少有功，避免主网越低限后调高电压进而造成配网电压更高问题的发生）。

（三）上送过载自动柔性控制策略

针对功率上送过载的配变或线路，切除部分光伏、储能确保设备安全；实时监测配变、线路功率上送负载，超过设定过载阈值则自动切除部分光伏，负载下降过线后再恢复并网，维持设备负载率在正常水平。

（四）考虑到多种场景应用的储能协同控制策略

储能有四种控制模式，可以根据人工选择参与相应的控制模式。

1. 储能就地平衡

控制目标：发现 220kV 变压器上送后储能变成充电状态。

2. 控过载功能

使 10kV 配网变压器不过载。控制目标：发现 10kV 上送过载后，储能变成充电状态，发现 10kV 下送过载后，储能发电状态。

3. 日前计划调峰

按照前一天计划执行进行充、放电策略。

4. AGC 调峰功能

按照主站命令进行充、放电任务。优先级（如果发生矛盾）：控过载＞AGC 调峰＞日前调峰功能＞就地平衡功能（参与控制类型可勾选，也可复选，复选后有优先级）。

三、实施成果

（一）多种能源体接入，整体协同控制

分布式电源智能监控系统支持多种能源体协同控制功能。对光伏、储能、风电、微网、能源聚合体、虚拟电厂、集中监控中心、可控负荷等能源体进行接入。接入的多种能源体支持数据上传及控制指令下发。对接入的多种能源体建模，根据现场监测数据，计算多种能源体可调节容量，并开发多种灵活控制策略，将多种能源体统一纳入 AGC 调节。分布式电源智能监控系统界面图如图 4-2 和图 4-3 所示。

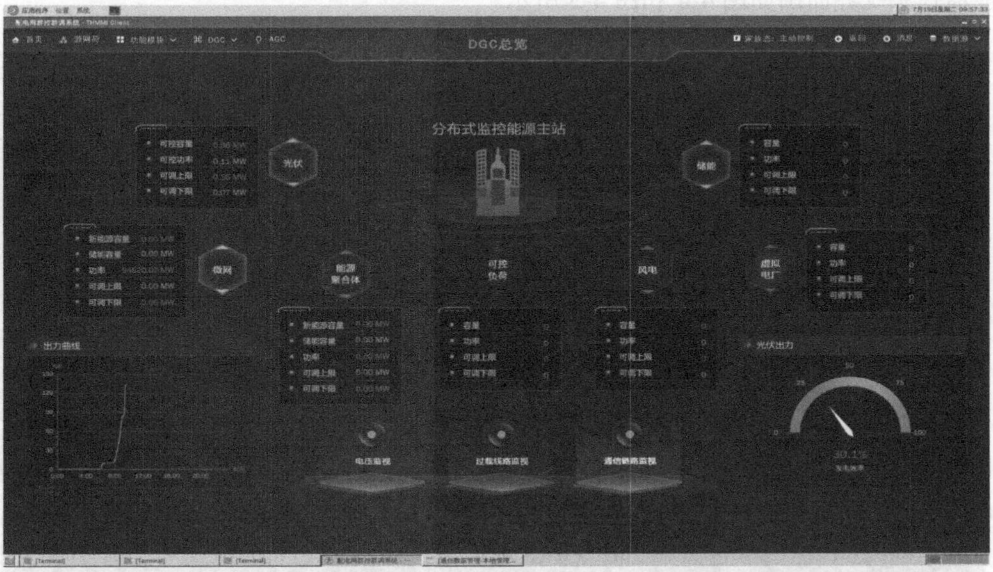

图 4-2 分布式电源智能监控系统界面图（一）

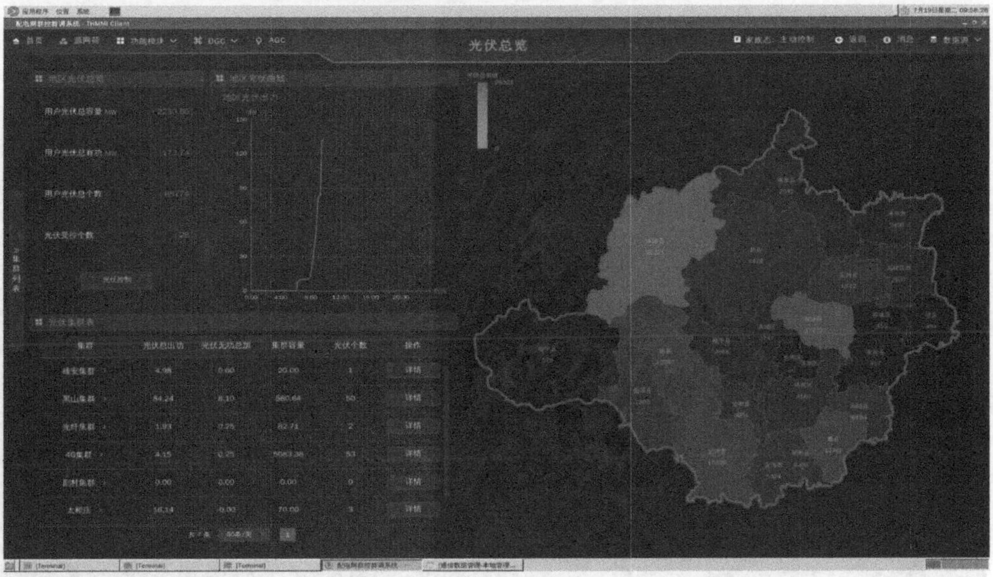

图 4-3 分布式电源智能监控系统界面图（二）

（二）配变及线路过载控制

分布式电源智能监控系统支持配变、线路过载控制功能。在群调群控系统上对配变、线路进行建模，维护多种能源体与配变、线路，以及线路与县域的从属关系。在 D5000 批控系统过载控制模块上，增加对配变、线路过载柔性控制投退设置功能。在投入情况下，D5000 系统监测到过载后，可通过 476 通道将光伏出力调节目标值发送给群调群控系统。群调群控系统对配变或线路调节量进行分解，生成控制策略并执行。分布式电源智能监控系统界面图如图 4-4 和图 4-5 所示。

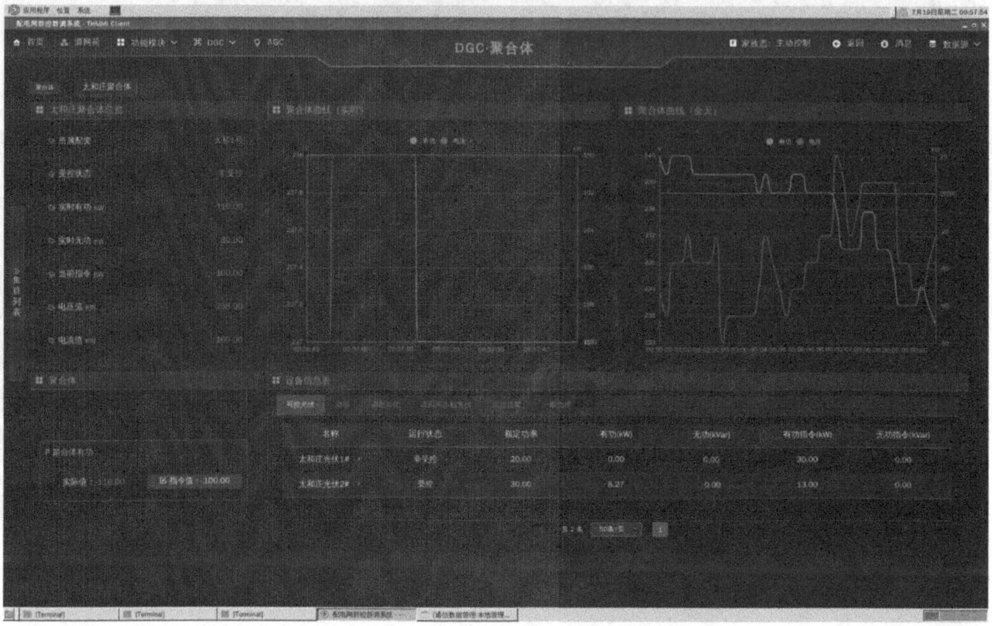

图 4-4　分布式电源智能监控系统界面图（三）

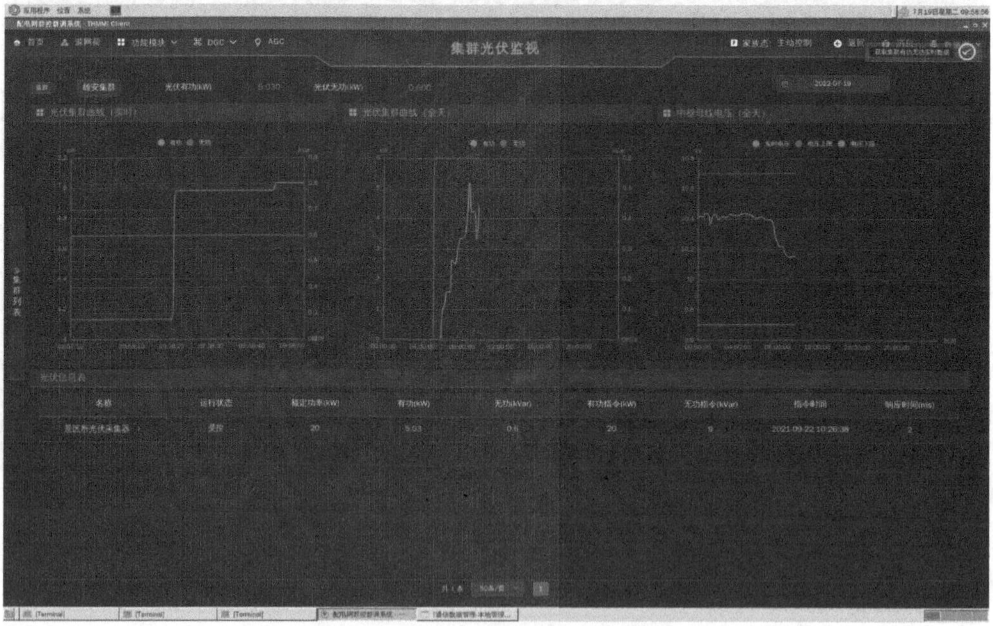

图 4-5　分布式电源智能监控系统界面图（四）

（三）储能实时监测控制

分布式电源智能监控系统可对储能设备状态进行监测，包括容量（soc）、电池状态、双向逆变器工作状态等，可对储能进行充、放电策略控制，提高能源使用效率。实现分布式储能的群调群控，对大电网调峰、调频、调压提供支撑，如图 4-6 所示。

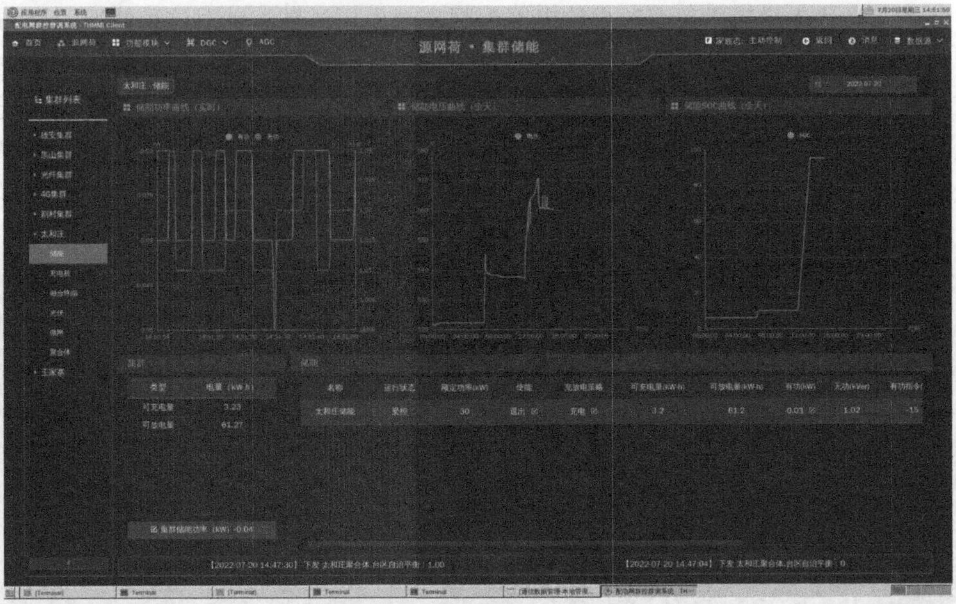

图 4-6　分布式电源智能监控系统界面图（五）

（四）通信链路状态监测和评估

以往一旦通信链路中断，需要人工逐步去排查，不仅浪费人力还耽误时间。分布式电源智能监控系统可单独设立通信链路状态监测窗口，分别监测网络通信状态、报文通信状态、子站运行状态。一旦发现通信链路中断，可针对具体链路区间进行处理，节约人力物力，如图 4-7 所示。

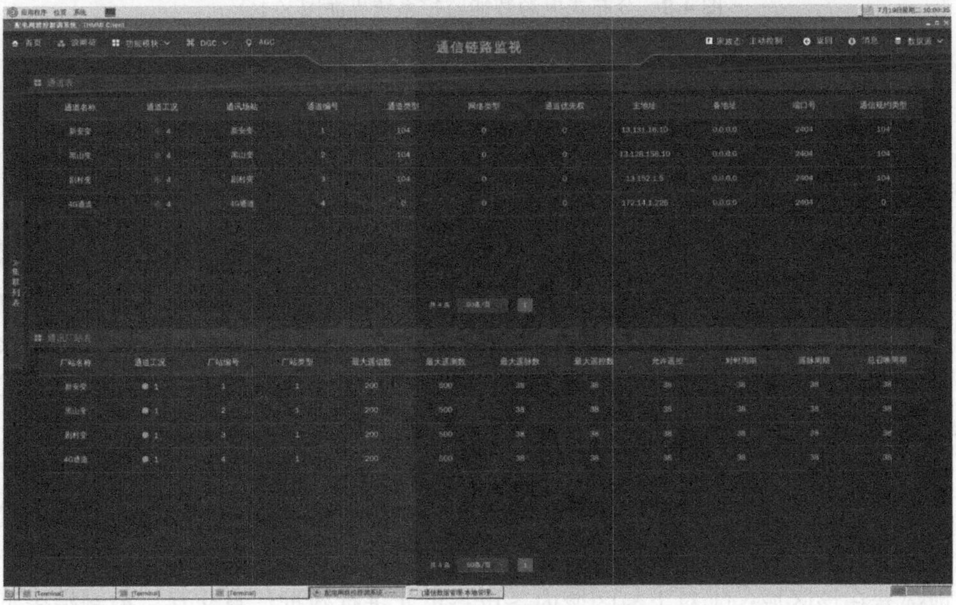

图 4-7　分布式电源智能监控系统界面图（六）

（五）分布式光伏电压调节

分布式光伏大量接入，有时导致电网配网末端电压过高。针对这种情况，分布式电源智能监控系统增加配变电压监控模块，实时采集配变电压。若监测到越限，则通过476通道将配变电压调节目标值发送给群调群控系统。群调群控系统计算出配变光伏无功调节量，生成该配变下光伏无功控制策略并执行。分布式电源智能监控系统界面图如图4-8所示。

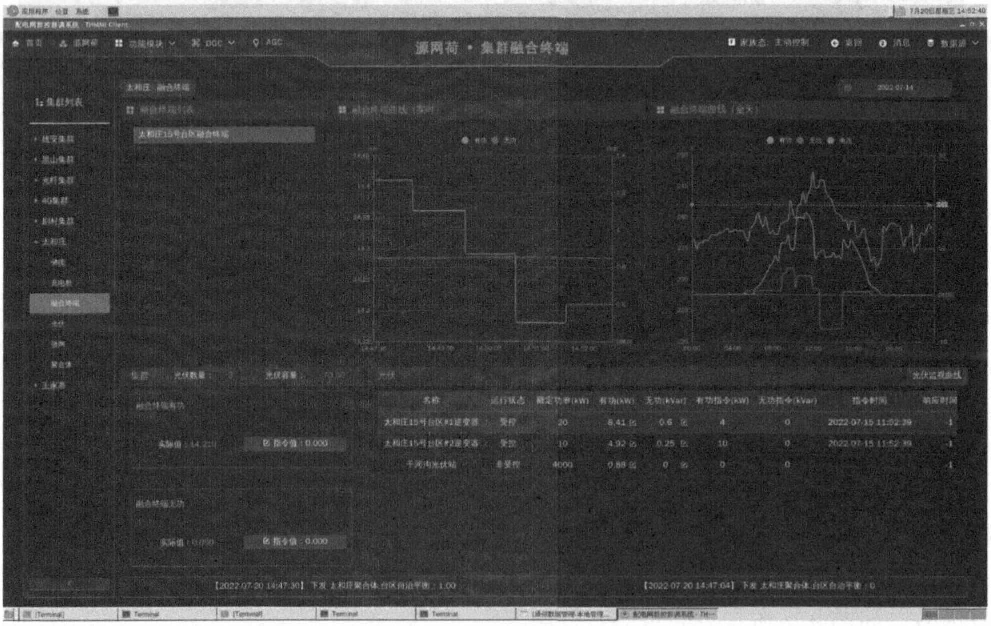

图4-8　分布式电源智能监控系统界面图（七）

第二节　末端能源聚合体

一、实施背景

在“双碳”目标及分布式光伏整县开发大背景下，依托保定有源配电网综合试点建设基础和现有成果，探索构建分布式光伏高渗透率区域能源聚合体，内部“源网荷储”协同互动实现区域微平衡，促进分布式新能源就近接入、就地消纳；对外聚合体及其内部各单元可快速响应调度指令，支撑大电网电压、频率，进一步提升大规模分布式光伏接入后对电网主动支撑能力。

二、主要做法

在分布式光伏渗透率高的区域，部署分布式储能，具备进相调相功能或同步机特性的光伏逆变器、智能电压平衡装置、可控负荷、光储一体设备等。开发一套智能管理系统就地部署在该区域：①对下与区域内各设备单元进行数据信息交互、控制指令下发反馈，将区域内“源网荷储”全部资源融合在一起构成能源聚合体，友好自治，实现有源配电网末端微平衡；②对上与调度主站系统通信，接收执行调度调峰、调频、调压等各项指令，聚合体可作为整体参与电力市场、获取收益，紧急情况下，调度侧也可通过智能控制系统分别调用聚合体内储能、特性逆变器、可控负荷等，为电网稳定提供必要支撑。

部署 30kW/64.5kWh 储能系统，集成电池、BMS、PCS、空调、消防和配电等，结合当地的光伏发电设备，规划建设一套光储一体化应用系统，即光伏+储能+管理系统，通过采用先进能量管理系统平台实现能源信息管控及过程监控，最终实现用户多种类能源经济、合理使用，提高用户用电经济效益和能源管理水平。

系统容量为 30kW/64.5kWh，应用于中小型储能系统，集成电池、BMS、PCS、空调、消防和配电等，具有高集成度，实现整个工商业储能系统能量的吸收和释放，提供能量和释放的整体方案。可具备动态扩容、削峰填谷、负载跟踪等多种功能。

30kW 柜式储能系统由 30kW PCS 模块、64.5kWh 储能电池、BMS、空调、EMS、消防及配电模块组成，见图 4-9。电池系统采用 LCD 触摸屏，人机界面对系统状态进行显示，交互清晰，易用性高。

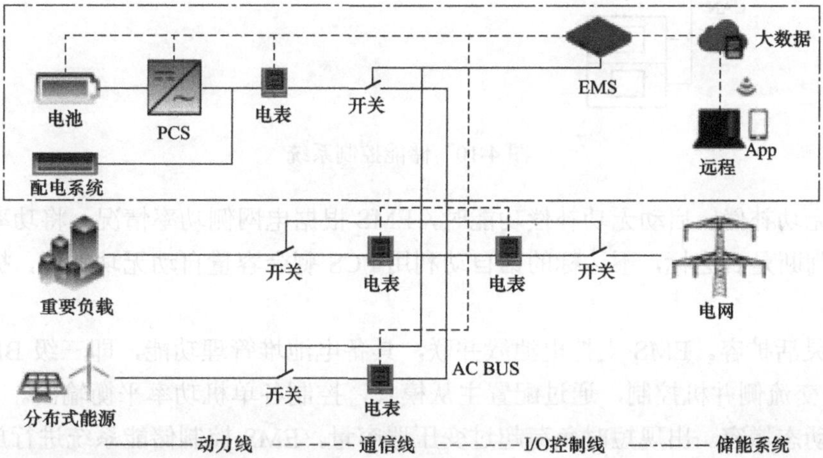

图 4-9 储能系统架构

通信架构：BMS 与 EMS 采用 CAN 通信、PCS 与 EMS 采用 LAN 通信（控制部分）和 RS485 通信（电池部分）、空调与 EMS 采用 RS485 通信，消防通过 I/O 模块进行反馈，如图 4-10 所示。

储能系统包含电池簇、电池管理系统（BMS）、功率变换系统（PCS）、能量管理系统（EMS）、空调（AirCon）、智能电表（Meter）、扩展模块（IO），以及人机界面（HMI）。这些设备组合在一起形成储能系统，各设备或子系统之间通过通信或者开关信号，实现数据、信号等信息传递。

EMS 作为储能系统的核心控制单元（见图 4-10），负责系统内与各个子系统或设备通信，保护系统运行，以及执行控制策略。EMS 可以将多个储能系统接入到一起，形成更大规模的储能系统。EMS 还可以与外部系统对接，实现外部系统远程协调控制。主要功能如下：

（1）削峰填谷。支持根据分时电价控制充放电，设定不同时段的充放电策略。

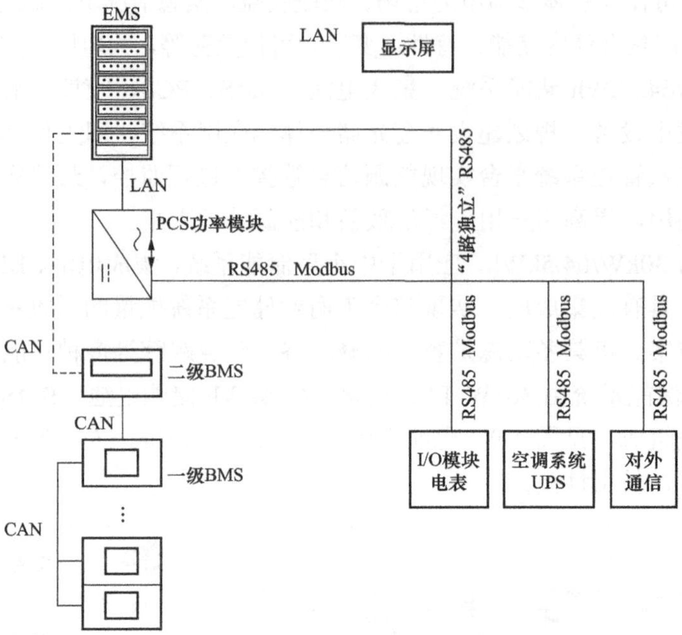

图 4-10　储能控制系统

（2）无功补偿。启动无功补偿功能时，EMS 根据电网侧功率情况，将功率因数作为比较值，判断是否达标，不达标的话自动利用 PCS 剩余容量自动无功补偿，提高电网功率因数。

（3）灵活扩容。EMS 支持电池簇并联，具备电池堆管理功能，即三级 BMS 功能；EMS 支持交流侧并机控制，通过配置主从模式，控制各单机功率平衡输出。

（4）动态增容。出现短时负荷超过变压器容量，EMS 控制储能系统进行放电，动态扩充变压器容量，延缓配电升级，EMS 可以接受远程调度进行放电，也可以通过设置，预约时间放电。

（5）需量管理（峰值负载抑制）。EMS 控制储能系统峰值负荷时放电，降低电网侧峰值功率，从而降低需量电费。

（6）提高光伏自发自用率。太阳能配置储能系统，当太阳能发电时，如有多余能量，EMS 控制储能充电，如发电量不足或者太阳能停止发电，EMS 控制储能系统放电，减少从电网取电，提高自发自用率。

（7）可再生微电网。微电网结合可再生能源，为社区居民提供洁净环保、弹性供应、价格合理的供电系统，减少使用价格昂贵的柴油机。

（8）智能温控。EMS 通过检测电芯温度，根据策略控制空调系统运行，降低系统功耗。

（9）远程维护及远程策略升级。

聚合体可作为整体，接收执行调度调峰、调频、调压等指令，台区内部储能、智能电压平衡装置、可控负荷、可控光伏逆变器等资源也可作为单体独立接收调度指令。图4-11所示为末端能源聚合体智能控制系统界面。

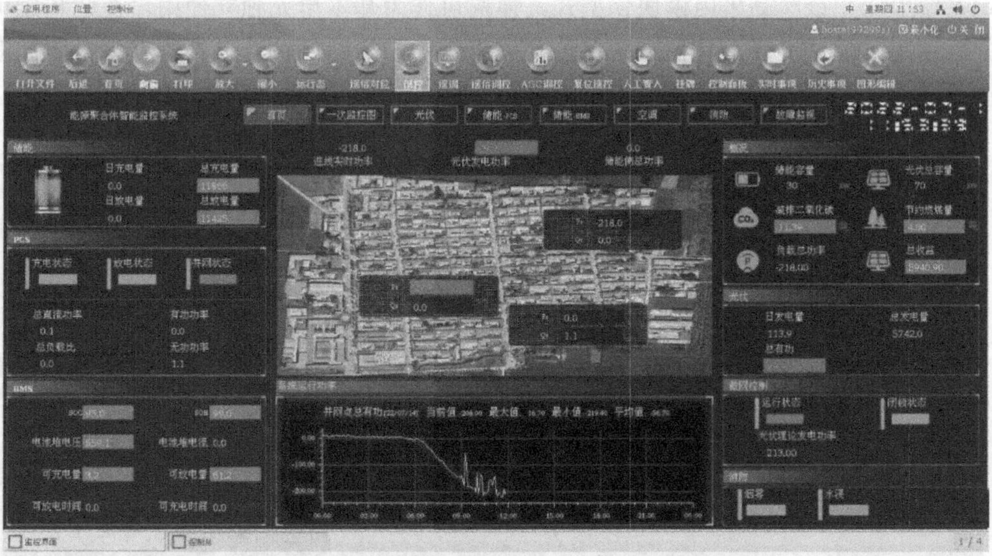

图 4-11 末端能源聚合体智能控制系统界面

能源聚合体内部的区域自治通过跟踪聚合体内部的负荷运行情况，协调储能、可控光伏逆变器的输出功率，实现区域内的负荷平衡，降低聚合体负荷波动对大电网的影响。

正常运行时，聚合体内部区域自治，光伏、储能、负荷平稳运行。储能执行就地控制策略进行充、放电。

当光伏发电造成台区反送电时：储能优先充电，储能充满还有反送电量时，通过调节光伏出力，实现台区平衡。

当上级线路故障时，聚合体实现微电网的孤岛运行，如白天光伏正常出力，由储能提供基础电源，能源聚合体智能控制系统通过迅速调节可控负荷、光伏出力，实现系统的平稳运行。如夜间无光伏出力，由储能提供基础电源，能源聚合体智能控制系统通过迅速调节可控负荷，优先保障一级重要负荷的用电需求，实现供电时长的最大化。

能源聚合体可作为一个微电网整体，为电网提供调峰、负荷侧响应等辅助服务。

当大电网需要进行负荷调峰时，能源聚合体智能控制系统通过接收调度指令，通过中断可控负荷、提高光伏发电功率以及储能的放电功率，实现对大电网送电或降低电网用电，为电网提供调峰服务。

当大电网需要进行负荷侧发电控制时，能源聚合体智能控制系统通过接收调度AGC指令，通过实时跟踪能源聚合体与大电网公共连接点处的运行功率，通过自动跟踪调节可控负荷、调节光伏发电功率，以及调节储能充、放电功率等手段，使公共连接点的运行功率满足电网要求，为电网提供自动发电控制（AGC）服务。

在紧急情况下，还可作为地区的应急电源，能源聚合体智能控制系统通过接收调度指令，为地区电网提供必要支持。

应用电压智能控制系统，平衡台区三相电压。SPC 是在 SVG 基础上进行优化升级，专门用于配电台区电能质量的新型电力电子装置，该装置可有效补偿三相不平衡，实时稳定系统电压，该产品采用模块化型式，模块可作为基本单元独立使用，在此基础可多机并联使用，配置灵活，具备过压保护、欠压保护，短路保护、过补偿保护、防雷双重保护等。图 4-12 所示为能源聚合体调度端控制系统界面。

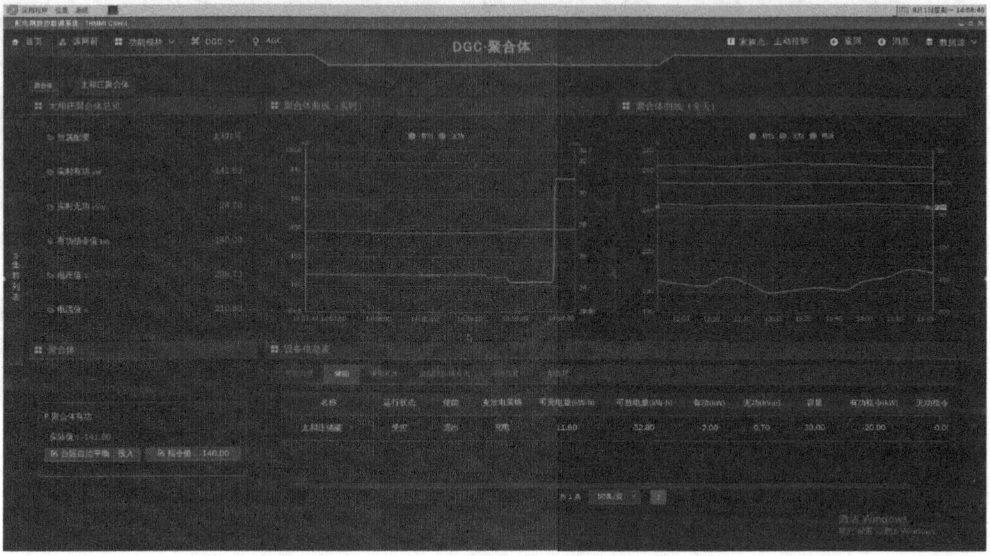

图 4-12　能源聚合体调度端控制系统界面

SPC 开机后，通过外接电流互感器（CT）实时检测系统电流，并将系统电流信息上传给内部控制器进行处理分析，以判断系统是否处于不平衡状态，同时计算出达到平衡状态时各相所需转换的电流值，然后将信号发送给内部 IGBT 并驱动其动作，将不平衡电流从电流大的相转移到电流小的相，最后达到三相平衡状态，见图 4-13。

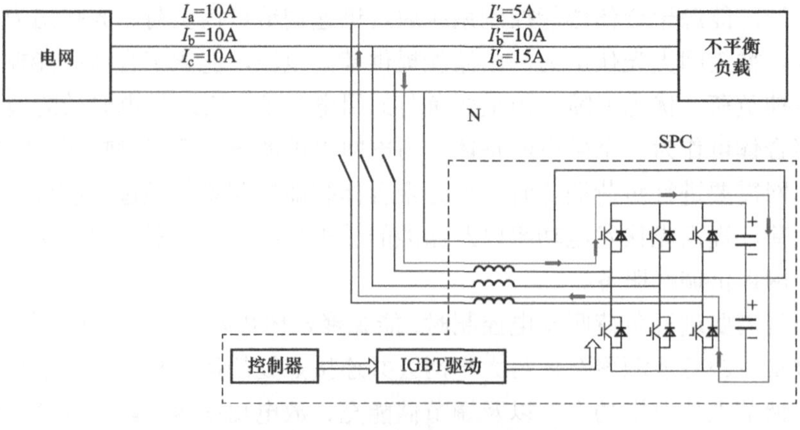

图 4-13　智能三相电压不平衡控制原理

在储能安全方面实现早期预警干预，智能传感识别、主动保护实时监控，精准报警、被动保护主动灭火、电芯隔热。储能控制方面实现储能与光伏协同控制，助力台区自治、改善潮流交互、优化电能质量。

调控侧-协调控制，可由调控中心主站下达充、放电指令，也可就地制定策略设置充、放电时段和充、放电功率，依托区域组网，实现台区自治、区域调节。

负荷侧-削峰填谷。用电负荷高峰期提供紧急功率支撑，用电低谷期，吸收电网侧剩余电量，完成削峰填谷，在光伏大发电系统反送功率时，吸收光伏发电，实现就地消纳。

电源侧-平抑潮流。平衡有源配电网潮流起伏，调节频率、平抑电压波动，平滑光伏实时功率，提升光伏上送电能质量。

同时在调度侧开发储能群调群控系统，为后续海量分布式储能资源支撑大电网调频积累经验。

三、实施成果

该项目充分发挥末端电网贴近用户的优势，建设时不占用电力通道，要求相对简单，施工周期短，能够迅速应付短期激增的电力需求、整县分布式光伏接入需求，提升就地消纳能力、避免大量光伏出力上送冲击电网的同时又具备快速支撑大电网稳定运行的能力。技术成熟后，可因地制宜多点建设，引导海量用户形成规模不等的多个聚合体，集合分布式光伏资源，构建省、地、县各级电网能源聚合体群调群控系统，通过市场化机制运转，抵消分布式光伏的负面影响，保障电网安全稳定。图 4-14 所示为末端能源聚合体实景图。

图 4-14　末端能源聚合体实景图

第三节　光储直柔建筑配电系统

一、实施背景

力争 2030 年前实现“碳达峰”，2060 年前实现“碳中和”是以习近平为核心的党中央做出的重大战略决策。为了实现碳中和的战略目标，以可再生能源为基础的电力系统构建是能源转型的关键所在。2021 年 9 月 22 日，中共中央和国务院联合发布《关于完整准确全面贯彻新发展理念做好碳达峰碳中和工作的意见》指出：到 2060 年我国的非化石能源占比达 80%以上，并着重指出大力发展低碳建筑，深化可再生能源建筑的应用。大规模可再生能源的发展必然要求电网系统源、网、荷、储协调运行，否则将导致出力与终端负荷时空错配和大规模的“弃风弃光”等问题。

“光储直柔”将光伏、储能等分布式资源通过直流配电技术与建筑直接融合，是实现可再生能源高效消纳的有效技术手段。光伏、储能等分布式资源均具有直流特征，在传统交流系统中需要经过直交变换器（DC/AC）接入配电网。与此同时，用户终端直流负载也与日俱增。目前，越来越多的电气设备本质上都是直流驱动，其内部只需将交流电变换为直流电，如生活中常见的电动车、液晶电视、LED、电脑、手机等移动通信设备等。近年来，随着变频技术不断成熟及产品成本不断降低，包含交流电机的用电设备，如电梯、空调、冰箱等也呈现直流化趋势。基于这些直流源荷储的数量在电力系统中已经达到一定规模且分布广泛，因此通过光储直柔技术将这些直流源荷储即插即用、就地接入，进而统一与交流配电网相连并实现能量交互，不仅可以省去大量的交直流变换所带来的设备投资和功率损耗，有效提高配电网的运行效率与经济性，而且可以保障直流源荷储的供电可靠性和电能质量。“光储直柔”不仅肩负“节能降碳”的历史重任，它的柔性用电技术利用直流微电网调控灵活的优势，配合峰谷电价、需求响应等激励政策，与电网积极友好交互，能够降低用户的用电成本，还可有效缓解城市电网负荷峰值、电网增容和可靠性提升等压力。

因此，在碳中和驱动高比例可再生能源消纳的背景下，“光储直柔”技术的发展迫在眉睫。2021 年 10 月 24 日，国务院印发《2030 年前碳达峰行动方案》，提出要加快优化建筑用能结构，提高建筑终端电气化水平，建设集光伏发电、储能、直流配电、柔性用电于一体的“光储直柔”建筑。到 2025 年，城镇建筑可再生能源替代率达到 8%，新建公共机构建筑、新建厂房屋顶光伏覆盖率力争达到 50%，为“光储直柔”的发展目标指明了方向。

二、主要做法

（一）光储直柔概述

“光储直柔（PEDF）”，是在建筑领域应用太阳能光伏（photovoltaic）、储能（energy storage）、直流配电（direct current）和柔性交互（flexibility）四项技术的简称，在高比例可再生能源结构下，通过光伏等可再生能源发电、储能、直流配电和柔性用能来构建适应碳中和目标需求的新型建筑配电系统（或称建筑能源系统）。

图 4-15 给出了“光储直柔”系统的基本构成形式。利用建筑表面敷设光伏板，建筑内部构建低压直流配电系统，直流母线通过 AC/DC 变换器与交流电网连接，光伏发电和储能装置分别通过光伏 DC/DC 变换器和储能 DC/DC 变换器接入直流母线。为满足用户多样化用电需求，直流母线可直接向建筑内的负荷供电，也可通过 DC/DC 变换器电压变换后供负荷使用。光储直柔建筑可广泛应用商业、民用等多种场景，具体的拓扑结构形

式与应用场景有关。

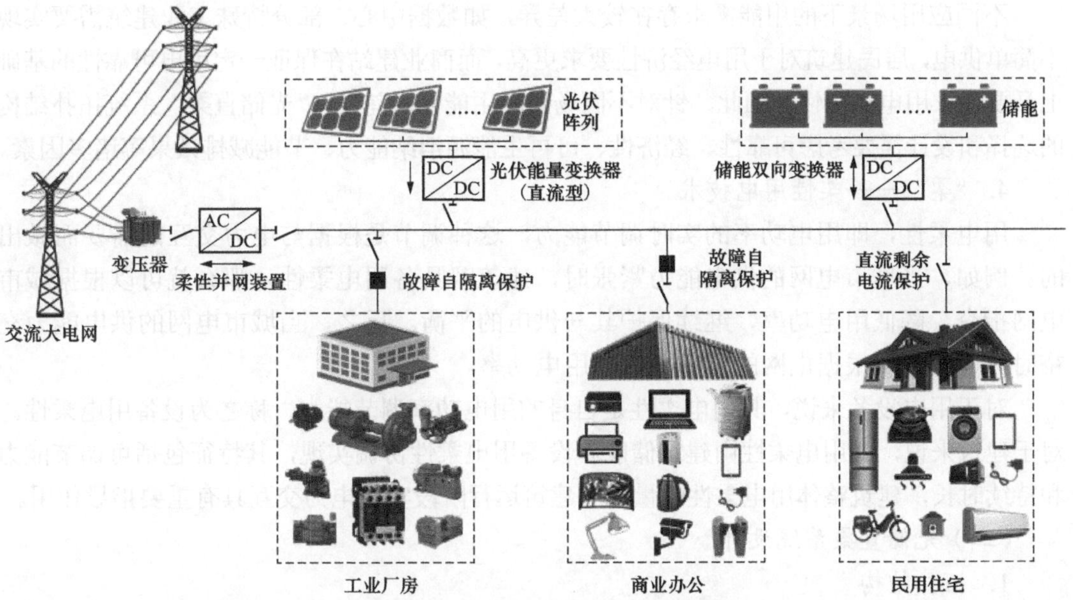

图 4-15　光储直柔系统的基本构成形式

1. "光"——太阳能光伏技术

"双碳"背景下，太阳能光伏发电是未来主要的可再生电源之一。光伏发电主要分为集中式和分布式两种形式，其中分布式光伏是发展光储直柔技术的主要电力来源。

体量巨大的建筑外表面是发展分布式光伏的空间资源。根据数据统计，我国城镇屋顶光伏预测总装机容量为 8.3 亿 kW，预测发电量为 1.23 万亿 kWh；我国农村地区屋顶光伏预测装机总量为 19.7 亿 kW，预测发电量为 2.93 万亿 kWh。建筑与光伏有效结合，采用自发自用、余电上网的运营模式，有利于构建用户侧的高效能源综合利用系统，实现资源环境的最大化就地利用，并且减少长距离输送能源的损失。

2. "储"——储能技术

储能装置有控制与平稳分布式能源功率波动的作用，并且在负荷短时波动时，可以稳定直流电压，是光储直柔系统中不可或缺的组成部分。常见的储能类型有蓄电池、超级电容、飞轮、超导、抽水蓄能等，其中蓄电池因其成本低、可靠性高、效率高、响应速度快、维修要求低等优点被广泛应用。

未来，随着电动车的普及，具有双向充放电的充电桩可将电动车作为移动储能。2021 年 7 月 15 日，国家发展改革委国家能源局发布《关于加快推动新型储能发展的指导意见》（发改能源规〔2021〕1051 号），鼓励聚合利用不间断电源、电动汽车、用户侧储能等分散式储能设施，积极支持用户侧储能多元化发展。

3. "直"——直流配电技术

在建筑中采用直流供电系统目的在于利用直流简单、易于控制的特点，便于光伏、储能等分布式电源灵活、高效地接入和调控，实现可再生能源的大规模应用；同时，利用低压直流安全性好的特点，打造本质安全的用电环境。

不同应用场景下的用能需求存在较大差异，如数据中心、部分特殊工业建筑需要实现不简单供电，居民建筑对于用电经济性要求更高，而商业建站在保证一定用电可靠性的基础上又要追求用电经济性。因此，针对不同场景的用能需求差异，“光储直柔”系统拓扑结构的选择和设计需要考虑可靠性、经济性、可再生能源消纳能力、节能减排效果等诸多因素。

4. “柔”——柔性用电技术

用电柔性，即用电功率的实时调节能力，这种调节是根据与电力交互的需要而做出的。例如，当城市电网的供电能力紧张时，建筑若具备用电柔性，那么就可以根据城市电网指令，降低用电功率，继续保护其与供电的平衡。反之，当城市电网的供电能力充裕时，建筑可以根据电网的指令，提高用电功率。

对于用电设备来说，其用电柔性是自身的用电功率调节能力，称之为设备用电柔性。对于建筑来说，其用电柔性由建筑储能和设备用电柔性协调实现，其特征包括可调节能力和持续时长，建筑整体用电柔性的量化对建筑运行阶段实现电力交互具有重要指导作用。

（二）光储直柔系统设计

1. 拓扑结构

光储直柔系统是一种新型直流配电形式，因此以直流配电为基础，研究农村光储直柔系统的拓扑结构。

常见的直流配电网拓扑结构有放射状、环状、两端供电、基于直流母线供电等；接线方式有单极不对称接线、单极对称接线和双极接线等；接地方式有 IT 接地、TT 接地和 TN 接地等。光储直柔系统的经济性要求更高，因此推荐采用放射状拓扑结构、单极不对称接线和 IT 接地方式。

2. 电压等级

GB/T 35727—2017《中低压直流配电电压导则》将 110～1500（±750）V 划定为低压范围，并给出了低压直流电压等级推荐值序列，如表 4-1 所示。

表 4-1　低压直流配电系统的标称电压　单位：V

优选值	备选值
1500（±750）	
	1000
750（±375）	
	600
	440
	400
	336
	240
220（±110）	
	110

注　1. 未标正负号的电压值对应单极型直流线路，标有正负号的电压值对应双极型直流线路。
　　2. 基于技术和经济原因，某些特定的应用场合可能需要另外的电压等级。

从表 4-1 可以看出，目前低压直流负荷的电压需求类型较多，没有统一。对于光储直柔系统电压等级的确定应从传输能力、安全性、适用性等多个角度综合考虑。

在户级电网电压选取时，考虑以下几个方面因素：

（1）各负荷内部元器件的耐压值作为选取电压的上限。目前，我国市电电网居民入户的供电电压有效值为 220V，其峰值为 220V，供电电压波动范围为–15%～+15%，设计时的耐压值在 350V 以上。直流供电电压应低于此值。

（2）负荷工作时的发热情况作为选取电压的下限。对于恒功率负载，在正常工作的电压范围内，电压越高，负载内部发热量越小。以家电中的高耗电产品空调为例，220V、10A 的额定工况下，当发热量提高 1.5 倍时，电流升高为 12.25（A），此时电压可达到的下限 U=220×10/I=179.6（V）。

（3）考虑直流负荷的工作有效性。180～350V 分别规定了此次负荷供电的下限和上限，因而直流供电电压应在 180～350V 之间选择。除去负荷工作低压保护的下限之外，应考虑工作电压的有效值，使得在直流供电情况下的负荷工作有效性与交流供电情况下相当或高于交流供电情况下的负荷工作有效性。鉴于交流额定供电电压有效值为 220V，最终确定的电压等级为 220～350V 之间。

综上所述，220V 电压等级是直流负荷电压等级的最佳选择，可最大限度地兼容目前的交流用电设备，并更有利于降低供电系统的整体损耗，同时降低后续直流家电改造成本。

750V DC 为村级光储直柔系统电压等级，主要作用是电能传输，750V DC 直流电压负荷距相比 380V AC 系统明显提高，且直流系统电压偏差更大、适应性更强。

但在实际运行中，由于电力电子变换装置在直流配电网中广泛应用，电源端的大范围可调和用电设备的大范围自适应，都提供了超宽“电压带”的可能性。因此，220V DC 和 750V DC 的电压等级并不是严格限制的，实际的工作电压可基于 220V DC 和 750V DC 的基准线上波动。

（三）光储直柔系统的源荷特性及优化控制策略

建筑负荷柔性化可以促进建筑自身的节能和经济用电，有效缓解城市电网负荷峰值，针对未来建筑领域将有大量分布式储能、充电桩和空调等设备接入电网，有必要对现有设备的功率变换特点、控制策略等进行分析研究，对进一步提高现有负荷柔性化程度具有重要意义。

在电动汽车充电桩能量变换方面：目前国内外电动汽车充电桩的功率变换部分一般采用两级变换方式，即 AC/DC+DC/DC，前级 AC/DC 较为成熟的拓扑是三相 PFC VIENNA，后级 DC/DC 拓扑一般根据电平不同分为两电平变换方式和三电平变换方式。整流器作为电动汽车充电桩重要部分，受到国内外广泛关注研究。例如，基于自抗扰控制算法的电压型 PWM 整流器，增强了 EVCP 充电时的抗干扰能力，然而整流器消耗来自电网的恒定功率，在电网参量变化较大时只能“切负荷”运行，不能主动响应电网需求。采用负荷侧虚拟同步机技术的充电桩具备惯量模拟、有功调整、无功支撑等能力，能够满足电动汽车有序并网、安全充换电的实际需求。基于 LVSM 的三相电压型 PWM

整流器控制策略，在电网参量变化时，可使负荷从“切负荷”变为“降功率”运行，提升了整流器故障穿越能力。将虚拟同步机技术应用在充电桩中，通过变换器的自主降额运行，则可实现了对弱电网的支撑作用。

在分布式储能能量交换方面：储能装置能实现动态调节和稳定母线电压目的，因此，需在母线和蓄电池、超级电容等储能装置间使用高效大功率、快响应双向变换器跨接。目前，国内外主要在直流变换器拓扑和控制策略方面开展理论研究，但均用于提高功率密度和效率。由于高频变压器的存在，隔离型双向 DC/DC 变换器还具有体积较大、设计成本高、设计过程复杂等特点，因此目前大多分布式储能系统中采用非隔离型双向 DC/DC 变换器。分布式储能功率单元控制策略有下垂控制法、主从设置法、平均电流均流法、最大电流均流法等，均可实现对各模块输出电流的控制。自适应动态下垂控制通过在不同的工作状态下动态调节下垂系数的大小，改善系统在受到功率波动时的动态响应速度。而传统下垂控制中的下垂系数固定，使得储能模块间的充、放电功率比值不变，鉴于各储能模块的 SOC 存在差异，长期以相同的输出功率比值运行，会导致储能模块因过充或过放而退出运行，影响直流微电网运行的稳定性。

在建筑用电设备能量交换技术方面，建筑内部用电设备能耗在社会总耗电量中占比大，并有持续增加的趋势，其中空调负荷、电热水器等柔性负荷在建筑楼宇中占据了重要地位。目前，国内外大多采用控制制冷、热温度的方式，利用集中式控制通过设立中心控制单元，实时处理汇总所有的信息后由调控中心直接向每个负荷发布调控命令，实现空调等负荷降功率运行，以加热、通风和空调以及热水器等恒温控制负荷为例，常通过以下两种方式实现：

（1）切换开、关状态速率和比值。

（2）改变设定温度。但该方式功率调节响应时间较长，在紧急功率调节需求下效果不明显。

综上所述，目前分布式储能、充电桩、建筑用电设备内部功率变换器及控制策略的种类众多，存在功率调节响应时间、交互通信方式和功能用途等方面存在诸多差异，所对应的互动响应需求也不一样，需要进一步根据换流拓扑类型、控制方式、响应时间和功能用途对不同类型负荷进行分类研究。在此基础上，充分挖掘各类负荷柔性化潜力，有针对性地开展负荷柔性功率调节接口定制化装备样机研究。

随着多种类型直流负荷的应用，直流配电系统呈现多电压等级的特点，多个电压等级的直流母线的互联实现了电压匹配和功率交换，更好地满足用户需求。直流配电系统中集成了分布式电源、储能、并网逆变器，以及各类负荷等，考虑分布式电源的间歇性、波动性，系统的稳定运行与各供电的协调控制密切相关。

针对多电压等级直流母线的直流配电系统，国内外学者均开展了不同电压等级的直流配用电控制理论研究，提出多种协调控制策略，可分为集中式与分散式两类。美国弗吉尼亚理工大学构建了直流混合配电网分层控制架构，为直流配电过渡性发展从控制上提供了可实施方案。集中式控制策略，将上层管理系统需要与各模块单元保持联系，确定其工作模式与出力大小，从而维持系统的功率平衡，实现最优运行；但集中式控制策略对通信的依赖程度较高，系统的稳定性、可靠性完全依赖于该控制单元，该单元一旦出现故障，将有可能导致直流系统崩溃。因此，分散式控制策略应运而生，系统中各模块单元根据直流母线电压信号（DC bus voltage signal，DBS）调整工作模式，共同维持直流母线稳定，控制简单，但是系统级控制中的大部分目标均无法通过基于DBS的直流系统协调控制方法来实现，储能单元缺乏有效管理，无法实现储能单元的最优充、放电控制，更无法实现直流微电网全局的最优经济运行。另外，直流母线电压波动范围较大、无法实现最优运行。为了解决这些问题，基于互联通信的直流系统分层运行控制策略将分散式控制与上层管理相结合，在不同时间尺度上分别实现设备级控制和系统级控制，完成电气量控制、电能质量调节和经济运行控制，旨在实现直流微电网控制系统的标准化、可扩展性以及提高直流系统整体运行性能，极大地提升了系统的可靠性与经济性。同时，适用于中、低压直流配电系统的分散式统一控制策略结合DBS的分散式控制策略与直流变压器的统一控制策略，也可实现系统的全局功率平衡。

（四）光储直柔系统的系统保护与用电安全

保护的完善是直流系统安全、稳定运行的必要条件之一，国内外专家学者一直关注和研究直流系统的各类保护，直流系统的保护自20世纪90年代得到了较为快速的发展。

1. 短路保护

目前，对于短路保护主要是采用断路器和熔断器。直流断路器的主要作用是改变直流系统的运行方式，用来清除直流侧出现的故障，实现直流系统的保护。早在1994年，Komastu就已指出，通过使用真空断路器和混合固态真空灭弧室，在较短的时间内断开故障电流；2005年，Meyer等人探讨通过外部谐振电路和混合固态方法，为电弧电流提供一个旁路通道或者熄灭电弧的方法；2007年，针对传统的、低成本的断路器无法用在较高电压等级直流系统的问题，Krstic等人提出伸展、分裂的方法，但仍要考虑到直流断路器受电缆的电感、电阻限制和直流电压水平以及线间电容的影响，电弧具有不稳定性与暂态特性复杂的特点。

2002年，西安交通大学电气工程学院赵登福、董继民、王东等对直流系统短路故障的快速识别与短路保护进行研究，提出了利用霍尔传感器测量直流系统回路电流、母线电压，以电流、电压综合判据快速识别直流系统短路故障的方法。采用可控直流断路器替代传统的熔断器法，将交流系统三段式微机电流保护原理应用于直流系统的短路保护，设计了辐射式Ⅰ、Ⅱ、Ⅲ段直流供电回路，同时为防止在切除故障支路时因Ⅱ、Ⅲ段开关同时拒动，而由Ⅰ段开关切除故障引起的其他供电支路电源消失问题，对Ⅲ段直流供电回路采用了备用开关自投方案，并研制了直流系统三段式微机电流保护装置。天津大学副教授薛士敏指出采用保护、控制集成方案可以降低保护系统的复杂性，降低系统成本，也可大大减少保护动作时间，是未来直流系统保护技术的发展方向之一。2014年，为了克服熔断器和直流断路器的缺点，结合变换器中全控型电力电子器件IGBT可快速关断的特点，国网电科院提出了基于电力电子技术的主动式短路保护，保护时间和效果都优于传统的断路器。ABB、上海良信、常熟开关、人民电器等企业均研发了相应的直流断路器产品，用来保护线路及电源设备免受过载、欠电压、短路等的危害。但该类产品存在保护功能单一且无数字化功能的问题，不能满足多场景需求。

2. 接地保护

直流系统是不接地系统，整个网络的直流电压偏移量是同一个，因此，定位接地故障是一个比较棘手的问题。Karlsson 针对直流不接地系统，利用在换流器节点安装电流测量装置实现接地故障检测，该方案可同时在直流和交流两侧对接地故障进行检测，对短路故障也起到一定的保护作用。采用这种检测方案，需要故障线路两端之间进行通信。

早在 20 世纪 80 年代初，我国就已开始了对直流系统绝缘自动监测仪器的开发研制，到了 20 世纪 80 年代末 90 年代初，随着葛洲坝、三峡水力发电工程的进展以及我国火力发电厂规模的发展，研制出一套寻检速度快、检测精度高的直流系统绝缘监测仪器越来越成为我国电力事业发展的迫切需要。在 1988 年，按电力部下达的科研项目要求，长江水利委员会与武汉市琴台电子研制所合作研制成功“WZJ-4 型微机直流系统绝缘监测仪”，并通过技术鉴定，在当时填补了国内该领域的技术空白。近年来，该所也对监测仪器进行过多次技术改进。目前，国内专业从事直流系统绝缘监测仪器开发生产的公司不多，主要有武汉市琴台电器有限公司、北京思达星电力自动化有限公司、浙江星炬电力电子有限公司、大连旅顺电力电子设备有限公司等厂家。但就产品总体性能而言，我国现有直流绝缘监测仪器的实际现场监测效果不甚理想，主要存在以下一些问题：①仪器的检测精度低，尤其在干扰严重的工业现场检测精度很难达到仪器技术参数所规定的精度要求；②仪器的寻检速度慢，在一些挂接负载较多的直流系统，仪器对全部支路寻检所需时间过长；③仪器电路结构复杂，成本高。

在直流系统绝缘监测研究领域，国内科研人员对检测方法进行了广泛深入的探索，取得了一些成果，有些方法已经在电力系统和通信系统的绝缘监测中得到了应用，有些方法还有待于进一步的试验和完善。从国内目前的研究现状来看，主要有平衡电阻法、低频探测法、变频探测法、霍尔磁式平衡法、振荡频率探测法、相位差磁调制检测法等方法。对于接地和绝缘下降采取如下措施：①查看绝缘监察装置报警信号，瞬时停电查找接地点；②直流熔丝、空开的上下级配合，定期进行蓄电池组核对性放电试验；③在微弱信号处理方法上，采用正交矢量锁相放大的方法；④在信号处理电路设计方面，采用了多路并行处理模式；⑤对变频信号法进行改进，提出采样交流信号波形后，进行频谱分析以计算接地电阻来判断故障支路。但投入应用的直流系统接地故障监测装置只能发出接地故障告警信号，无法及时、全面隔离或切除接地故障，此方面的研究仍存在不足，有待进一步改进与完善。

3. 交、直流窜入

交、直流窜入故障是近年来受到特别关注的问题。目前，行业内的绝缘监测系统具备基本的母线和支路绝缘下降监测功能，但普遍不具备交流窜入监测、蓄电池接地监测等功能，而且母线与支路之间不隔离，任何支路发生故障都可能引起其他支路保护不正确动作，所以目前的监测和保护装置无法满足直流电源系统安全运行的要求。

除了上述故障类型保护以外，光储直柔系统中也存在一些直流系统所具备的安全隐患，如灭弧问题、剩余电流保护问题等。

在直流灭弧问题上，与交流系统相比，直流系统最显著的特点是不存在电流过零点。因此，在直流系统发生电弧故障的情况下，高温等离子弧放电很容易发展和维持。根据电流路径，电弧放电可分为并联电弧和串联电弧两种。并联电弧通常是由电线或老化设备的介质击穿引起的短路引起的。如果电气连接松动或由于断线、耦合器、插座和插头等原因导致负载和电源断开，则会产生串联电弧。在两个铜或青铜电极之间产生的电弧放电伴随着强光和巨大的热量。电弧产生时，通过流过诸如空气或气体的介质的电流来维持两个导电电极之间的导电性。由于非熟练电气用户即使在常规环境中操作也可能发生串联电弧，因此应制定适当的措施，例如抑制或灭弧，以保护人员或财产免受电弧故障的影响。除了常用的物理灭弧方法以外，在灭弧产品方面，天水二一三电器集团有限集团提出一种提高直流接触器灭弧能力的灭弧系统方案和有效缩小产品体积的设计方案；广西大学王巨丰等人提出一种自能式多断口灭弧装置，可在 3ms 内全概率熄灭直流电弧，并阻断电弧重燃。

直流剩余电流保护方面，Siemens、Doepke 等公司最早展开 B 型剩余电流检测装置的研制，之后 ABB、Sehneider 等代表企业相继推出带平滑直流检测功能的 B 型产品；美国国家电气规范（national electrical code，NEC）第 690.11 号文件提出了直流母线大于 80V 的光伏并网系统要配备故障电弧检测装置和断路器，以解决光伏直流电弧故障导致的安全问题；西班牙加泰罗尼亚理工大学提出基于通信的直流配电系统保护方案；英国思克莱德大学在低压直流环网中应用电流差动保护实现故障隔离。国内方面，常熟开关、正泰电器等典型企业已经陆续推出 B 型漏电保护产品。该类 B 型剩余电流保护装置虽然可以实现直流剩余电流保护，但其价格较高，不易推广。

综上所述，无论是直流灭弧还是直流漏电保护，集约化，模块化、小型化都将是电力工程直流电源设备未来的发展方向。

（五）光储直柔系统内关键设备及直流负荷

光储直柔系统本质上属于低压直流配电网，其中包含的主要元素基本可以分为以下几类：

1. 电源

常见的电源有光伏、风电等新能源发电，也可以是交流电网（AC/DC 转换）及其他各种应急电源等。对于多数市内建筑而言，风机不适合与建筑结合，交流电网是常规配电电源，此处不再赘述。下面重点介绍光伏电源。

当前的光伏电源主要是太阳能电池，主要包括以下几类：

（1）单晶硅太阳能电池。单晶硅太阳能电池的光电转换效率为 15%左右，最高的达到 24%，这是目前所有种类的太阳能电池中光电转换效率最高的，但制作成本很大，以至于它还不能被大量广泛和普遍地使用。单晶硅一般采用钢化玻璃以及防水树脂进行封装，因此其坚固耐用，使用寿命一般可达 15 年，最高可达 25 年。

（2）多晶硅太阳能电池。多晶硅太阳能电池的制作工艺与单晶硅太阳能电池差不多，但是多晶硅太阳能电池的光电转换效率则要降低不少，其光电转换效率约 12%（2004 年 7 月 1 日日本夏普上市效率为 14.8%的世界最高效率多晶硅太阳能电池）。从制作成本上来讲，比单晶硅太阳能电池要便宜一些，材料制造简便，节约电耗，总的生产成本较低，因此得到大量发展。此外，多晶硅太阳能电池的使用寿命也要比单晶硅太阳能电池短。从性能价格比来讲，单晶硅太阳能电池还略好。

（3）非晶硅太阳能电池。非晶硅太阳能电池是 1976 年出现的新型薄膜式太阳能电池，它与单晶硅和多晶硅太阳能电池的制作方法完全不同，工艺过程大大简化，硅材料消耗很少，电耗更低，它的主要优点是在弱光条件也能发电。但非晶硅太阳能电池存在的主要问题是光电转换效率偏低，国际先进水平为 10%左右，且不够稳定，随着时间的延长，其转换效率衰减。

（4）多元化合物太阳能电池。多元化合物太阳能电池是指不仅仅用单一元素半导体材料制成的太阳能电池。各国研究的品种繁多，大多数尚未工业化生产，主要有以下几种：

1）硫化镉太阳能电池；

2）砷化镓太阳能电池；

3）铜铟硒太阳能电池［新型多元带隙梯度 Cu（In，Ga）Se2 薄膜太阳能电池］。

太阳能电池目前和建筑结合主要有两种形式，结合式光伏建筑（building-attached photovoltaic，BAPV）和集成式光伏建筑（building-integrated photovoltaic，BIPV）。BAPV 采用简单的支撑系统将太阳能光伏组件固定在建筑物外表面，从而形成发电系统，这使得分布式光伏发电系统的拆卸和维护简单、易行，而且不会削弱或破坏建筑物的各项功能；BIPV 通过设计和施工安装将光伏发电组件集成到建筑物上，使分布式光伏发电系统和建筑物的安全防护、节能等功能有机融合，从而提升建筑物的使用性能和绿色指标。

2. 变换器

变换器是直流配电网中的核心设备，承载着电能形式的变换功能，把不同形式、不同电压等级的元件联系成真正的直流配电网络。按照电能转换形式，变换器可分为交流-直流、直流-直流型变换器；按照电能传递方向，变换器可分为单向变换器、双向变换器；按照电气隔离特性，变换器可分为隔离型、非隔离型变换器；按照直流侧极性，变换器又可分为单极性变换器、双极性变换器。

光储直柔系统中的变换器按变换类型主要分为 AC/DC 变换器、DC/DC 变换器两大类。按功能类型分为光伏变换器、储能变换器、升降压变换器、整流变换器、逆变器以及双向整流-逆变器等。

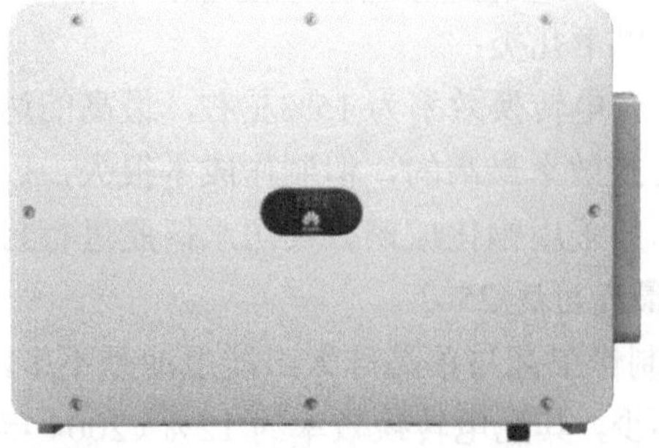

图 4-16　华为光伏逆变器

目前，市场上的光伏变换器以光伏逆变器为主，例如华为推出的智能光伏控制器和阳光电源的光伏逆变器，输入直流，输出交流，均具备 MPPT 功能，如图 4-16 所示；光伏 DC/DC 变换器仅限于为小功率负荷直接供电的电源模块，例如爱浦电力推出的太阳能 DC/DC 模块电源，输入为 300～1200V DC，输出为 5、12、15、24V DC，但其不具备 MPPT 功能。

储能变换器（power conversion system，PCS）又称储能变流器，可控制蓄电池的充电和放电过程，进行交直流的变换，在无电网情况下可以直接为交流负荷供电。PCS 由 DC/AC 双向变流器、控制单元等构成。华为、阳光电源等厂家均开发了相应的储能变流器。图 4-17 所示为阳光电源的储能变流器，直流侧电压等级 800～1500V，三相并网。

整流变换器类型较多，配电系统中出于成本考虑，常采用整流变压器实现电网整流，整流变压器内单方向的脉动电流经滤波装置变为直流电。典型的整流变压器的外形如图 4-18 所示。充电桩电源、储能充电机等多采用全控型开关器件，如麦格米特的整流电源和石家庄通合的整流充电机等。

图 4-17 阳光电源储能变流器

图 4-18 典型的整流变压器

双向整流-逆变器主要有三种主要应用。在混合动力电动汽车（HEV）或电动汽车（EV）中，车内将有车载充电器为汽车蓄电池充电。充电电源从电网流向车辆，也称为 G2V；在一些新的 HEV 或 EV 设计中，要求车辆允许从电池回流到电网（也称为 V2G）；或在孤岛状态下向交流设备供电，具有 V2G 要求的 HEV 或 EV 需要大功率双向 AC-DC 电源作为其车载充电器。深圳市拓沃得科技有限公司的双向整流-逆变器如图 4-19 所示。

图 4-19 双向整流-逆变器

3. 直流负荷

同交流网一样，直流负荷是电能传递的终点。直流负荷形式也比较复杂多样，如大功率的充电桩、空调、计算机群等负荷，也有小功率的照明等电器设备。日本夏普公司在 2007 年和 2008 年的日本电子展中两次展示了该公司开发的“直流生态住宅”技术和产品；日本 TDK 公司在 2008 年也在展览会中展示了该公司的“全直流生态住宅”技术和产品；在 2009 年的日本电子展中，夏普、TDK 和日本松下公司分别展示了各自开发的住宅直流技术和相关产品；松下电工公司在 2010 年开始批量销售交直流混合供电的住宅配电产品。

2009年7月，广东白色家电产学研创新联盟成立了直流家电技术工作组；2018年1月18日，深圳市建筑科学研究院股份有限公司与清华大学、住房和城乡建设部科技与产业化发展中心、住房和城乡建设部标准定额研究所、深圳市供电局有限公司、珠海格力电器股份有限公司、南京国臣信息自动化技术有限公司、深圳桑达国际电源科技有限公司、北京交通大学、北京四方继保自动化有限公司、厦门大学、兴业太阳能等十七家中外科研机构、企业代表聚集在深圳国际低碳城，共同发起成立直流建筑联盟，为直流技术的产业化推进做准备。

4. 储能设备

储能设备是一种比较特殊的设备，它既可以工作在负荷状态，又可以工作在电源状态。目前，市场上主要的储能类型包括物理储能和电化学储能。根据能量转换方式的不同可以将储能分为物理储能、电化学储能和其他储能方式：

（1）物理储能包括抽水蓄能、压缩空气蓄能和飞轮储能等，其中抽水蓄能容量大、度电成本低，是目前物理蓄能中应用最多的储能方式。

（2）电化学储能是近年来发展迅速的储能类型，主要包括锂离子电池储能、铅蓄电池储能和液流电池储能。其中，锂离子电池储能具有循环特性好、响应速度快的特点，是目前电化学储能中主要的储能方式。

（3）其他储能方式包括超导储能和超级电容器储能等，目前因制造成本较高等原因应用较少，仅建设有示范性工程。

5. 开关设备

直流开关一直是直流配电系统关注的重点。由于直流电弧没有过零点，因此开关必须具有较强的灭弧能力。目前，在中压侧已经有采用电力电子器件和机械结构的混合式开关问世，但价格仍偏高，没法大规模商业推广。直流低压侧目前以塑壳式空气断路器为主，其开断能力达数十千安，断开速度在10ms左右。

6. 不同场景下光储直柔系统

我国的分布光伏建筑也已经获得了广泛的应用。根据建筑物的分类和屋顶的具体情况，分布式光伏发电有以下几种使用场景：

（1）工业厂房。工业厂房具有屋顶面积大、平整开阔的特点，可充分利用屋顶空间安装分布式光伏发电系统，减少工业生产的电能计费，降低工业生产的用电成本支出，有效缓解工业用电的紧张局面。

（2）商业建筑。商业建筑多为钢筋混凝土屋顶，有利于安装光伏阵列。商业大厦、写字楼等建筑用户的用电负荷特性一般表现为白天较高、夜间较低，这能够较好地匹配光伏发电特性。但是，商业建筑的外观设计要求较高，在建筑设计阶段应同步考虑光伏发电系统的布置位置及安装方式。

（3）公共建筑。学校宿舍等公共建筑具有明显的分时用电特征，因此白天可利用分布式光伏发电并进行储能，晚上利用储能进行供电。

（4）通信基站用电。偏远山区的通信基站一般较为分散，用电负荷较小，且供电线路铺设环境较差，易产生供电不稳定。分布式光伏发电能够有效地提高通信基站用电的可靠性。

首都机场采用铝合金支架将光伏板固定在屋面，且光伏板与屋面之间形成架空层，保证光伏组件在发电的同时还能起到屋面隔热层的作用。此外，为了解决电动车辆充电问题，首都机场新建了一批集光伏、储能、充电和停车为一体的充电车棚，具体方案见图 4-20。但是，已有光伏建筑大都只考虑了分布光伏的发电能力，尚未将电能存储、配电及柔性调节进行一体化考虑。

（a） （b）

图 4-20 首都机场光伏设备

（a）光伏板屋面；（b）光伏充电车棚

三、实施成果

国家各部委和地方陆续出台了探索和推进“光储直柔”技术发展和应用的政策文件，各地也都陆续启动“光储直柔”科技项目和工程的建筑。

（一）直接效益

下面以 50kW 光伏以及 100kWh 储能为例，按某地区峰谷电价进行经济性计算。

1. 经济性

光伏发电：日发电 180～400kWh，理想经济效益（全部消纳）269.20～593.52 元；光伏最大时，负荷充分消纳，593.52 元；光伏最小时，全消纳情况下，日发电节约费用 269.20 元。

储能节约：理想每日最高限值为$(P_2-P_1)\times100+(P_2-P_3)\times100=67.58+42.79=118.37$（元）

注：低谷充，峰值放完；接着平峰充，峰值放完。

负荷：直流化并采用直流母线供电，转换效率提升 3.88%以上。按直流负荷每天用电 460kWh、平峰电价计算，相比交流负荷每天节约电费 27.06 元。

计算过程如下：

光伏实时发电量 S（1～5 对应相应时段），储能实时发电量 E（1～5 对应相应时段），直流负荷实时用电量 W_D（1～5 对应相应时段），交流负荷实时用电量 W_A（1～5 对应相应时段），变换器逆变效率 $n=96\%$，变换器整流效率 $m=96\%$；负荷整流效率 $L=96\%$，直流变换器效率为 98%。

（1）普通交流系统日电价。

$$C_n = P_1 \times \int_0^{T_1}(W_D + W_A)dt + P_2 \times \int_8^{T_2}(W_D + W_A)dt + P_3 \times \int_{12}^{T_3}(W_D + W_A)dt + P_2 \times \int_{17}^{T_4}(W_D + W_A)dt + P_3 \times \int_{21}^{T_5}(W_D + W_A)dt$$

其中，$0 \leqslant T_1 < 8$，$8 \leqslant T_2 < 12$，$12 \leqslant T_3 < 17$，$17 \leqslant T_4 < 21$，$21 \leqslant T_5 < 24$。

（2）仅光伏发电时的效益。

$$C_1 = P_1 \times \int_0^{T_1} f(s)dt + P_2 \times \int_8^{T_2} f(s)dt + P_3 \times \int_{12}^{T_3} f(s)dt + P_2 \times \int_{17}^{T_4} f(s)dt$$

放电量为

$$f(s) = \begin{cases} W_A + W_D, & S \geqslant W_A + W_D \\ S, & S < W_A + W_D \end{cases}$$

其中，$0 \leqslant T_1 < 8$，$8 \leqslant T_2 < 12$，$12 \leqslant T_3 < 17$，$17 \leqslant T_4 < 21$，$21 \leqslant T_5 < 24$。

（3）仅配置储能时的效益。

$$C_2 = P_2 \times \int_8^{T_2} f(e)dt + P_3 \times \int_{12}^{T_3} f(e)dt + P_2 \times \int_{17}^{T_4} f(e)dt + P_3 \times \int_{21}^{T_5} f(e)dt - P_1 \times \int_0^8 h(e)dt$$

放电量为

$$f(e) = \begin{cases} W_A + W_D, & E \geqslant W_A + W_D \\ E, & E < W_A + W_D \end{cases}$$ ［0～8 点时的充电量为 h（e）］

其中，$0 \leqslant T_1 < 8$，$8 \leqslant T_2 < 12$，$12 \leqslant T_3 < 17$，$17 \leqslant T_4 < 21$，$21 \leqslant T_5 < 24$。

策略固定时，可按固定策略计算［例如：谷价时充满，峰价时放电 200kWh（40%）］，即

$$价差 = 200(P_2 - P_1) = 151.16（元）$$

（4）直流环节效益。

分布式电源->交流电网->交流负荷［DC/AC（96%）->AC/DC（96%）］，综合效率=96%×96% = 92.16%。

分布式电源->直流电网->直流变换器->直流负荷［DC/DC（98%）->DC/DC（98%）］，综合效率=96.04%～98%，取低值 96.04%。

当储能和光伏不足时，电网整流供电，相比于原始交流系统，相当于把整流环节前移，未造成多余损耗，所以不考虑交流进行整流的电量，仅考虑储能光伏等在直流母线上的直流电源提高的效率。

$$C_3 = \left(\frac{1}{92.16\%} - \frac{1}{96.04\%}\right) \times \left[P_1 \times \int_0^{T_1} f(d)dt + P_2 \times \int_8^{T_2} f(d)dt + P_3 \times \int_{12}^{T_3} f(d)dt + P_2 \times \int_{17}^{T_4} f(d)dt + P_3 \times \int_{21}^{T_5} f(d)dt\right]$$

放电量为

其中，$0 \leqslant T_1 < 8$，$8 \leqslant T_2 < 12$，$12 \leqslant T_3 < 17$，$17 \leqslant T_4 < 21$，$21 \leqslant T_5 < 24$。

（5）光储+交直流混合微网系统的效益为

$$C_4 = C_1 + C_2 + C_3$$

附各时段电费费率如下：

高峰时段：8:00～12:00（2），17:00～21:00（4），费率 P_2=1.7697（元/kWh）。

平峰时段：12:00～17:00（3），21:00～24:00（5），费率 P_3=1.3418（元/kWh）。

谷电时段：0:00～8:00（1），费率 P_1=1.0139（元/kWh）。

2. 可靠性

交流电网 99.96%，交直流混供可靠性提升至 100%。

3. 安全性

不接地系统，减少触电风险。

4. 智能化水平

智能化水平高，运行策略灵活调整。

5. 河北省保定市徐水区童庄村光储直柔试点项目（见图 4-21）

计划选定徐水童庄 3 号、7 号、9 号台区作为柔直光伏试点，3 号、9 号台区是由 10kV 智武营线 532 线路供电，7 号台区是由 10kV 电谷园区线 512 线路供电。3 号台区变压器容量 200kVA，光伏户 4 户，上网功率 100kW。7 号台区变压器容量 200kVA，光伏户 7 户，上网功率 130kW。9 号台区变压器容量 200kVA，光伏户 4 户，上网功率 100kW。三个台区架设直流配电网，计划新建架空直流线路 1532m，其中光伏母线 1030m，联络母线 502m，敷设直流电缆 175m。本区域内三台柱变最大负载率均在 60%左右，除普通居民负荷外，还有 2 户小商业负荷（超市和宾馆）、村集体集中供水水泵负荷等特色负荷，各类特色负荷情况如表 4-2 所示。若负荷可进行直流改造，可直接接入 220V DC，若无法直流改造，可通过多端口能源转换设备间接接入直流网，用户用电零感知，不影响现有的生产、生活方式，实现大负荷就地消纳。同时，利用各台区低压直流网柔性互联，实现跨台区负荷平衡与消纳，消除用电高峰期和光伏大发期间的三相不平衡和台区重过载问题。

表 4-2　　示范区域内特色负荷情况表

序号	名称	负荷特性	负荷功率（kW）
1	小商业负荷	村内小型超市、宾馆，主要以空调和照明负荷为主，此类负荷共有两处，可进行改造	80
2	集体供水泵	村集体集中供水水泵，采用变频电机，功率 27kW，一般在中午和傍晚使用较多，可进行改造	27

首次在国内尝试采用台区智能融合终端为平台，通过自主开发的光储直柔系统的协调控制策略等 App 应用，对屋顶分布式光伏平滑消纳控制，满足绿色能源的优先利用、光伏发电的就地消纳、削峰填谷、消除台区正反向重过载、台区互济等需求。整个柔性直流互联系统在智能融合终端的协调控制下实现了安全、经济、稳定的运行。此外，河北南网首次在用户发电侧将交流计量表更换为直流计量表，验证直流上网和直流用电计量技术路线，完成光储直柔系统的实用化运行。

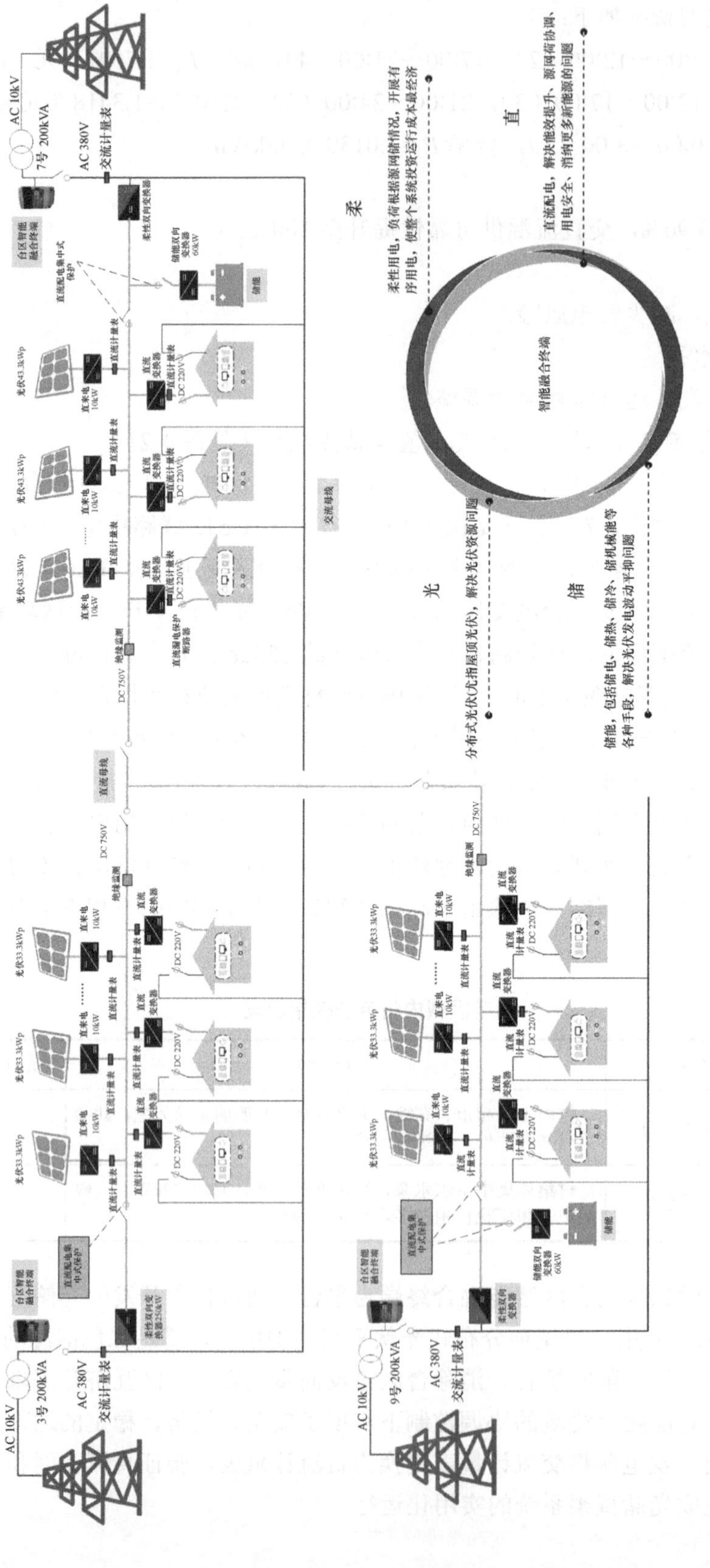

图 4-21 徐水童庄三台区低压直流互联

（二）间接效益

从用电主体的市场分布而言，中小企业的数量和屋顶规模占90%以上的比例，让这些企业用户都用上清洁能源，将进一步推进“碳中和”目标的实现。而采用低压直流配电的形式，将使得分布式新能源转换效率提高约10%，节能效果进一步凸显。

项目完成后不仅建立起一套较为完整的产业体系，还将整个交直流配电技术装备和理论实践水平走在全国乃至世界前列。直流网的形成不仅突破了现有光伏的种种困境（技术面和政策面），还可以有效促进电力交易市场的形成，是对电改做出的一次有益尝试。

光储直柔还可考虑进一步推广至绿色建筑项目。建筑消耗了全球1/3左右的能源，因此建筑节能是“低碳”“绿色”发展的主战场，也是未来建筑发展的必然方向，具有极其广阔的市场前景和应用价值。安装清洁能源并有效综合利用，降低整个建筑对外部的能源依赖，并对电网友好互动，改善用户体验，是绿色建筑的基本设计思想。以新建或改建的大型场馆、市政建筑为载体（如机场、学校、博物馆、体育馆、展览馆等），依托直流配电技术，从电气专业的角度最大程度地实现建筑的绿色化。

此外，光储直柔项目的实施将促进光伏产业的发展，推动实现光伏产业链的有效整合。产业链中的相关企业能够协同行动，通过技术创新降低生产成本、提高效益，展现出强大的竞争优势，从而为拉动区域经济发展，促进产业转型，创造较多的就业岗位，保持社会经济生态的可持续发展作出重要贡献。

第五章

有源配电网协同管理

第一节　有源配电网监测平台

一、实施背景

随着“碳达峰、碳中和”进程加快推进，按照国家“双碳”目标和电力发展规划，新能源装机将逐步成为第一大电源，尤其整县制分布式光伏推进的加速，原来的无源配电网逐步转化为有源配电网，分布式光伏的高渗透对配电网的影响越来越明显，主要体现在有源配电网的线路功率上送、主变功率上送、母线电压波动等，现有技术只能采集展现功率下送水平、母线实时电压等已无法满足调控中心值班人员对有源配电网的调度运行。本技术通过采集变电站实时数据，存储并分析计算，形成有源配电网关键指标体系，主要包括有源配电网功率上送安全水平、有源配电网电压安全水平、分布式光伏持续并网发电水平、分布式光伏感知控制水平、有源配电网源载水平 5 个方面 16 项关键指标，具有实时状态显示、历史曲线查询、关键数据查找等功能，实时反映有源配电网运行状态，指导电网调度运行及后期规划建设。

二、主要做法

（一）系统架构

调度自动化系统传统的数据采集方式是系统内的两台或两台以上的前置服务器集中于一地，各台前置服务器之间处于互为备用的运行状态，每台前置服务器都有可以处理所有通信任务的能力。分布式数据采集通过部署在任意位置的前置服务器及采集设备协调工作，共同完成整个系统的数据采集任务，并且任意位置采集的数据可共享至全网，有效地解决大量的数据采集任务带来的巨大负载压力。

在系统获取到变电站实时数据之后，以技术手段通过正反向隔离装置将数据转发至相关数据库。前置子系统（Front End System）作为 D5000 系统中实时数据输入、输出的中心，主要承担了调度中心与各所属厂站之间、与各个上下级调度中心之间、与其他系统之间，以及与调度中心内的后台系统之间的实时数据通信处理任务，也是这些不同系统之间实时信息沟通的桥梁。信息交换、命令传递、规约的组织和解释、通道的编码与解码、卫星对时、采集资源的合理分配都是前置子系统的基本任务，其他还包括报文监视与保存、站多源数据处理、为站端设备对时、设备或进程异常告警、维护界面管理等任务。

在现有系统各厂站图中可查看详细线路、开关等设备的实时功率、电压等数据，但系统缺失对全网、区域总体设备状态的监测和汇总统计功能，已无法满足调度中心值班人员对于有源配电网设备安全裕度、源载水平、功率上送等实时运行数据状态的反馈，无法准确把控县调或者站点的工作进度和状态。对于历史数据和关键特色指标数据，系统没有很好地进行统计汇总，并对下一步工作重点提供参考。

有源配电网指标体系建设工作的硬件架构（见图 5-1），由非生产控制大区相关的数据库服务器、分析展示服务器、中间服务、ETL 集群等构成。根据各源端业务系统的部署特点，结合国网安全防护理念，将整体结构分为调控云模型数据平台源端系统、调控云运行数据平台源端系统、调控云虚拟化平台和调控云分布式光伏平台部分。

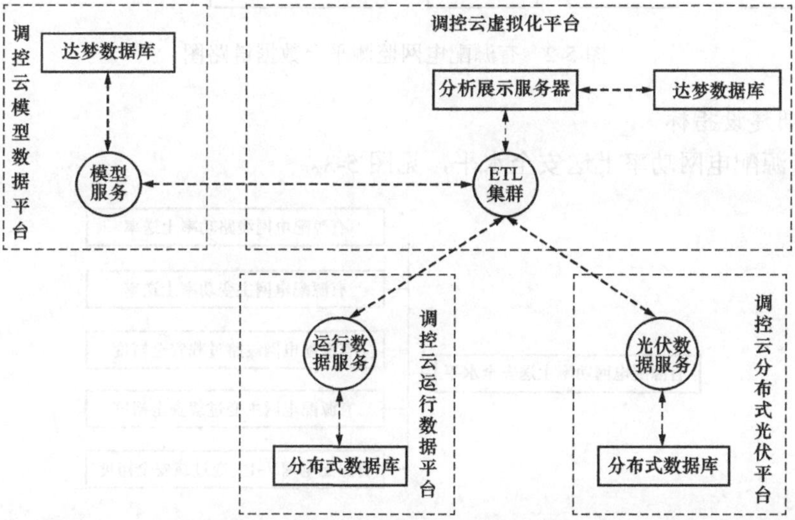

图 5-1 有源配电网监测平台硬件架构图

有源配电网指标体系建设工作的数据流（见图 5-2），包括电力模型数据流、电力运行数据流、分布式光伏模型数据流、分布式光伏电力数据流、发布数据流。这些数据流实现了保定指标系统与调控云分布式光伏平台源端系统、调控云模型数据平台源端系统、调控云运行数据平台源端系统之间，电力模型数据、电力运行数据、调度管理数据、分布式光伏模型数据和分布式光伏电力数据的准实时汇聚。

（二）实施方案

有源配电网指标建设分两步推进，前期针对配网有源化后电网存在的“功率上送、主设备 *N*–1 过载、电压波动和闪变”等问题，开发“有源配电网功率上送安全水平、有源配电网电压安全水平、有源配电网源载水平”3 项一级指标，后续逐步拓展有源配电网研究深度，开发“分布式光伏感知控制水平、分布式光伏持续并网发电水平”等指标内容，丰富有源配电网指标内涵，实时反映有源配电网运行状态，指导电网调度运行及后期规划建设。

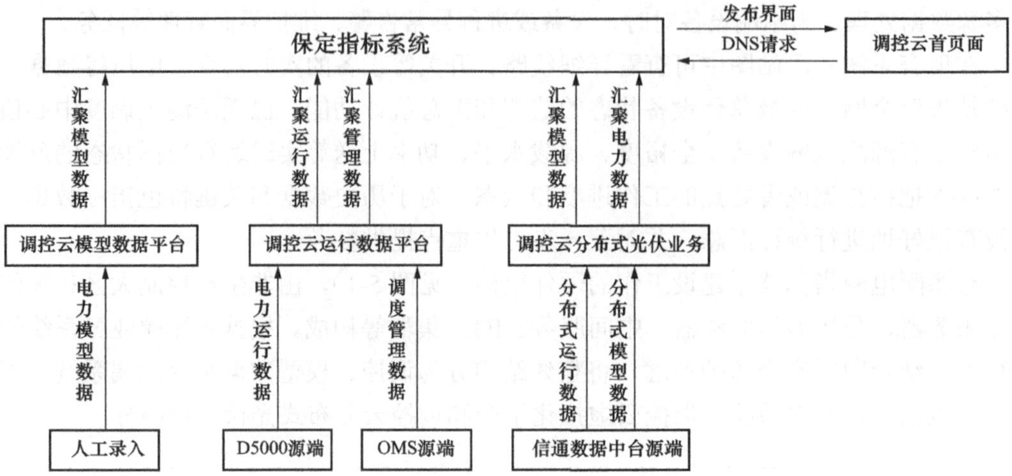

图 5-2　有源配电网监测平台数据链路图

1. 前期建设指标

（1）有源配电网功率上送安全水平，见图 5-3。

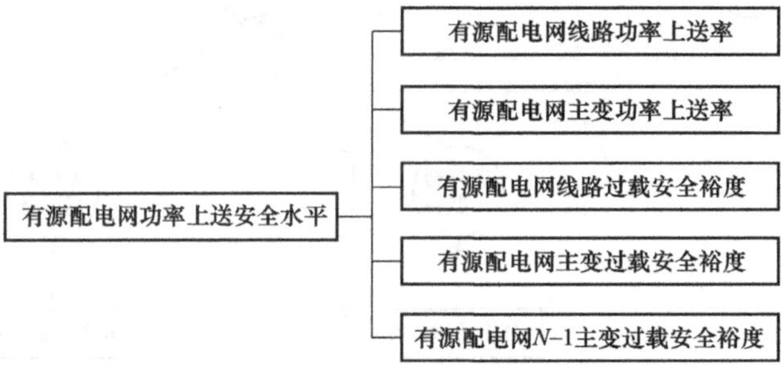

图 5-3　有源配电网功率上送安全水平框图

1）有源配电网线路功率上送率。

指标计算公式：（区域内有源配电网线路功率上送条数/配电网线路总条数）×100%。

实现方法：用采系统、D5000 系统数据推送至调控云系统，在调控云系统展示。

展示方式：按三个维度 220kV 供电区（前期只统计 110kV 线路，低电压等级暂不统计）、县域、全网，分电压等级（110kV/35kV/10kV）进行展示。

2）有源配电网主变功率上送率。

指标计算公式：（区域内新能源上送主变台数/主变总台数）×100%。

实现方法：D5000 系统数据推送至调控云系统，在调控云系统展示。

展示方式：按三个维度 220kV 供电区（前期只统计 110kV 主变，低电压等级暂不统计）、县域、全网，分电压等级（110kV/35kV/10kV）进行展示。

3）有源配电网线路过载安全裕度。

指标计算公式：$\eta_{\text{line}}=\left(1-\dfrac{I_{\text{real}}}{I_{\text{n}}}\right)\times100\%$。其中，$I_{\text{real}}$ 为线路实际电流；I_{n} 为线路允许

载流量。

单条线路过载安全裕度η_{line}分为“正常”“告警”“紧急”三个状态进行评价，见表 5-1。

表 5-1 单条线路过载安全裕度计算

正常	告警	紧急
[20%，100%]	[0%，20%)	<0%
绿色	橙色	红色

全网线路过载安全裕度结合$F_{\eta_{line}}<20\%$和$N_{\eta_{line}}<0\%$进行评价，适用于 220/110/35kV 线路，见表 5-2；适用于 10kV 线路，见表 5-3。

表 5-2 全网线路过载安全裕度计算

正常	告警	紧急
$F_{\eta_{line}}<20\% \leqslant 10\%$ 且 $N_{\eta_{line}}<0\% = 0$	$F_{\eta_{line}}<20\% > 10\%$ 且 $N_{\eta_{line}}<0\% = 0$	$N_{\eta_{line}}<0\% \geqslant 1$
绿色	橙色	红色

表 5-3 10kV 线路过载安全裕度计算

正常	告警	紧急
$F_{\eta_{line}}<20\% \leqslant 10\%$ 且 $N_{\eta_{line}}<0\% = 0$	$F_{\eta_{line}}<20\% > 10\%$ 或 $N_{\eta_{line}}<0\% \in [1, 5)$	$N_{\eta_{line}}<0\% \geqslant 5$
绿色	橙色	红色

实现方法：D5000 系统数据推送至调控云系统，在调控云系统展示。

展示方式：按三个维度 220kV 供电区（前期只统计 110kV 线路，低电压等级暂不统计）、县域、全网，分电压等级（110kV/35kV/10kV）进行展示。

4）有源配电网主变过载安全裕度。

指标计算公式：$\eta_{transf}=\left(1-\frac{I_{real}}{I_n}\right)\times 100\%$。其中，$I_{real}$为主变高/中压侧实际电流；$I_n$为主变高/中压侧额定电流。计算结果取高/中压侧安全裕度较小值。

单台主变按安全裕度η_{transf}分为“正常”“告警”“紧急”三个状态进行评价，见表 5-4。

表 5-4 单台主变安全裕度

正常	告警	紧急
[20%，100%]	[0%，20%)	<0%
绿色	橙色	红色

全网主变过载安全裕度结合 $F_{\eta_{\mathrm{ltransf}}}$<20% 和 $N_{\eta_{\mathrm{transf}}}$<0% 进行评价，见表 5-5。

表 5-5　　全网主变过载安全裕度

正常	告警	紧急
$F_{\eta_{\mathrm{ltransf}}}$<20% ≤20% 且 $N_{\eta_{\mathrm{transf}}}$<0% =0	$F_{\eta_{\mathrm{ltransf}}}$<20% >20% 且 $N_{\eta_{\mathrm{transf}}}$<0% =0	$N_{\eta_{\mathrm{transf}}}$<0% ≥1
绿色	橙色	红色

实现方法：D5000 系统数据推送至调控云系统，在调控云系统展示。

展示方式：按三个维度 220kV 供电区（前期只统计 110kV 主变，低电压等级暂不统计）、县域、全网，分电压等级（110kV/35kV）进行展示。

5）有源配电网 N–1 主变过载安全裕度。

指标计算公式：$\eta_{\mathrm{transf}}=\left(1-\dfrac{I_{\mathrm{real}}}{I_{\mathrm{n}}}\right)\times 100\%$。其中，$I_{\mathrm{real}}$ 为主变高/中压侧实际电流；I_{n} 为主变高/中压侧额定电流。计算结果取高/中压侧安全裕度较小值。

N–1 主变过载安全裕度 η_{transf} 分为“正常”“告警”“紧急”三个状态进行评价，见表 5-6。

表 5-6　　N–1 主变过载安全裕度

正常	告警	紧急
[20%，100%]	[0%，20%)	<0%
绿色	橙色	红色

实现方法：D5000 系统数据推送至调控云系统，在调控云系统展示。

展示方式：220kV 棋盘站、白石山站作为试点展示。

（2）有源配电网电压安全水平，如图 5-4 所示。

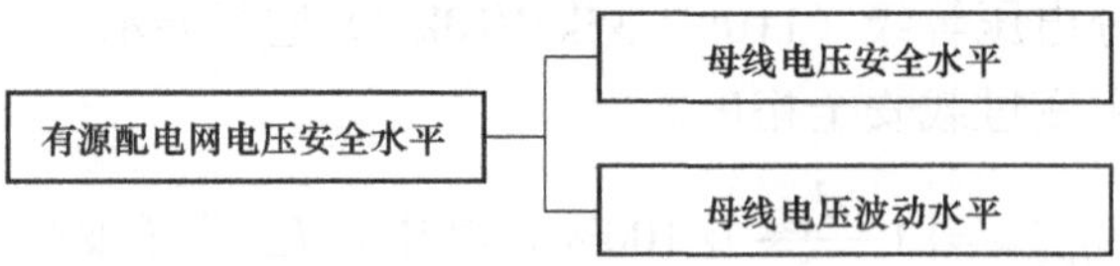

图 5-4　有源配电网电压安全水平框图

1）母线电压安全水平。

指标计算公式：$\eta_{\mathrm{V}}=\left(\dfrac{V-V_{\min}}{V_{\max}-V_{\min}}\right)\times 100\%$。其中，$V_{\max}$ 为母线电压上限；$V_{\min}$ 为母线电压下限；V 为母线实际电压。

单条母线电压安全水平 η_{V} 分为“正常”“告警”“紧急”三个状态，见表 5-7。

全网母线电压安全水平结合 $F_{\eta_{\mathrm{V}}}$<10%、$F_{\eta_{\mathrm{V}}}$>90% 和 $N_{\eta_{\mathrm{V}}}$<0%、$N_{\eta_{\mathrm{V}}}$>100%进行评价，

见表 5-8。

表 5-7 单条母线电压安全水平

正常	告警	紧急
[10%，90%]	低电压：[0%，10%） 高电压：（90%，100%]	低电压：<0 高电压：>100%
绿色	橙色	红色

表 5-8 全网母线电压安全水平

正常	告警	紧急
$F_{\eta_V}<10\% + F_{\eta_V}>90\% \leqslant 20\%$ 且 $N_{\eta_V}<0\% = N_{\eta_V}>100\% = 0$	$F_{\eta_V}<10\% + F_{\eta_V}>90\% > 20\%$ 或 $1 \leqslant N_{\eta_V}<0\% \leqslant 5$ 或 $1 \leqslant N_{\eta_V}>100\% \leqslant 5$	$N_{\eta_V}<0\% \geqslant 5$ 或 $N_{\eta_V}>100\% \geqslant 5$
绿色	橙色	红色

实现方法：D5000 系统数据推送至调控云系统，在调控云系统展示。

展示方式：按三个维度 220kV 供电区（前期只统计 110kV 母线，低电压等级暂不统计）、县域、全网，分电压等级（110kV/35kV/10kV）进行展示。

2）母线电压波动水平。

指标计算公式：采集 D5000 系统电压实时数据，15min 内电压变化值达到以下波动水平，认定为一次电压波动，即 $d = \frac{\Delta U}{U_n} \times 100\%$。其中，$\Delta U$ 为两个极值电压之差；U_n 为系统标称电压。

d 根据母线电压等级不同，限值见表 5-9。

表 5-9 母线电压波动水平

U_n	d	ΔU
110kV	2.5%	2.75
35kV	2.5%	0.875
10kV	2.5%	0.25

单条母线电压波动水平，计算周期内（每天光伏出力时段 06:00—20:00）电压波动次数 N_V，评价母线电压波动水平，划分为“正常”“告警”“紧急”三个状态，见表 5-10。

表 5-10 单条母线电压波动水平

正常	告警	紧急
$N_V \leqslant 3$	$N_V \in [4,6]$	$N_V > 6$
绿色	橙色	红色

全网母线电压波动水平，结合 $F_{N_V}\in[4,6]$ 和 $N_{N_V}>6$ 进行评价，见表 5-11。

表 5-11　　全网母线电压波动水平

正常	告警	紧急
$F_{N_V}\in[4,6]<10\%$ 且 $N_{N_V}>6=0$	$F_{N_V}\in[4,6]\geq10\%$ 且 $N_{N_V}>6=0$	$F_{N_V}\in[4,6]\geq10\%$ 或 $N_{N_V}>6\geq1$
绿色	橙色	红色

实现方法：D5000 系统数据推送至调控云系统，在调控云系统展示。

展示方式：按三个维度 220kV 供电区（前期只统计 110kV 母线，低电压等级暂不统计）、县域、全网，分电压等级（110kV/35kV/10kV）进行展示。

（3）有源配电网源载水平（见图 5-5）。

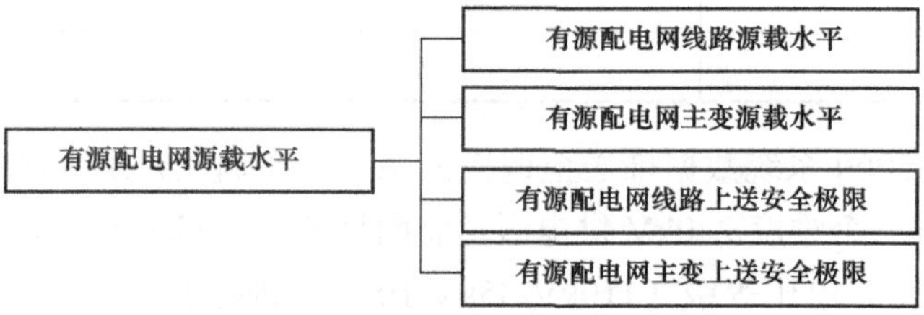

图 5-5　有源配电网源载水平框图

1）有源配电网线路源载水平。

指标计算公式：运行日当天结束后，对过去 24h 有源配电网线路下送负荷与分布式光伏上送情况（见图 5-6），从电量维度进行分析，用于评估分布式清洁能源对当地电力需求贡献能力，评价电力供给侧低碳、近零碳水平。

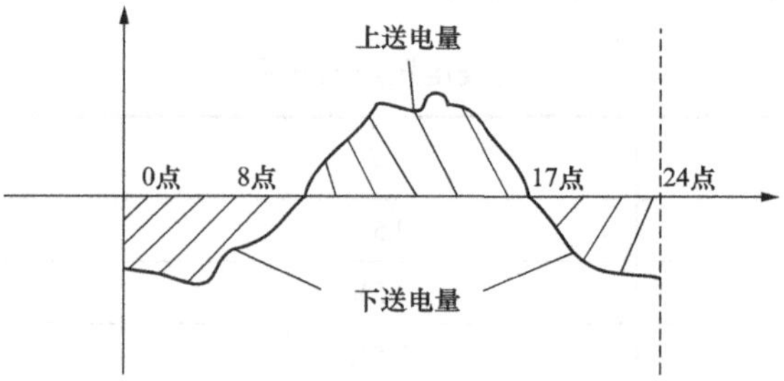

图 5-6　过去 24h 电量情况

$$\eta_{\text{line}}=(\text{运行日前一天上送电量})/(\text{运行日前一天下送电量})\times100\%$$

单条线路源载水平 η_{line} 分为“高碳”“低碳”“近零碳”三个状态进行评价，见表 5-12。

表 5-12　　单条线路源载水平

高碳	低碳	近零碳
[0，50%)	[50%，100%)	[100%，+∞)
红色	橙色	绿色

全网线路源载水平结合 $F_{\eta_{\text{line}}}>50\%$ 进行评价，见表 5-13。

表 5-13　全网线路源载水平

高碳	低碳	近零碳
[0，50%)	[50%，80%)	[80%，100%)
红色	橙色	绿色

实现方法：D5000 系统数据推送至调控云系统，在调控云系统展示。

展示方式：按三个维度 220kV 供电区（前期只统计 110kV 线路，低电压等级暂不统计）、县域、全网，分电压等级（110kV/35kV/10kV）进行展示。

2）有源配电网主变源载水平。

指标计算公式：运行日当天结束后，对过去 24h 有源配电网主变下送负荷与分布式光伏上送情况，从电量维度进行分析（计算方法同线路）。

单台主变源载水平 η_{transf} 分为"高碳""低碳""近零碳"三个状态进行评价，见表 5-14。

表 5-14　单台主变源载水平

高碳	低碳	近零碳
[0，50%)	[50%，100%)	[100%，+∞)
红色	橙色	绿色

全网主变源载水平结合 $F_{\eta_{\text{transf}}}>50\%$ 进行评价，见表 5-15。

表 5-15　全网主变源载水平

高碳	低碳	近零碳
[0，50%)	[50%，80%)	[80%，100%)
红色	橙色	绿色

实现方法：D5000 系统数据推送至调控云系统，在调控云系统展示。

展示方式：按三个维度 220kV 供电区（前期只统计 110kV 主变，低电压等级暂不统计）、县域、全网，分电压等级（110kV/35kV）进行展示。

3）有源配电网线路上送安全极限。

指标计算公式：运行日当天结束后，对过去 24h 有源配电网线路上送情况，从上送幅度、时长两个维度进行综合分析计算。

$$\eta_{\text{line}}=\frac{I_{\text{real}}}{I_{\text{n}}}\times100\% \quad \text{上送幅度}$$

$$H \quad \text{上送时长}$$

式中：I_{real} 为线路实际上送电流；I_{n} 为线路允许载流量。

按照以下边界条件，评价单条线路前一日运行状态，见表 5-16。

表 5-16　　单条线路前一日运行状态

正常	告警	紧急
other	$\eta_{\text{line}} \in [60\%, 80\%)$ 且 $H>5\text{h}$	$\eta_{\text{line}} \in [80\%, +\infty)$ 且 $H>0.25\text{h}$
绿色	橙色	红色

对单条线路上送安全极限告警情况按月度累加，评价线路上送安全极限，见表 5-17。

表 5-17　　单条线路上送安全极限

正常	告警	紧急
other	$N_{告警}>5$天	$N_{紧急}>2$天
绿色	橙色	红色

全网线路上送安全极限结合 $F_{N_{告警}}>5$天与 $N_{N_{紧急}}>2$天进行评价，见表 5-18。

表 5-18　　全网线路上送安全极限

正常	告警	紧急
$F_{N_{告警}}>5$天$\in[0, 20\%)$	$F_{N_{告警}}>5$天$\in[20\%, 60\%)$	$F_{N_{告警}}>5$天$\in[60\%, 100\%)$ 或 $N_{N_{紧急}}>2$天>1
绿色	橙色	红色

实现方法：D5000 系统数据推送至调控云系统，在调控云系统展示。

展示方式：按三个维度 220kV 供电区（前期只统计 110kV 线路，低电压等级暂不统计）、县域、全网，分电压等级（110kV/35kV/10kV）进行展示。

4）有源配电网主变上送安全极限。

指标计算公式：运行日当天结束后，对过去 24h 有源配电网主变上送情况，从上送幅度、时长两个维度进行综合分析计算。

$$\eta_{\text{transf}} = \frac{I_{\text{real}}}{I_{\text{n}}} \times 100\% \qquad \text{上送幅度}$$

$$H \qquad \text{上送时长}$$

式中：I_{real} 为主变高/中压侧实际电流；I_{n} 为主变高/中压侧额定电流。计算结果取主变高/中压侧上送安全极限较小值。

按照以下边界条件，评价单台主变前一日运行状态，见表 5-19。

表 5-19　　单台主变前一日运行状态

正常	告警	紧急
other	$\eta_{\text{transf}} \in [60\%, 80\%)$ 且 $H>5\text{h}$	$\eta_{\text{transf}} \in [80\%, +\infty)$ 且 $H>0.25\text{h}$
绿色	橙色	红色

对单台主变上送安全极限告警情况按月度累加，评价主变上送安全极限，见表 5-20。

表 5-20　　单台主变上送安全极限

正常	告警	紧急
other	$N_{告警}$>5天	$N_{紧急}$>2天
绿色	橙色	红色

全网主变上送安全极限结合 $F_{N_{告警}}$>5天与 $N_{N_{紧急}}$>2天进行评价，见表 5-21。

表 5-21　　全网主变上送安全极限

正常	告警	紧急
$F_{N_{告警}}$>5天$\in[0,20\%)$	$F_{N_{告警}}$>5天$\in[20\%,60\%)$	$F_{N_{告警}}$>5天$\in[60\%,100\%)$ 或 $N_{N_{紧急}}$>2天>1
红色	橙色	绿色

实现方法：D5000 系统数据推送至调控云系统，在调控云系统展示。

展示方式：按三个维度 220kV 供电区（前期只统计 110kV 主变，低电压等级暂不统计）、县域、全网，分电压等级（110kV/35kV）进行展示。

2. 后期推进指标

（1）分布式光伏感知控制水平，如图 5-7 所示。

1）分布式光伏集中采集水平。

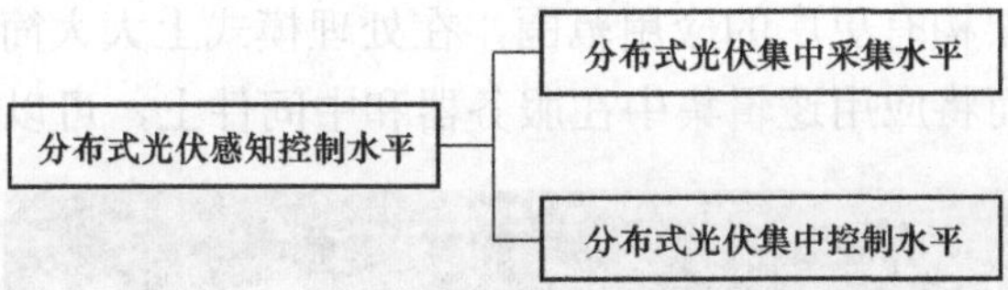

图 5-7　分布式光伏感知控制水平框图

指标计算公式：（能够直采分布式光伏装机容量/分布式光伏装机总容量）×100%。

实现方法：HPLC 上传数据中心，在调控云系统展示。

展示方式：排名展示各县域分布式光伏集中采集水平。

2）分布式光伏集中控制水平。

指标计算公式：（分布式光伏可控制装机容量/分布式光伏装机总容量）×100%。

实现方法：分布式光伏集中控制目前没有成熟的技术手段，部分技术手段在试点测试阶段，集中控制的合规性还有待商榷，继续探索控制方式、方法。

（2）分布式光伏持续并网发电水平，如图 5-8 所示。

1）电网侧主动支撑持续并网水平。

指标计算公式：[（OMS 系统有源配电网带电作业工作票数+有源配电网夜间停电工作票数）/有源配电网 OMS 工作票总数]×100%。

实现方法：数据推送至调控云系统，在调控云系统展示。

展示方式：排名展示各县域电网侧主动支撑持续并网水平。

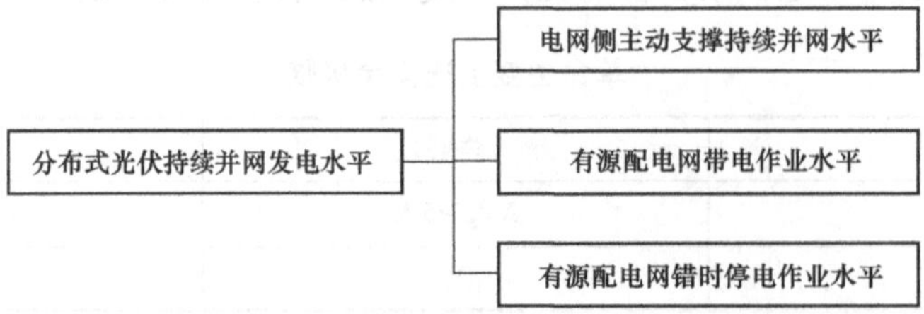

图 5-8　分布式光伏持续并网发电水平框图

2）有源配电网带电作业水平。

指标计算公式：（OMS 系统有源配电网带电作业工作票数/有源配电网 OMS 工作票总数）×100%。

实现方法：OMS 系统统计计算，数据推送至调控云系统，在调控云系统展示。

展示方式：排名展示各县域有源配电网带电作业水平。

3）有源配电网错时停电作业水平。

指标计算公式：（OMS 系统有源配电网夜间停电工作票数/OMS 系统有源配电网工作票总数）×100%。

实现方法：OMS 系统统计计算，数据推送至调控云系统，在调控云系统展示。

展示方式：排名展示各县域有源配电网错时停电作业水平。

三、实施成果

图 5-9 所示为有源配电网监测平台系统界面。本系统采用 B/S（Browser/Server）体系结构，即浏览器和服务器架构模式。这种结构可以进行信息分布式处理，可以有效降低资源成本，提高设计的系统性能。B/S 架构有更广的应用范围，在处理模式上大大简化了客户端，用户只需安装浏览器即可，而将应用逻辑集中在服务器和中间件上，可以

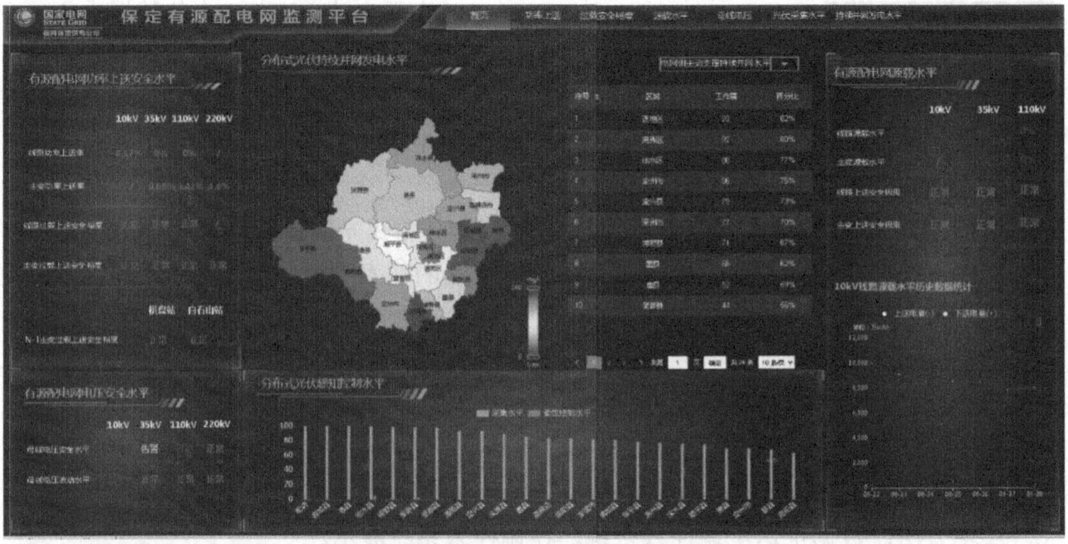

图 5-9　有源配电网监测平台系统界面

提高数据处理性能。在软件的通用性上，B/S 架构的客户端具有更好的通用性，对应用环境的依赖性较小，同时因为客户端使用浏览器，在开发维护上更加便利，可以减少系统开发和维护的成本。

系统后端采用 Java 语言开发，通过 JVM 虚拟机实现跨平台部署，有较大的可移植性。程序采用 OSGI 框架设计，部署在南瑞 OSP 平台运行，平台实现了软件热部署，避免了升级或者重新部署时需要重新启动的问题，节省了系统运维时间。

系统前端采用 H5 页面设计，异步请求的方式向后台发送请求，后台程序通过算法运算返回所需不同维度的数据。前端接收到返回数据后，分别进行列表显示或者使用 Echarts 开源插件进行图形化展示。

针对功能，本系统统计并展示了调控人员最关注的有源配电网五类特色指标数据，即有源配电网功率上送安全水平、有源配电网电压安全水平、有源配电网源载水平、分布式光伏感知控制水平、分布式光伏持续并网发电水平。

数据分别从按地区分布、按电压分布等多个维度对调度人员最关心的特色指标数据信息进行统计展示，弥补了现有系统的部分不足之处，为调度中心值班人员的工作重心、电网调度运行提供了参考。

第二节 调度网络化下令系统

一、实施背景

随着电力建设的迅速发展，调度中心管辖的变电站、输电线路、配网设备的数量越来越多，日益繁忙的工作任务和日益增多的管辖设备及运行方式，使得调度员的工作压力和工作量越来越大。

配网调度在进行日常工作时，目前还是以传统的信息化为主，依赖运行人员的专家经验。因此，为了保障智能配电网的安全稳定，需要采用更为高效和智能的调度运行机制，需要更为先进、可靠、智能化的技术手段，从而提高配网调度管理的安全性、规范性和可靠性，现有的管理模式急需由传统的信息化向智能化转变。

同时，在电网安全运行中，电气设备的正确操作是保障电网安全运行的一项十分重要的工作，配网调控运行操作管理目前还没有建立一套完整的安全防误体系，容易出现误调度、误操作的情况。操作安全管理一直也是电力部门关注的焦点，为了有效防止配电网运行电气设备误操作引发的人身和重大设备事故，多年来电力企业投入了大量的人力和物力来解决实际问题，杜绝误操作事故的发生。

另外，缺少贯通配网运行的全业务流程和信息共享机制，急需为运行人员建设一套贯通全业务流程和信息共享交互平台，为配网网络化命令交互操作提供技术支撑，减轻运行人员工作压力的同时，提高工作效率。

二、主要成果

（一）项目概述

本系统坚持“技术防误与管理防误并重”的原则，研究现场现有的工作流程，基于相关的管理制度，规范了配网调控运行操作的管理流程，同时建立电力调控操作与防误本体知识库，提出的智能防误操作推理机技术，使用发布/订阅机制完全共享配网调控系统的模型、图形、数据，采用智能拓扑分析方法实现多层次的防误校核服务，系统还建立智能推理机，实现基于配网图形的智能推理一键成票。

系统采用地、配县一体化的模式，建设实现配网调度从智能成票到调度网络化在线实时下令、收令，运维人员在线实时接令、回令，同时建设移动App应用，运维人员、配电运检班组人员可通过移动终端在线进行实时操作，建立贯通调度命令由生成到执行的完整链条。

目前，对配网调控运行操作的智能防误水平要求越来越高，一个先进实用、智能防误、集成全面，以及界面友好的配网智能防误操作管理系统成为一个现代化配网调度不可或缺的技术支持和保障。

本项目基于DAS平台进行建设，开发一套地配县一体化配网智能操作防误系统，利用和整合电力公司基础图模数据、配网管理系统、综合数据平台等现有资源，提供调度推理拟票、调度操作安全校核、调度和运维班或者操作队之间的网络化命令交互等功能模块，建立和贯通配网调控命令由点图生成到实际执行的完整链条。为配网调控防误操作提供技术支撑，减轻运行人员工作压力的同时，加速事故处理进程，提高工作效率，实现配网运行操作管理的规范化和智能化。

在保障电网安全运行的前提下，系统实现操作票的电子化流程管理，能够在操作模拟的过程中即时生成相应操作票和对各种基本的变电操作进行解析和仿真，能够对操作的正误进行可靠的识别，有效地保障电网操作的安全性和合理性，同时可以通过图形操作、解析检修申请成票，系统更加智能、快捷、安全，并链接OMS等相关管理系统，促进调控专业一体化管理。系统提供全面的技术手段来辅助调控操作工作，有效保证电网的安全、稳定运行，对提高配网调度操作管理的安全性、规范性、可靠性和经济性，具有重要的意义。

（二）项目架构

1. 功能架构

系统进行省地配县一体化模式建设，主要功能包括基础数据接入管理、配调智能应用管理、配调操作票管理、配调安全校核防误、命令网络交互管理、移动App应用等功能模块，实现点图成票、任务推理成票、检修申请成票、流程化管理、命令网络化交互、通知公告管理、模拟预演及防误操作、统计分析、移动App等应用功能，同时系统兼容适配现有操作票工作模式，可进行无缝衔接。系统整体功能架构图如图5-10所示。

2. 网络架构

配网调度智能防误操作及网络化下令指挥平台采用省地配县一体化部署模式，统一在调控云的安全Ⅲ区进行部署，用于支撑配调运行专业的系统应用，系统网络结构示意图如图5-11所示。

硬件部署：考虑系统安全、高效、稳定运行，系统利用调控云现有资源进行部署（系统除了支持基于调控云进行部署的模式外，同时也支持基于单独的物理硬件资源进行部署，可根据实际需要配置）。

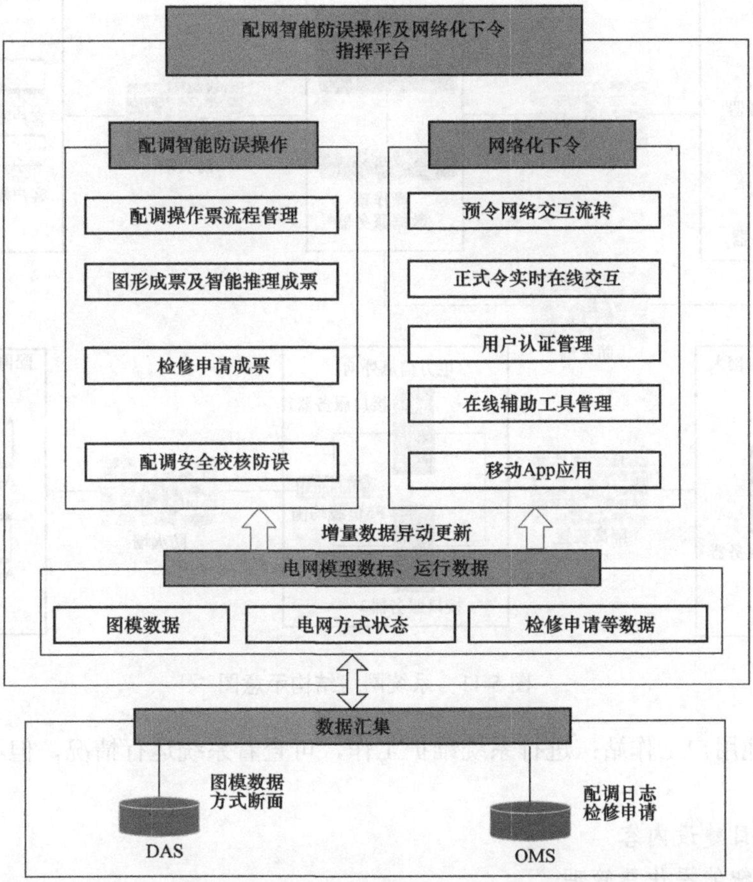

图 5-10 系统整体功能架构图

系统数据：项目统一的数据库，为跨系统的业务交互建立良好基础；数据统一存储在数据服务器上，系统通过统一的数据库，可以进行数据的查询和统计。

系统集成：系统充分考虑与其他系统的互通互联，设立数据接口服务器部署接口服务；系统从 DAS 系统获取图模和实时数据进行图形平台建模和智能校核防误分析；系统与 OMS 系统进行数据对接交互，互补相互间的基础数据。

3. 硬件资源

部署的服务器包括应用服务器和数据服务器两台系统服务器；调度客户端包括配调工作站以及其他工作站。

（1）系统服务器：用于存放系统的数据（包括图形信息）和程序部署，以及保证各个工作站同步。其他工作站通过数据源连接到服务器，得到所需的信息。

（2）调度工作站：由调度员使用，完成操作票的审核、预演、成票、预告，以及信息查询等功能。分为值长工作站、正值工作站和副值工作站，分别给值长、正值、副值调度员使用。

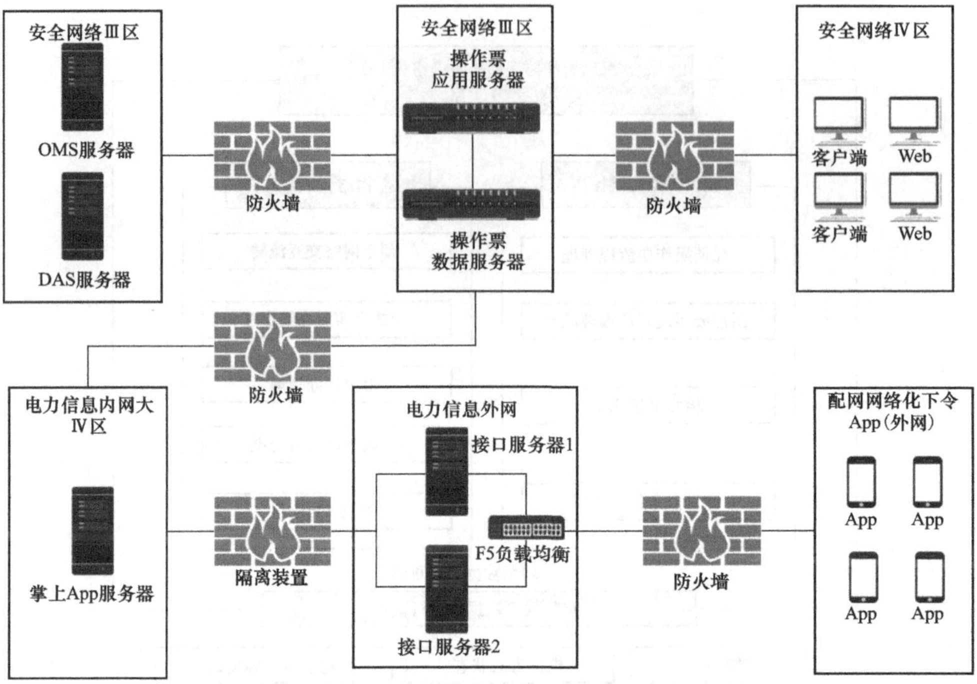

图 5-11　系统网络结构示意图

（3）其他用户工作站：进行系统维护工作，可查看系统运行情况，但不进行系统流程等操作。

（三）项目建设内容

1. 配网智能操作票管理

（1）点图成票。通过电网拓扑图形的操作生成相应的操作命令，同时进行安全校核、提醒（见图 5-12）。系统实现通过设备列表、选择设备操作，即可完成常见逐项操作、常见综合操作、常见任务操作等。图 5-13 所示为点图成票示意图。

拉/合刀闸命令：

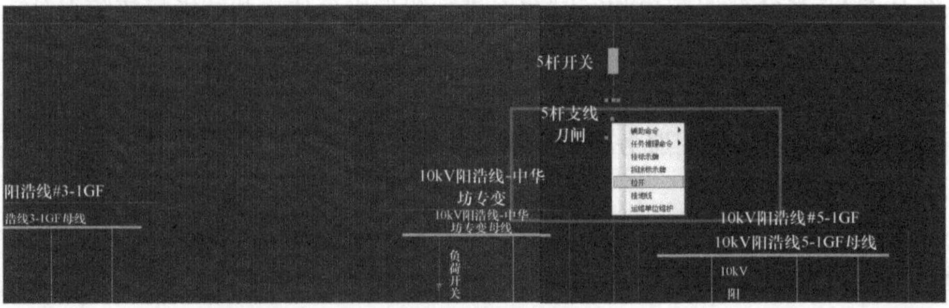

图 5-12　点图成票操作界面

操作任务：拉开10kV阳浩线线路＃5杆支线刀闸

行号	计划操作时间	操作单位	操作命令内容	类型	状态	注意事项	标识	检测信息	备注
1		配电运检	拉开10kV阳浩线线路＃5杆支线刀闸	普通命令	待下令				
→									

操作任务：合上10kV阳浩线线路＃5杆支线刀闸

行号	计划操作时间	操作单位	操作命令内容	类型	状态	注意事项	标识	检测信息	备注
1		配电运检	合上10kV阳浩线线路＃5杆支线刀闸	普通命令	待下令				
→									

图 5-13　点图成票示意图

（2）任务推理成票。通过对配网操作票中的历史票及典型票的分析工作，完成典型命令、典型票的梳理工作，基于历史票和典型票进行智能推理分析工作。系统提供通过点选设备及其状态变化要求，按照有关操作规则进行智能推理生成操作票的功能，如图5-14 所示。图 5-15 所示为任务推理成票示意图。

成票逻辑

- □ 停电范围及操作内容：单一开关操作？方式调整？线路（开关）检修？站内设备检修？
- □ 接线方式、运行方式：不同操作策略；
- □ 开关属性（非智能开关、三遥智能开关、两遥智能开关）：不同操作模式、检查方式、术语要求；
- □ 操作方式：合环倒负荷、停电倒负荷；
- □ 其他配置：是否有故障自愈功能？
- □ ……

图 5-14　任务推理成票逻辑

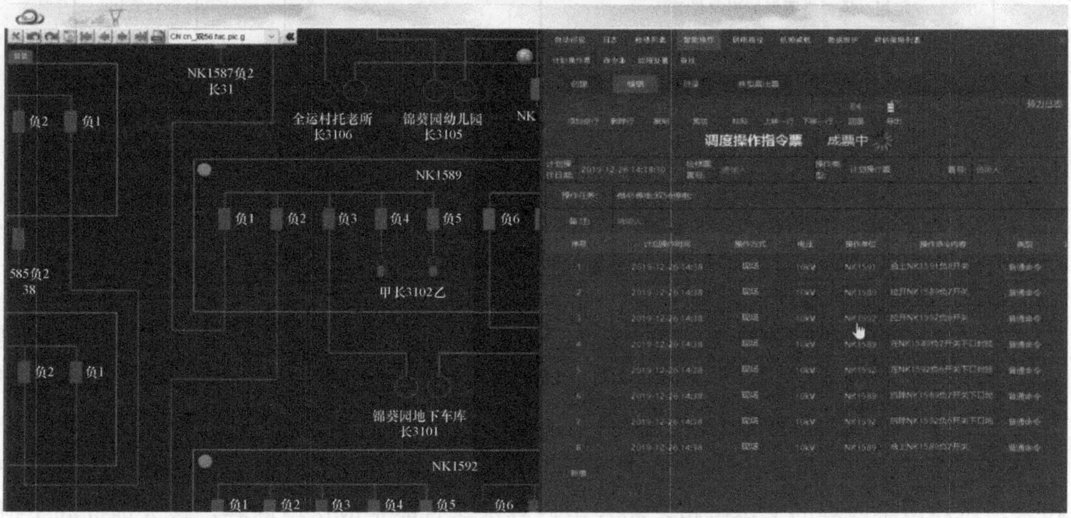

图 5-15　任务推理成票示意图

（3）检修申请成票。针对检修申请工作自动分组，提出了基于聚类分层技术、以电网拓扑为基础，通过分析检修申请单及其状态，对电网中设备的初始状态进行校正；分析检修设备及安全措施，得到检修目的及要求。图 5-16 所示为检修申请成票逻辑图。

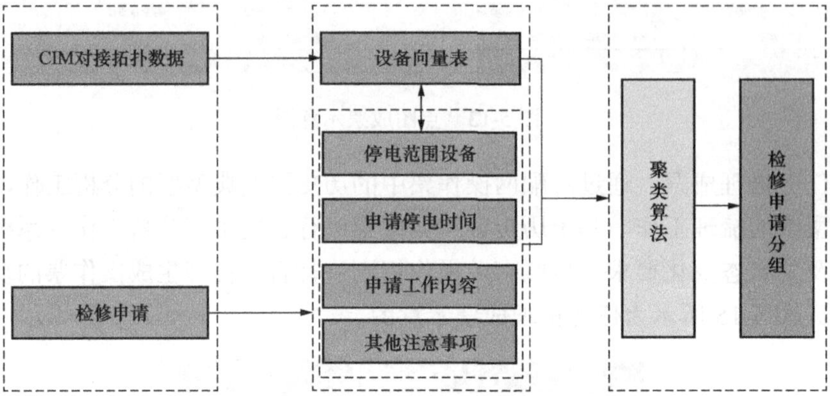

图 5-16　检修申请成票逻辑图

同时依据解析后的工作内容、安措方案、申请分组等信息，结合检修工作知识库，获取检修工作的具体步骤；根据电网的接线方式、运行方式，以及电网运行规定相关的知识库，基于操作票生成智能推理机，解析生成调度操作命令，辅助调度员、监控员进行操作决策。图 5-17 所示为检修申请成票流程图。

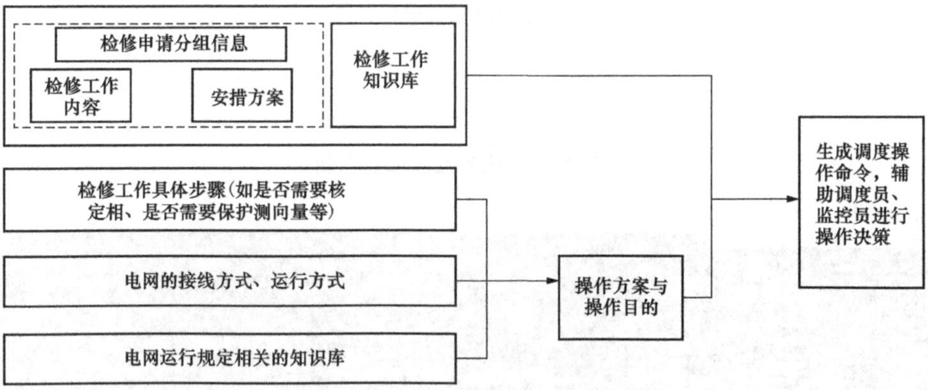

图 5-17　检修申请成票流程图

智能生成操作票如图 5-18 所示。

（4）操作任务智能解析成票。通过对操作票推理机的规则进行不断的优化，持续提升推理能力和适应范围。系统实现在完成操作任务填写创建后，自动解析操作任务，智能推理生成相对应的操作票。

（5）倒推成票。针对停电票智能解析，可实现逆序一键生成送电票功能。利用 NLP 技术，对停电票内容的文本解析，将停电内容快速智能生成送电内容，极大地提高了拟票的工作效率和准确率。

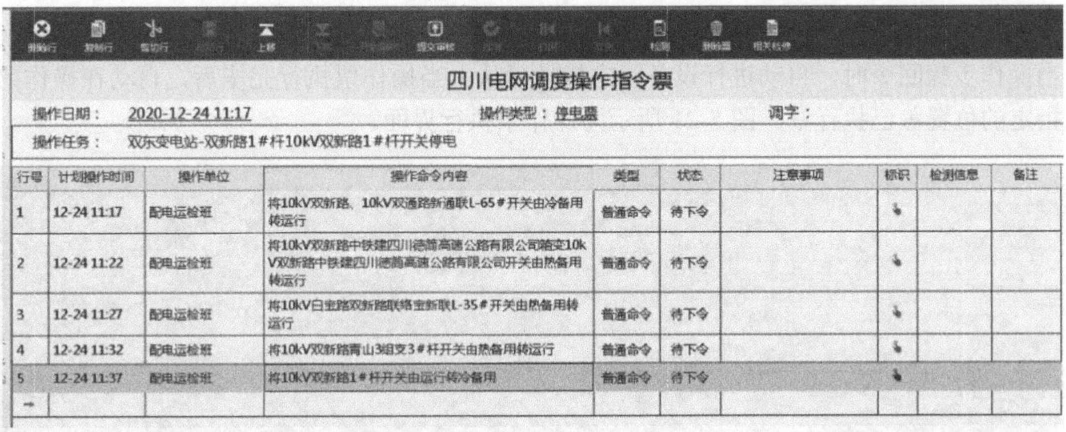

图 5-18 检修申请成票示意图

2. 操作票基础编制功能

操作票编辑功能是配调操作票管理的基本功能之一，系统提供手工编辑操作票功能，选中要编辑的区域，直接通过键盘输入。该编辑方式可以完成任何区域的编辑。在搜索索引区搜索到历史票和典型票的操作任务，选择相应的历史票和典型票，会在检索内容区域显示该票的具体内容。系统能够自动把该票生成新的操作票。图 5-19 所示为操作票编制界面。

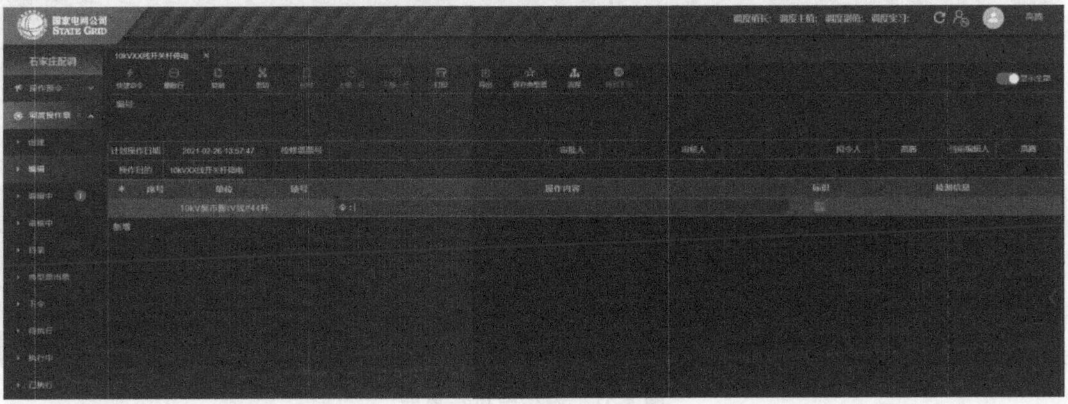

图 5-19 操作票编制界面

3. 操作票审批管理

操作票审核是提高操作安全性的重要环节之一。在审核环节，审核人和编制人禁止为相同人员。审核人可以调用安全防误校核对操作步骤进行审核，审核不通过可进行打回操作，并且只能回退给写票人修改，审核人不能修改操作票。审核不通过的操作票不能提交到下一个流程环节。图 5-20 所示为操作票审批界面。

4. 操作票执行管理

在操作票执行环节，可以对操作票进行发令、回令操作。系统自动填写发令时间、发令人、回令时间、回令人，自动修改操作步骤的背景颜色和字体颜色，自动在操作步骤前打勾。当由于不可控制的原因导致操作步骤无法执行时，系统提供步骤作废功能。当操作步骤回令时，自动进行设备状态校核确认。当操作票执行完毕后，自动在操作票指定的位置盖已执行章。图 5-21 所示为操作票执行界面。

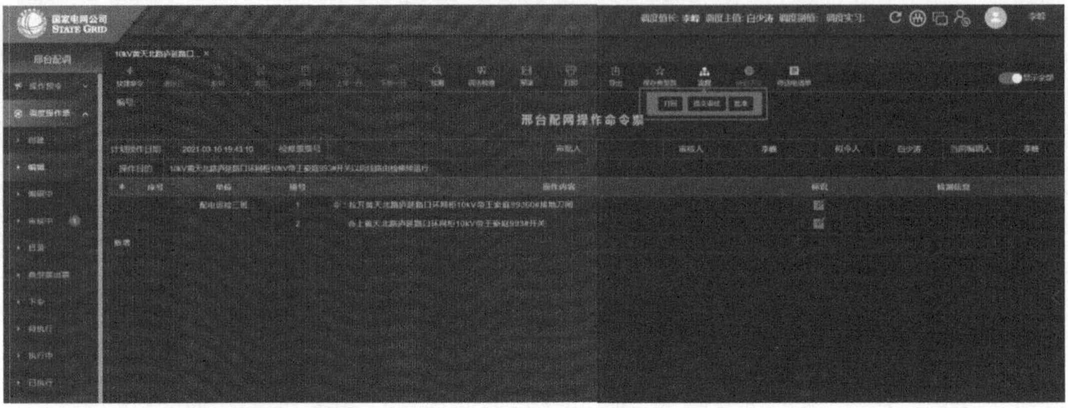

图 5-20　操作票审批界面

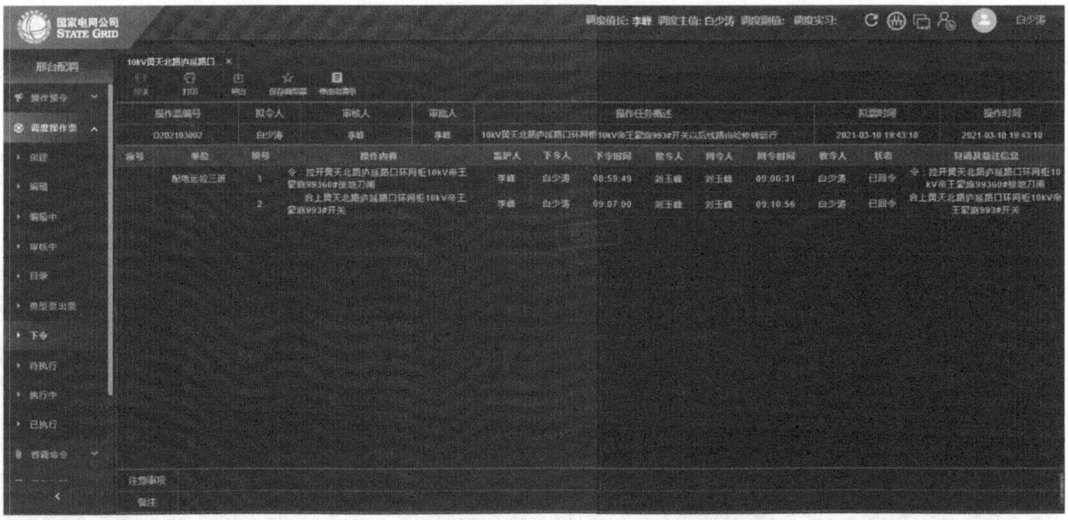

图 5-21　操作票执行界面

5. 操作票查询统计

查询统计功能提供按照组合条件（拟票时间、操作任务、操作票类型、状态、受令单位等）查询检索操作票，并且可以实现按人员统计、按操作项目统计、按设备类型统计，可以按年、按月统计操作票数量、合格率等。图 5-22 所示为操作票查询统计界面。

6. 安全防误管理

在各种成票方式过程中，进行全网的安全防误校核，结合配网运行的特点，实现多因素、多维度融合的电网安全防误校核管理，提升配网调度安全管控能力。图 5-23 所示为安全校核逻辑。

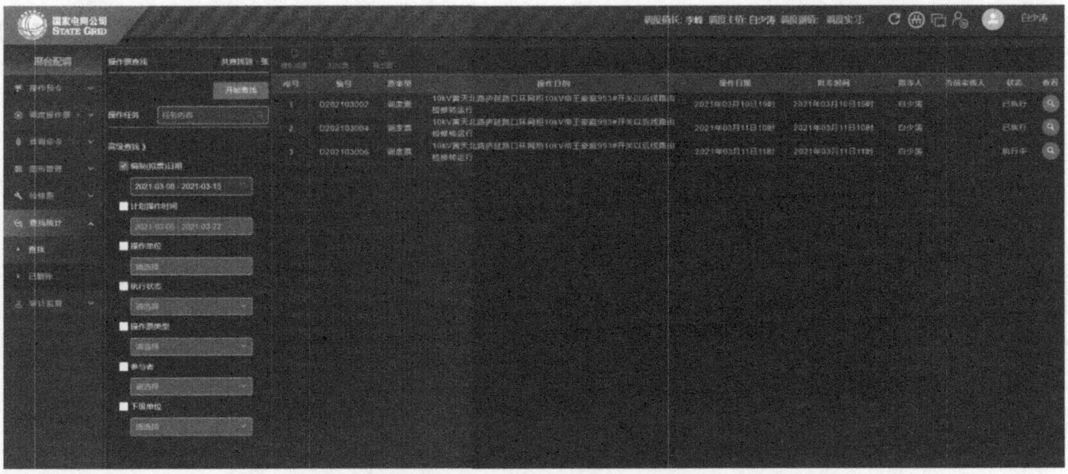

图 5-22 操作票查询统计界面

安全校核

- ☐ 潮流分布：主配网设备是否有重载、过载设备；
- ☐ 重要用户、保电用户用电安全：是否已经失电？是否有双电源？供电路径上设备是否健康？
- ☐ 开关操作顺序、刀闸操作顺序、主变中性点地刀操作配合（主网）；
- ☐ 造成电磁环网；
- ☐ 重合闸、备自投状态配合与提醒；
- ☐ 解合环、解并列提醒；
- ☐ ……

图 5-23 安全校核逻辑

（1）命令文本校验。系统支持对操作命令文本（如人工编写或修改后的调度命令）进行核验，如设备名称是否正确、术语是否规范等。

1）操作术语检测。

系统会检测出不符合语法规则的操作术语并进行更改提示：

“将 10kV 广连二路西湖路南段 02#环网柜 904#间隔断路器由运行转热备”

解析出来的命令不符合语法规则，将替换为：

“将 10kV 广连二路西湖路南段 02#环网柜 904#间隔断路器由运行转热备用”，是否替换？

2）设备信息检测（见图 5-24）。

系统会检测出命令内容的错误，并结合电网拓扑分析出正确的命令内容进行更改提示：操作命令“在辛集集长 1 线 111-5 刀闸线路侧挂地线一组，在 111-5 刀闸操作把手上悬挂工作牌”。

系统提示将替换为："在集长1线292-5刀闸线路侧挂地线一组，在292-5、231-5刀闸操作把手上悬挂工作牌"。

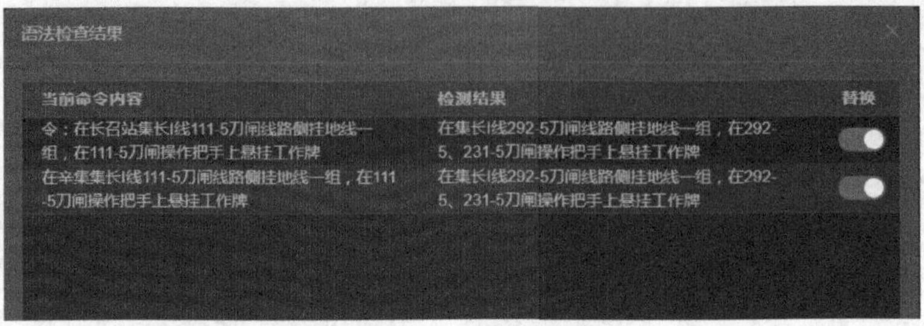

图5-24　设备信息检测界面

（2）拓扑防误校核。在操作过程中，模拟操作对设备状态的改变，进而分析操作对电网状态影响，结合操作设备的物理属性，对一二次设备操作安全把关，对各种危险操作、失去快速保护区域进行提醒，增强电网安全性。

1）五防校验，见图5-25和图5-26。

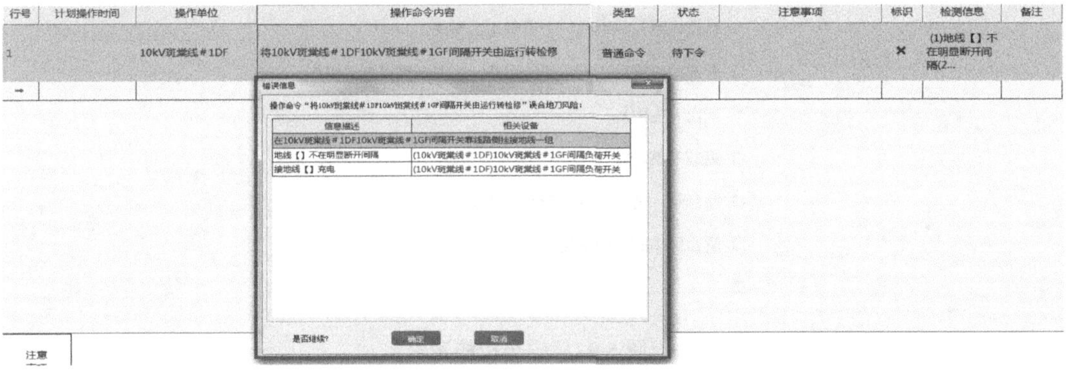

图5-25　拓扑防误校核示意图1

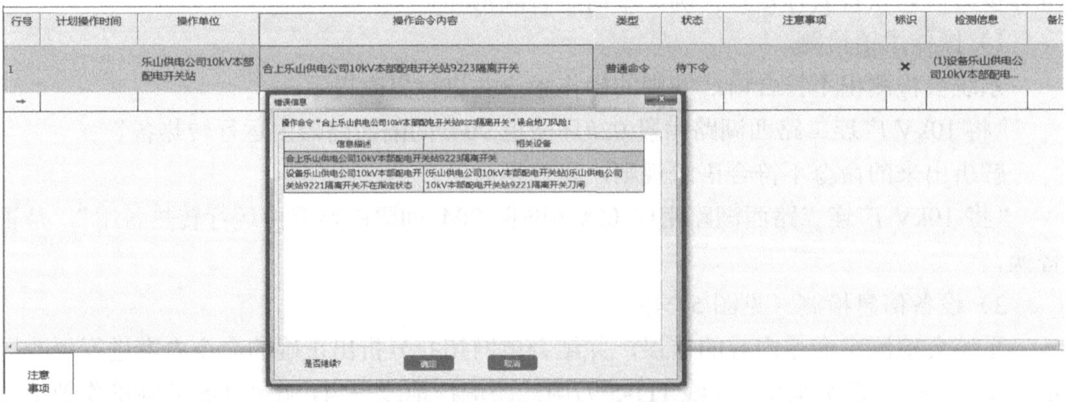

图5-26　拓扑防误校核示意图2

2）设备危险点，见图 5-27。

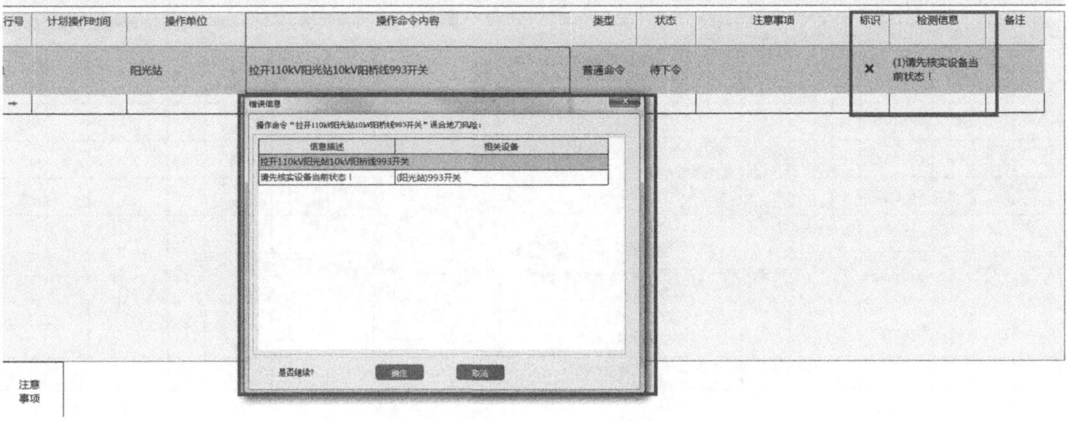

图 5-27 设备危险点示意图

（3）设备状态校核，见图 5-28。系统基于自然语言解析以及电力基础规则库，对调度操作命令进行操作序列的解析拆分，并和图模设备 ID 信息进行匹配关联，生成调度命令的操作序列，同时系统通过对接获取到设备状态信息，结合操作序列设备 ID，进行设备操作和设备实时状态信息的关联分析，判断该设备是否完成了相应的操作，实现下令操作完成后的设备状态确认功能，确保设备操作到位。

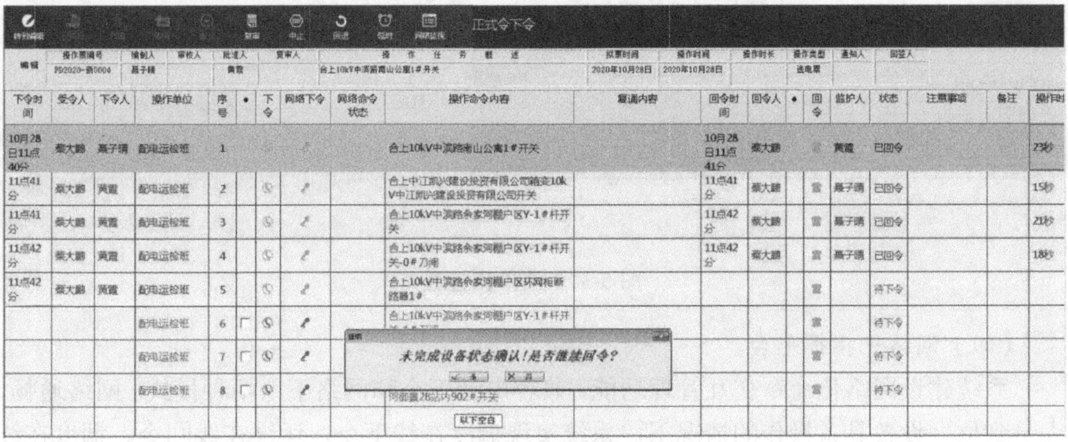

图 5-28 设备状态校核

（4）操作顺序校核。系统在进行下令操作、远程遥控操作时，严格闭锁跨大项操作，回令时间小于下令时间闭锁操作等防误校核。跨项下令闭锁见图 5-29。

（5）清单化管理。系统实现运行操作关键环节流程清单化管理，并通过同 DAS 系统、OMS 系统进行实时数据智能关联，实现清单中各节点执行情况的自动记录、遗漏提醒、智能闭锁和历史查询，见图 5-30。

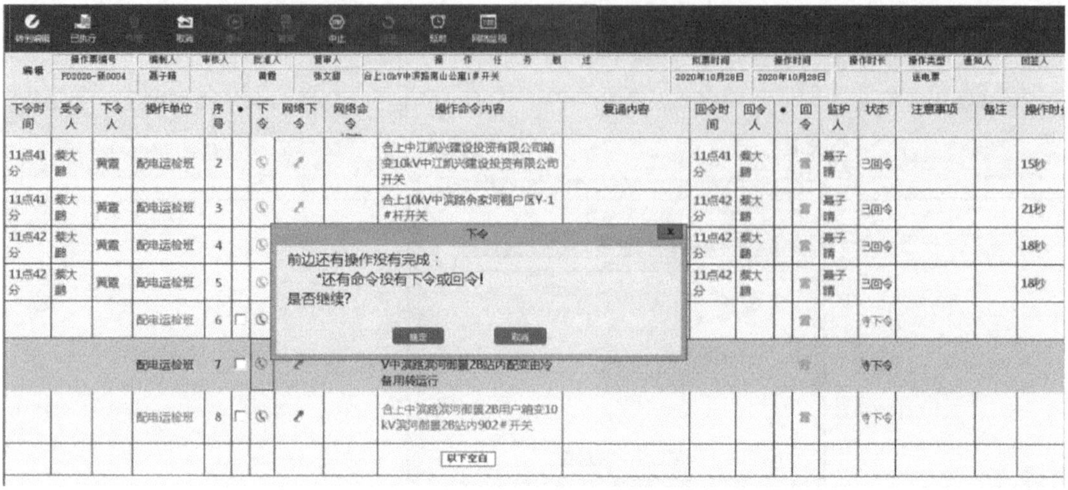

图 5-29 跨项下令闭锁

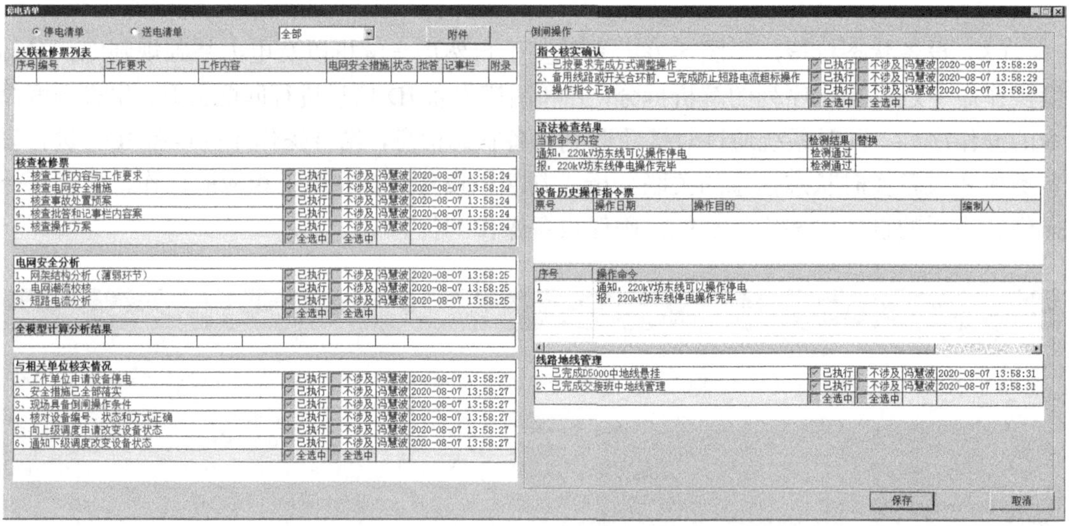

图 5-30 清单化管理

（四）网络化指挥平台

系统建设网络化命令交互管理功能，兼容电话下令和网络下令两种模式。网络通畅、人员到位、设备具备操作的情况下，系统实现调度在线下令，运维在线回令、调度在线收令；调度与运维在执行过程中实现多次“握手”交互确认，详细记录整个操作过程，实现命令票网络化、交互式、闭环的签收管理；同时在命令网络流转过程中，加入各类辅助工具和消息助手，以及安全防误手段，确保网络交互的准确性和安全性。

1. 电子预令流转

（1）预令下发（见图 5-31）。正式操作前，将智能生成的操作票转存为预令票，并将预令票下发给相关受令单位，预令下发后，若操作票回退到审核环节进行修改，则清除相关预令信息并通知受令单位。预令下发过程中，信息由发送方发送到接收方后，系统自动以刷新待办消息的方式向接收方推送操作提醒。

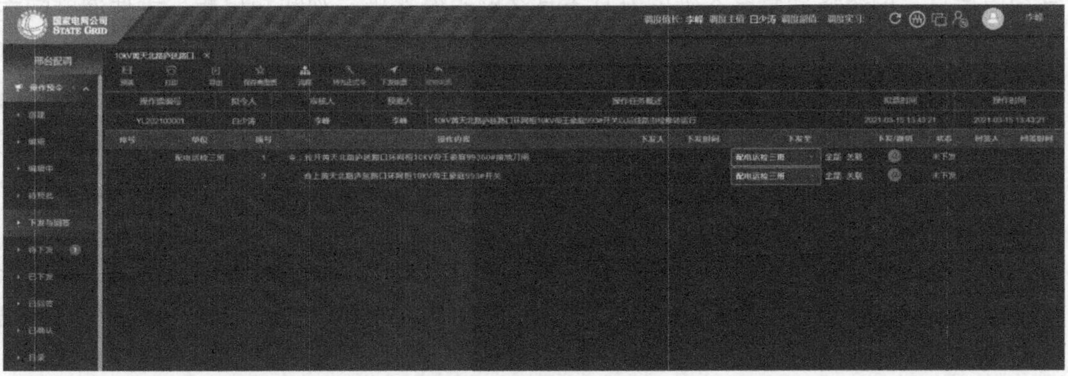

图 5-31 预令下发

（2）预令签收（见图 5-32）。预令下发后，受令单位人员签收预令，受令单位侧对签收情况进行确认。预令签收过程中，信息由发送方发送到接收方后，系统自动以刷新待办消息的方式向接收方推送操作提醒。

图 5-32 预令签收

2. 正式令网络交互

网络化命令在线交互功能，打通调度和运维之间的调度命令网络化在线流转，实现调度和运维网络化命令在线实时交互，建立调度命令由生成到执行的完整链条，调度和运维之间形成完整地网络化在线流程闭环管理。

贯通调度和运维之间的网络化命令在线交互，调度命令在线下令、收令，运维在线受令、回令，实现操作票生成、下发、执行、回令的网络化全过程管理。

（1）网络下令。在正式下令前，支持对调度运行人员及现场操作人员的提前通知和提醒，支持多维度判断网络化下令的前置条件，从安全校核、状态校核、越项情况、人员到岗信息、网络通道等多个维度对是否具备网络发令进行判断和提醒。支持调度间在线实时下令（见图5-33）、监护（见图5-34）的消息交互，支持单项或者多项下令，下令过程中支持防误校验，实时校验操作是否违反电气防误，若违反，则自动闭锁当前命令流程。系统支持调度员作废命令流程，作废时必须填写作废理由；命令执行过程跨越班次，需要接班调度值长二次签名确认方可继续下令；支持手工设置单条或者多条命令不执行或取消。

注：在下令环节兼容电话下令和网络下令两种模式中，如因各种因素网络下令有异常时，可以快速无缝切换到电话下令模式，避免了因网络耽误操作或者命令执行状态出现混乱和不一致的情况。

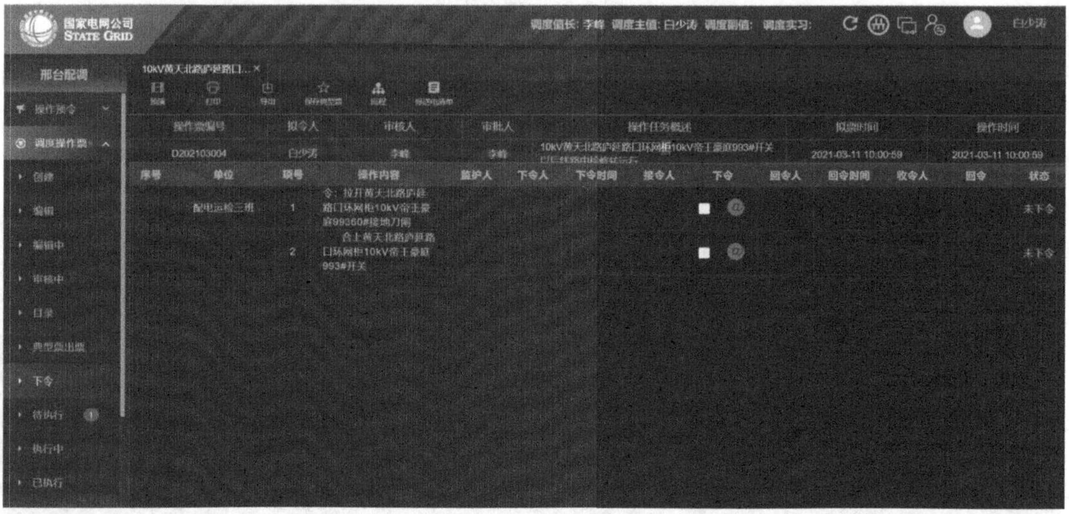

图5-33　网络下令

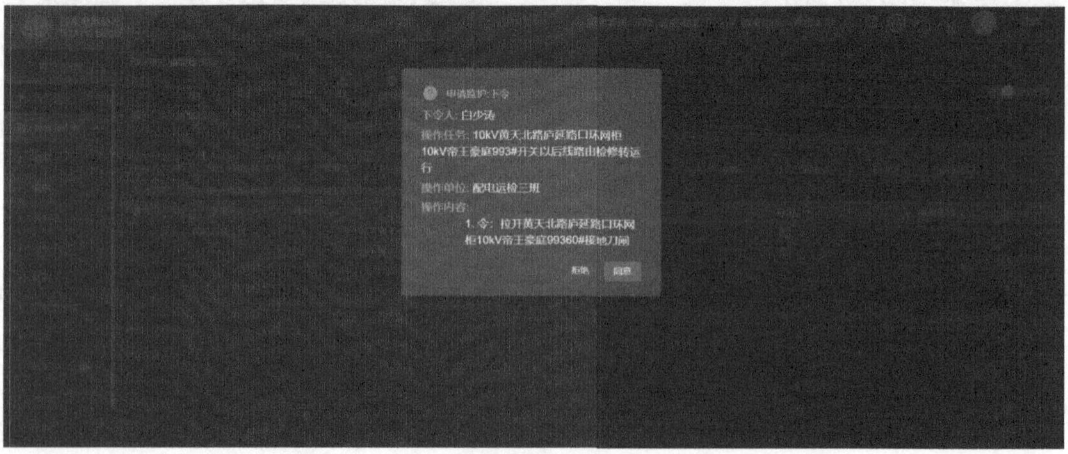

图5-34　网络下令监护

（2）运维复诵（见图 5-35）。调度命令下发后，受令单位可按照系统提醒完成命令受理，关联命令进行操作复诵。若现场无法及时复诵处理，可向下令单位发送“暂不执行”请求及说明。下令单位调度员确认现场请求后，系统自动收回命令，恢复至下令前状态。系统会将需复诵指令的关键信息提出，如厂站名称、电压等级、设备编号、操作类型等，由运维人员进行选择完成复诵操作再次确认操作内容及相关核心设备。系统支持当受令方复诵内容错误时系统自动提醒，直到复诵正确后才能提交至发令方。

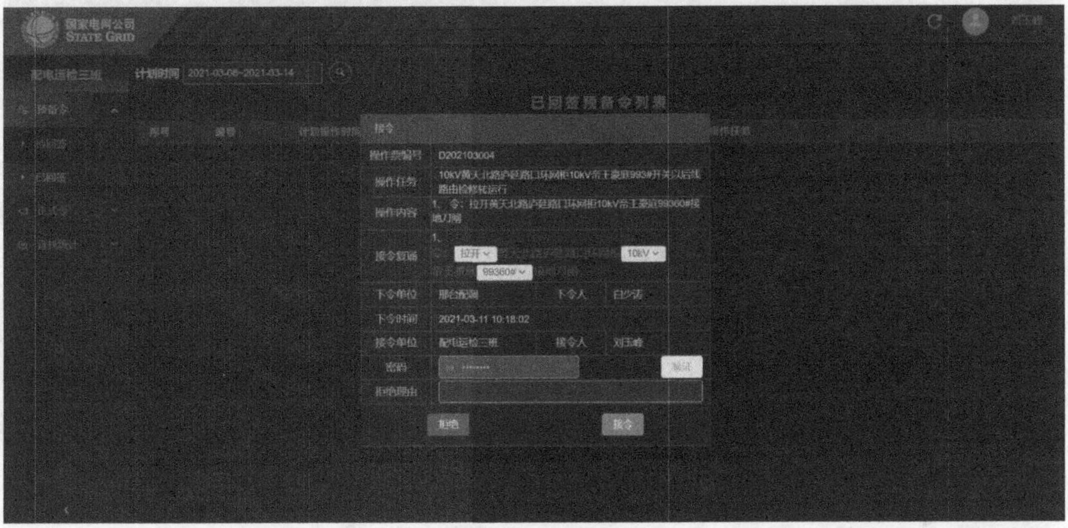

图 5-35 运维复诵

（3）命令确认（见图 5-36）。运维对指令复诵成功后，由调度人员在系统上进行复诵确认，确认运维的复诵内容是否有误。

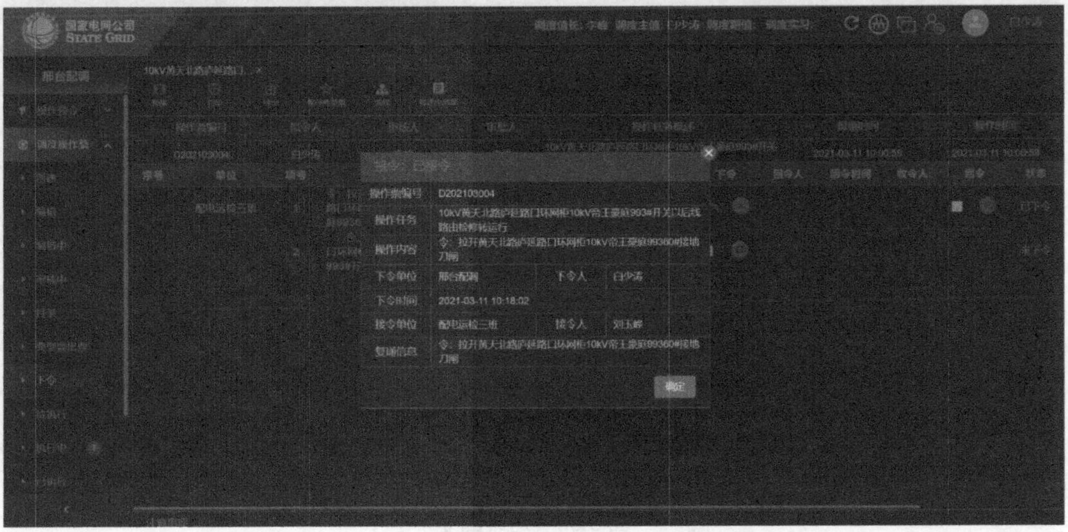

图 5-36 命令确认

（4）运维执行（见图 5-37）。在调度确认运维复诵无误后，运维开始执行，需在系统上进行记录开始执行信息，包括执行人、开始时间等，同时系统基于设备操作时间清单估算预计用时，智能跟进执行过程，对于超时、超期进行预警提示或提醒，同时对于正常进度智能推送到相应的班组，以便安排操作准备工作。

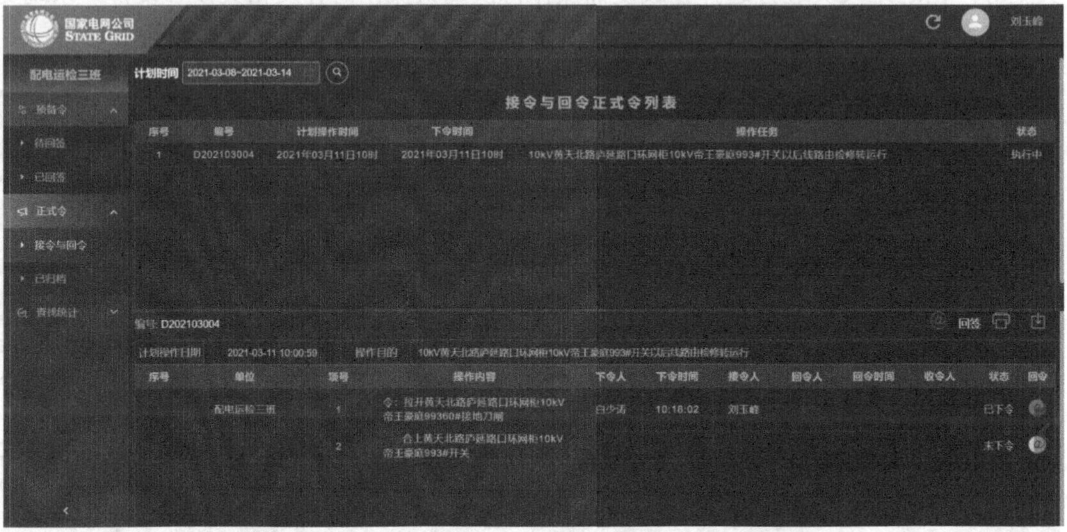

图 5-37　运维执行

（5）运维回令（见图 5-38）。支持受令方对命令执行情况进行在线回令功能。在回令时进行状态校核、身份校核，保证当受令方汇报内容错误时系统自动提醒，直到汇报内容正确后才能提交至发令方。

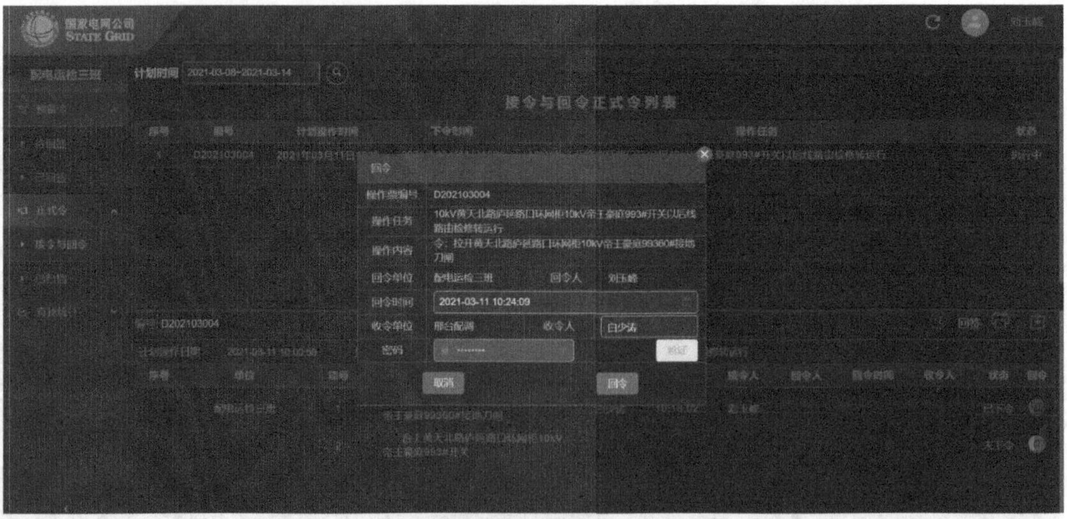

图 5-38　运维回令

（6）回令确认（见图 5-39）。支持受令单位对命令执行完后可进行回令确认功能，正式终结该条命令的操作。

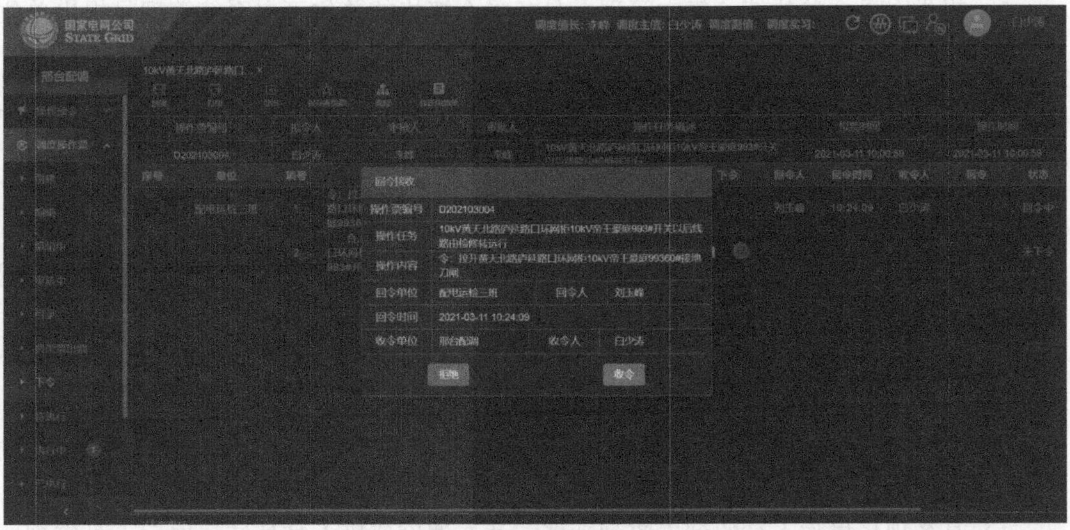

图 5-39 回令确认

3. 历史交互命令统计分析模块（见图 5-40）

（1）具备网络化交互命令统计模块，可对历史网络化交互的命令进行整体的统计和查看。

（2）具备历史预令票统计模块，可对历史预令票进行统计分析。

（3）具备网络化操作票统计模块，可按年、月、日统计网络化操作票数量。

（4）具备统计分析网络化交互操作票执行率模块，统计下令、接令执行百分比。

（5）相关规程，安规、调规、操作规程等结构化，与设备关联，可一键查看，可设计为检索形式，模糊匹配，可根据设备自动检索提示相关规定。

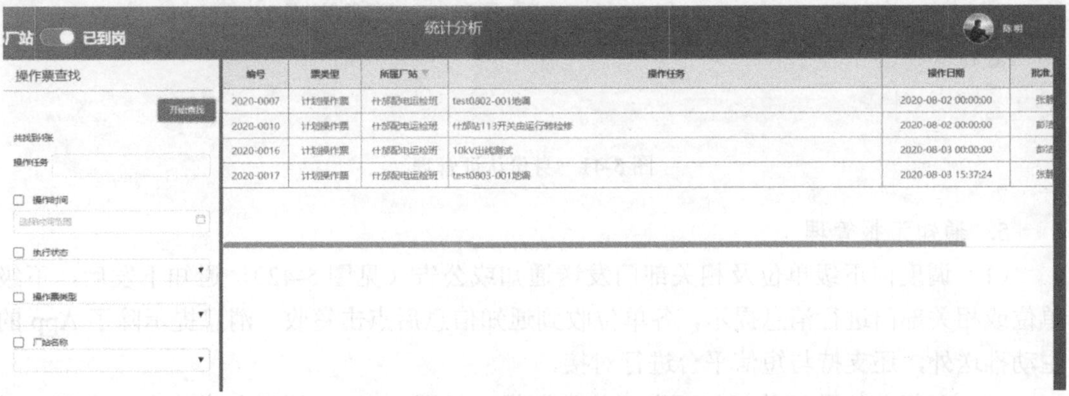

图 5-40 历史交互命令统计分析

4. 身份认证管理

（1）与持证上岗系统进行无缝对接或者自建持证上岗模块，对人员身份信息进行管理。

1）提供对受令单位统一集中管理。具备受令资格的单位可向系统管理员提出单位受令申请，开通单位受令权限。

2）支持通过 Excel 等类型文件批量导入受令单位信息，并具备对受令单位信息批量删除、修改及权限开通、变更等功能。

3）具备人员信息的校核模块，与持证上岗系统实现数据交互或者建立人员持证上岗模块，获取人员、上岗权限等信息。

4）在网络化交互过程中，对下令、回令的人员信息进行验证，避免无证操作、越权操作的情况发生。

5）系统支持维护受令人员信息，并对受令人员的受令资格和持证上岗系统进行校核。

（2）建立人员信息获取、解析机制，调度、运维班组的值班、到岗情况能够在线掌握。图 5-41 所示为身份认证管理。

1）具备现场操作人员的到岗签到功能，并在调度值班人员处统一展示人员签到情况，便于调度人员及时获知现场操作人员的到岗情况，及时在线下令。

2）具备接令单位人员解析模块，对网络化过程中接令的操作单位，以及所属该单位的接令人员等信息进行自动解析确认。

3）具备调控当值人员解析模块，网络化过程中回令交互时进行当值调度人员信息的自动解析确认。

图 5-41　身份认证管理

5. 通知汇报管理

（1）调度向下级单位及相关部门发送通知或公告（见图 5-42），通知下发后，下级单位或相关部门进行消息提示，各单位收到通知信息后点击签收。消息提示除了 App 的主动推送外，还支持与短信平台进行对接。

（2）下级单位及相关部门可发起信息汇报（见图 5-43），报送各类信息，实现对于各类信息的汇集和统一。

（3）支持定时发送信息汇报的功能。

（4）可向管辖单位发布通知公告或转发上级单位的通知公告（见图 5-44），实现对通知或公告管理、发布功能。通知下发后，受令端响铃并弹出消息提示，各单位收到通知信息后应立即签收。

图 5-42 通知汇报公告

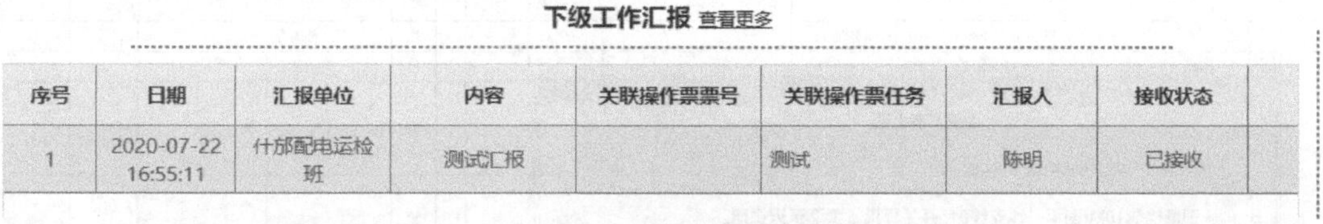

图 5-43 下级工作汇报

图 5-44 通知汇报管理

（5）系统支持调度员手动设置“勿拨”“可拨”“忙碌”状态，并支持现场值班员实时查看调度员的工作状态。

（6）系统可展示调度机构的操作流程信息，双击可查看与生产指挥中心相关的流程信息。同时实时采集调度的操作流程信息，以公告形式向调度员、运维人员滚动展示。调度员双击工作指示即可进入流程处理界面，运维人员可查看与已相关的操作流程信息。

6. 智能业务流转管理

系统建设智能业务流转管理中心，实现缺陷处理、带电作业、检修许可、检修及日志消息智能推送等相关调度业务网络化交互流转。同时实现对相关业务流转状态的实时展示以及业务超时提醒，实现调度操作业务智能看板功能。

（1）缺陷异常汇报管理。通过建设缺陷异常汇报管理功能，实现缺陷异常信息填写汇报，同时可对相关信息进行批阅，返回批注信息。

在调度端能接受下级的缺陷异常情况汇报，见图 5-45。

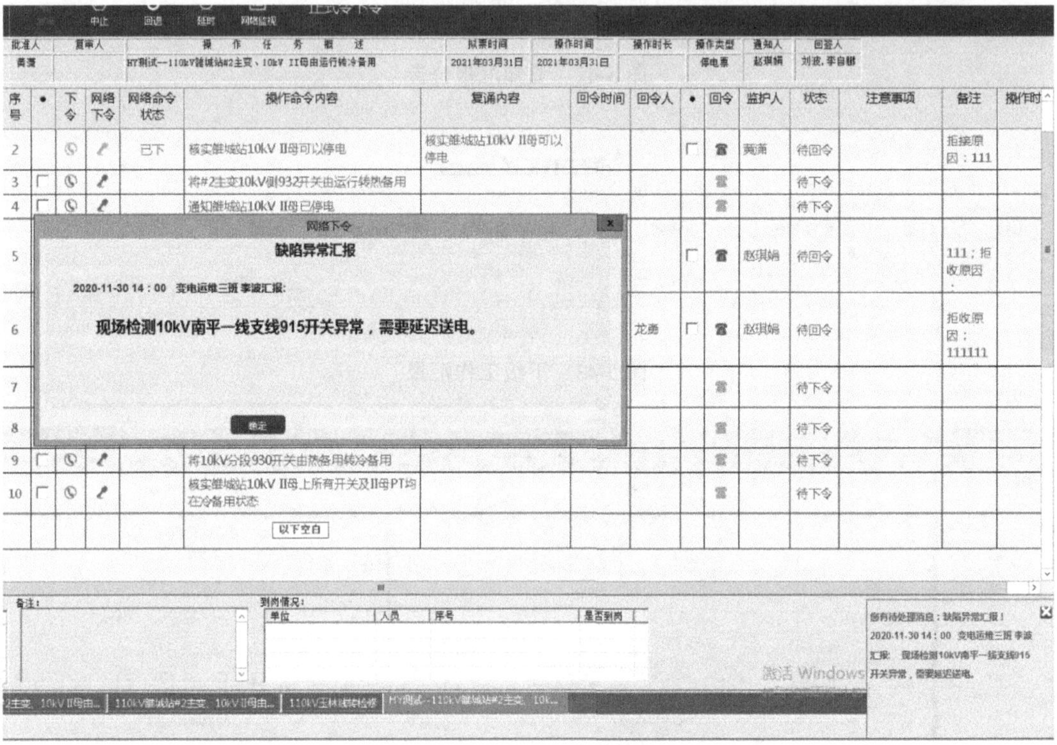

图 5-45 缺陷异常汇报

基于配网智能防误操作及网络化下令指挥平台建设的运维 Web 端或者 App（微应用）端，运维人员可在缺陷异常汇报模版上进行缺陷异常汇报相关的工作，见图 5-46。

（2）带电作业管理。建设带电作业管理功能，工作人员在线填写提交带电作业申请，同时支持 Excel 标准格式的导入，在线进行相关信息的记录，实现带电作业票的网络化交互流转。在流转过程中，实时展示流转状态以及相关操作的进展。

（3）检修智能许可管理。对接 OMS 的检修申请，获取检修申请的编号、停电设备、工作内容等相关信息，对调度运行人员展示检修申请的重要信息，调度运行人员可跟进检修申请相关的信息进行网络许可操作。同时在运维 Web 端或者 App（微应用）端，运维人员可进行检修申请许可操作确认相关的工作，见图 5-47。检修申请许可相关信息可实时同步更新到 OMS 流程中。

图 5-46　缺陷异常汇报 App 界面

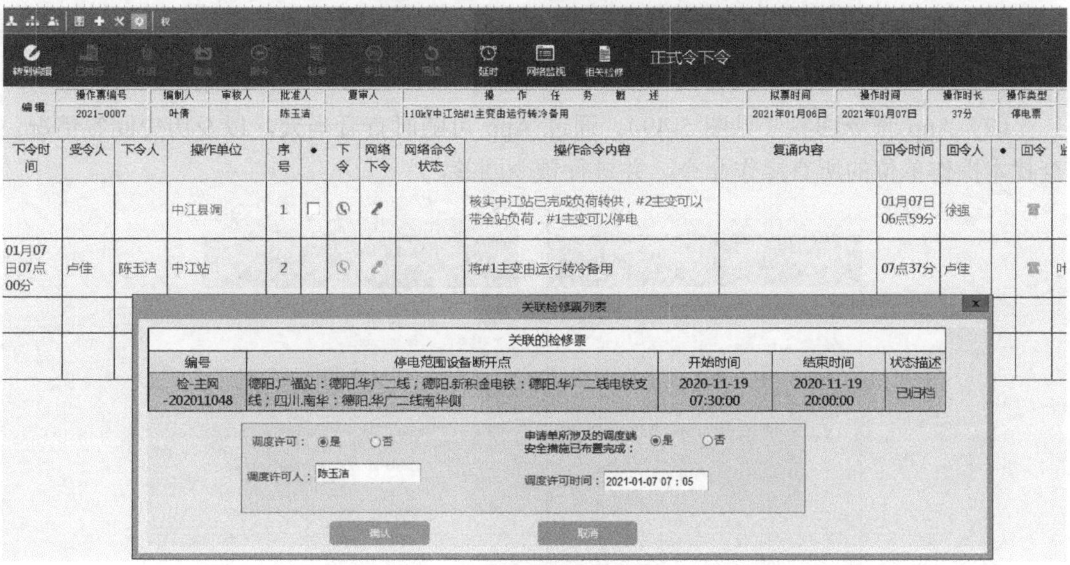

图 5-47　检修智能许可管理

（4）故障信息管理。接收相关单位上报的故障信息，对故障数据进行结构化处理之后，生成标准的日志数据，通过接口方式发送到调度管理系统中，实现故障信息自动生成配网日志；同时支持对于故障进行汇总，自动生成报表。

7. 移动 App 应用

（1）移动端应用（见图 5-48）。本移动程序融入“i 国网”App，可现实与调度端的各类信息交互，实现移动端网络化命令交互。App 主要包含预令回签功能、正令接令及回令功能、签到功能、统计查找功能、故障信息上报、提报带电作业、操作到位拍照、现场设备拍照自动识别、故障操作许可等功能。

系统账号密码登录或者指纹登录，满足相关安全要求。

图 5-48　移动端应用

（2）App 预令回签（见图 5-49）。通过 App 可随时查看当天，以及历史回签情况。查找本操作单位的所有操作命令，并进行预令回签。

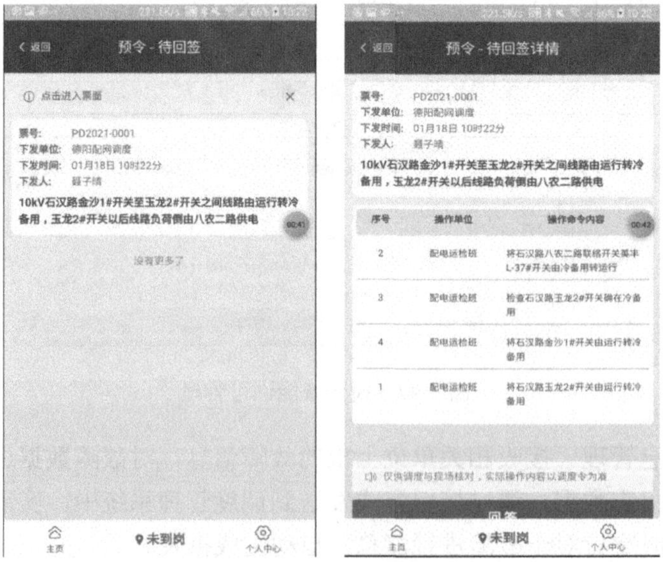

图 5-49　App 预令回签

（3）App 正令交互（见图 5-50）。App 接令交互。接令消息由调度端下令后自动推送到手机 App 上，主要显示调度下发的正令相关信息。接令后自动进入到接令复诵功能，进行复诵。复诵正确显示绿色，复诵不正确显示红色，复诵正确后进行接令（接令后调度操作票端会自动弹窗显示确认接令信息）。另外，也可拒绝接令，单独要求填写拒绝接令原因。

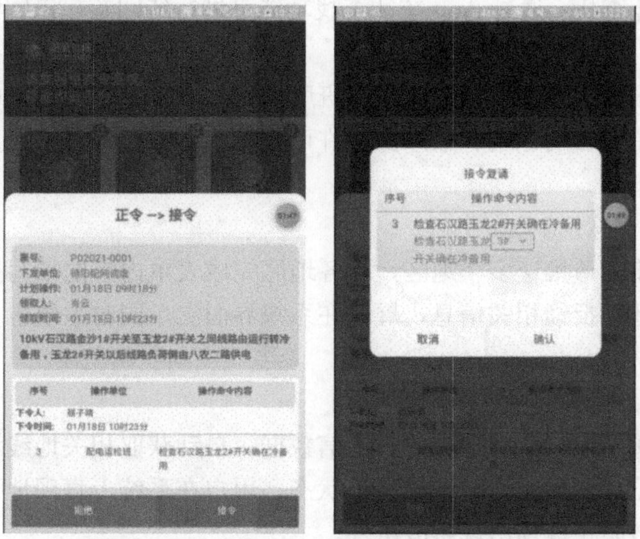

图 5-50　App 正令交互

（4）App 回令交互，见图 5-51。通过移动 App 可查看当天的待回令操作任务情况，也可搜索历史没有回令的操作任务并进行回令。可选择每条令的回令时间进行回令。回令后，由于网络等各种原因导致回令失败给出提示，并且可继续进行回令操作。调度端接收回令后，App 端自动推送调度端已确认接收回令的消息。调度端拒绝接收回令后，

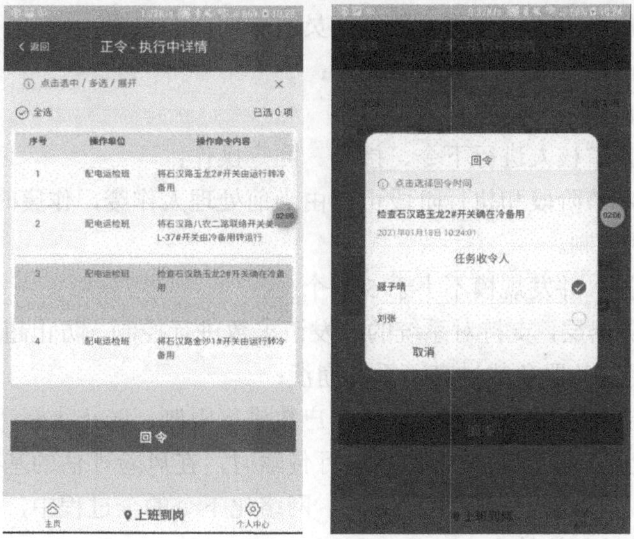

图 5-51　App 回令交互

App 端自动推送调度端已拒绝接收回令的消息。调度端取消下令后，App 端自动推送调度端已取消下令的消息。

（5）App 正令归档。完成接令回令工作后，操作任务自动进入已完成列表，可查看本单位已完成的操作任务信息。在已完成列表中可查看本单位已完成的操作命令信息。

（6）App 统计查找。通过 App 统计查找功能可进行待回签、已回签、待回令、已完成分类查找页面。

（7）信息上报与工作许可。提供供电班所上报故障信息、提报带电作业、操作到位拍照、现场设备拍照自动识别、故障操作许可等功能；故障信息按人员角色、岗位情况实现定制化推送。

8. 表单信息汇总

在系统中可将表单推送多个地区，待各地区完成表单内容的填写提交后，系统会自动汇总整理所有地区反馈相关信息，展示在系统界面上，同时系统也支持表单信息的导出功能。

9. 地线状态展示

系统通过对接厂家设备状态文件及遥信数据，自动获取相关地线设备的状态信息，在操作票功能展示模块显示所有地线所处状态。用户在系统上直观地了解目前所有地线的状态信息，有效防止现场出现事故事件。

10. 后台管理中心

（1）权限管理。

1）支持权限管理，可管理用户分权、登入登出权限；

2）支持对各类日志进行记录及检索，可供选择的检索条件有名称、操作类型、时间段，检索结果可导出；

3）对登入人员、复诵人员身份验证；

4）系统应根据调度值班序列配置调度员值班期间的权限；

5）禁止非当前值班人员进行任何操作；

6）操作票防止同一人自拟自审；

7）可设置禁止审核人进行下令、接令、回令操作；

8）操作票在审核阶段和执行阶段可以由当前处理人作废，作废时必须填写原因。

（2）并发会话控制。

1）系统总体接入并发规模不小于 500 个；

2）在应用服务器层，支持对系统的并发请求数进行控制，防止超过系统容量的大量访问请求导致应用服务器负载过高而系统崩溃；

3）在应用层支持对登录模块的登录用户数进行限制，防止大量用户登入系统。

（3）数据安全管理。在对数据信息进行传输时，在风险评估的基础上采用合理的加密技术，选择和应用加密。在操作票流转、网络化下令的全过程中，所有数据的传输支持数据加密、完整性保护等安全功能。

（4）身份认证管理。系统采用密码口令等方式进行身份认证，同时提供相关系统接口，并根据需要可接入相关硬件设备。

三、实施成果

地配县一体化网络化下令平台的建立，贯通了调度操作票由生成到实际执行的完整链条。调度与运维在执行过程中实现多次“握手”交互确认，详细记录整个操作过程，实现命令票网络化、交互式、闭环的签收管理，确保网络交互的准确性和安全性。并且建设表单汇报管理功能，实现上、下级之间的表单协同汇报管理。同时在河北南网首个完成移动App应用的建设，打通调度同移动终端之间的通道，运维人员可通过App在工作地点直接进行相关交互操作。

系统对接DAS的设备全电网模型，自动获取当前电网的运行方式，结合生成的操作命令，模拟操作对设备状态的改变，进行操作防误校核。系统可对操作命令进行解析拆分，同设备ID进行匹配关联，实现操作票的命令内容校核，并可分析展示地线设备的状态信息，辅助调度人员进行查看管理。同时在执行阶段，通过和设备状态信息的校核，实现设备状态确认。综上，构建全过程的防误管理。

系统使用的先进智能推理机技术，运用标准模型自动匹配技术，能适应电网各种接线方式、运行方式，智能推理生成调度操作票。同时建立配网检修知识规则库，实现基于检修申请的一键智能成票。

系统应用自然语言解析、语音语义识别、语音合成等技术完成调度人员与现场人员的检修工作通知汇报的智能交互，使得调度系统由现在的被动静止结构转变为具有主动识别及语音播报交互的智慧系统，让调度运行、工作通知交互更加人性化、自动化、智能化。系统通过建立及完善调度系统的智能交互方式，极大地缩短了工作人员的响应和决策时间，减轻了工作压力，提高了电网运行的安全性和可靠性。

第三节 新能源接入背景下继电保护仿真系统建设

一、实施背景

在风电、光伏发电等新能源发展初期，呈现分散、独立、容量小的特点，对电网运行影响不大，原国标、企标对分布式电源低电压穿越能力也没有要求。这意味着，在发生故障后，可以直接切除或允许分布式电网直接脱网。分布式电源切除后，电网仍保持传统配电网单端电源特性，对继电保护影响较小。随着国家对分布式电源支持力度不断加大，分布式电源接入配电网数量和容量迅速增加，同时《分布式电源并网技术要求》（GB/T 33593—2017）中对分布式电源增加了低电压穿越条款，要求在电网故障导致电压降低时，分布式电源需具备规定曲线特性的低电压穿越能力。进而在电网发生故障时，大容量分布式电源实现低电压穿越，故障期间仍保持并网状态，持续提供短路电流，电网故障形态发生较大变化，原有保护配置和运行策略出现不适应性，继电保护整定计算必须考虑新能源带来的影响。

在实际的短路计算中，通常忽略新能源场站的影响或将新能源场站视为同步发电机处理，导致所得故障分析计算结果与实际电网故障特征存在较大出入。近年来，新能源渗透率较高的地区已多次发生因保护定值整定不合理造成保护误动作的案例。如何建立可刻画实际发电单元集群系统故障特征的新能源场站短路计算模型，成为电力系统领域当前面临的关键问题之一。

新能源场站接入的电网保护配置与整定研究是建立在对新能源场站故障暂态特性认知的基础之上，新能源场站故障暂态特性与其并网所接电力电子变流器控制紧密相关，而新能源设备厂商并不对外公开变流器的控制策略，这给新能源场站的故障暂态特性认知带来困难；现有研究并未基于公认的电磁暂态模型分析故障暂态特性，所得研究结论尚未达成共识，给新能源场站接入电网保护配置与整定计算研究带来困难。

针对上述难题，通过建立新能源场站内典型新能源发电单元的电磁暂态模型，分析极端故障下不同类型新能源场站故障暂态特性，从继电保护需求角度总结出新能源场站短路电流变化规律，从而系统评估新能源场站及所接电网保护定值整定方法存在的问题，给出定量结论，提出相应改进方案，并最终开发一套配电网继电保护自适应整定计算系统，以有效支撑实际整定计算工作的开展。

二、主要做法

通过全面揭示不同类型、不同规模新能源场站的故障特性，从继电保护需求角度认知新能源场站的短路电流变化特性，从而系统评估基于传统电力系统故障暂态响应特性的继电保护适应性，提出适应新能源接入的电网保护整定计算新方法，指导继电保护配置和整定方案，保证新能源大规模接入背景下电网继电保护动作的可靠性及电网安全稳定，提高新能源电源在电网中的可利用率。此外，对新能源场站短路电流变化特性的研究，将在一定程度上弥补新能源电力系统故障特性的认知空白，完善传统电力系统故障分析与整定计算理论，促进新能源发电和电力系统继电保护技术的发展。基于新能源故障电气特征、适用于配电网整定计算的等效模型及配电网自适应整定计算系统，实现对高渗透率新能源配电网继电保护的“零干预”智能整定计算，基于场景干扰的定值动态自适应调整，提升现有保护性能，降低保护不正确动作风险。

（一）不同类型新能源场站的故障电流特性研究

研究电网多种类型新能源场站的故障暂态响应过程及机理，总结不同故障状态下多种新能源电源场站保护安装处电流变化规律及特性。依据国内典型风电系统拓扑结构及元件参数，研究建立不同类型新能源场站的电磁暂态模型，包括双馈风力发电机组、永磁直驱风力发电机组和光伏电池等。从理论推导、仿真模拟角度研究风速、变换器控制与保护参数对风电机组和光伏电池故障特性的影响规律及机理。

研究场站内不同节点电压分布（主要由线路阻抗引起）和风速差异（尾流效应与地形等因素造成）对整个新能源场站故障特性的影响。从继电保护技术需求角度，揭示不同规模新能源场站在电网对称与不对称故障下的短路特性。

研究电网中含多种新能源场站之间的相互作用与影响机理，揭示含多种新能源场站电网的故障暂态响应剁成及机理，总结不同故障状态下含多种新能源场站电网保护安装出的短路电流变化规律及特性。

新能源接入系统后故障特性研究实施方案如图 5-52 所示。

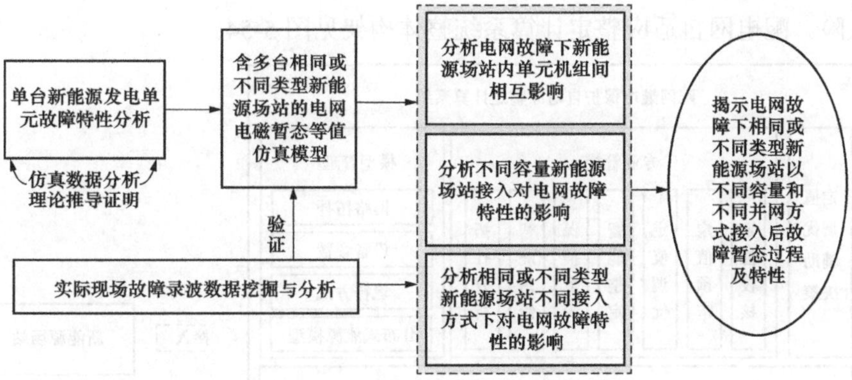

图 5-52 光伏电站接入系统后故障特性研究实施方案

（二）新能源场站所接电网保护适应性分析研究

以某实际风电场为例，校验所提汇集系统保护配置与整定原则合理性，总结现有新能源发电单元、新能源场站内部元件及所接线路保护配置原则和定值配合方案存在的缺陷与不足。

通过全面、系统地分析新能源场站在不同运行工况、不同故障情况下传统保护的动作性能，揭示现有电流保护、距离保护等动作判据存在的问题，通过解析推导分析新能源特有的故障特性对传统保护判据的影响规律。

针对现有保护存在的问题，对配网中采用的传统电流保护、距离保护等方案进行改进，依据新能源接入系统后的故障特性及规律，给出相应的保护配置方案，提出新的保护定值计算方法和配合原则，使新型保护之间能够很好地协调配合。新能源场站接入电网适应性分析实施方案见图 5-53。

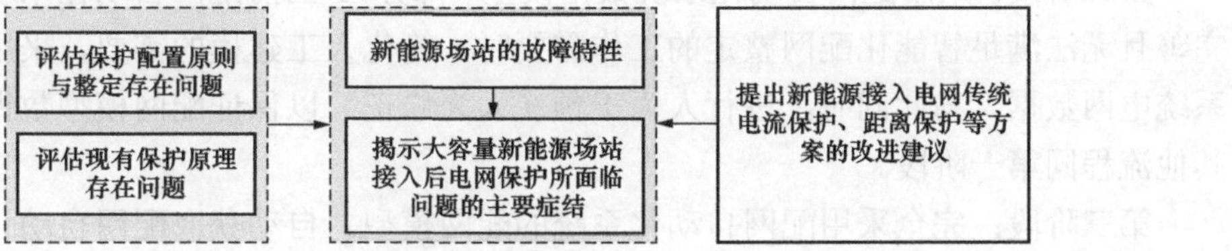

图 5-53 新能源场站接入电网适应性分析实施方案

（三）配电网继电保护自适应整定计算系统开发

基于微服务基础框架，研究配电网自适应整定计算的微服务拆分，实现功能服务弹性扩展；以调控系统电网模型同源数据体系为基础数据支撑，构建配电网整定计算基础模型。研究基于大数据分析的配电网继电保护自适应整定计算技术，实现保护大数据指标体系划分，支撑场景化配电网定值整定计算技术，基于配电网供电方式、新能源接入的影响，以及设备类型创建场景，以场景为对象关联大数据分析模块，自动生成该场景整定方案，实现“零干预”的配电网智能整定计算。研究运行方式、边界定值、新能源接入等因素变化后的定值校核、动态优化技术，对不同场景下预警定值提供定值优化辅助决策方案，并根据预选优化方案对预警定值进行动态调整，降低配电网继电保护不正确动作风险。配电网自适应整定计算系统整体构架见图 5-54。

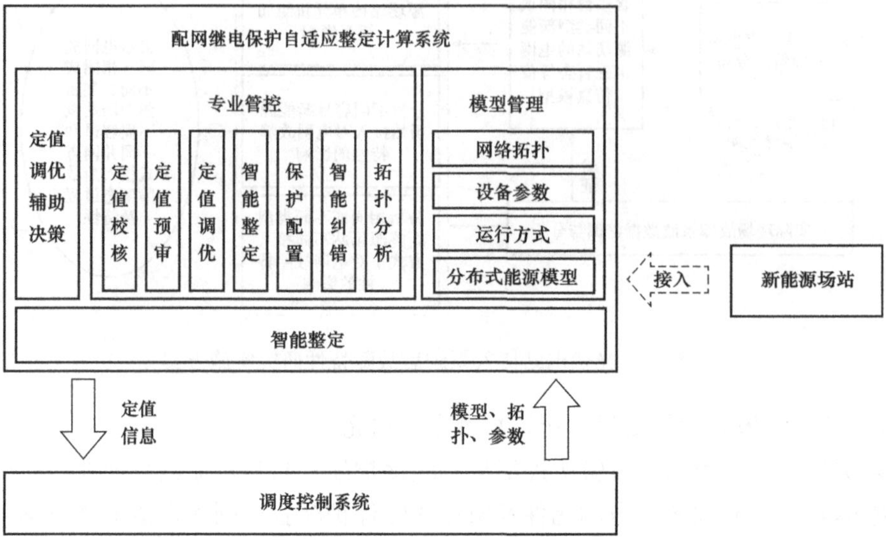

图 5-54 配电网自适应整定计算系统整体构架

（四）自适应整定计算系统关键技术

1. 配电网自动化快速建模技术

（1）配网数据源获取。配网模型数据来源的研究分三个阶段：

第一阶段：采用人工台账式建模。首先获取主网下发至配网的等值以及定值限额，再实现配网整定计算系统进行人工台账式建模、整定计算，以及故障分析等功能；将生成的电子化定值单及计算书上报地调进行审核，最后将定值单传到 OMS 系统进行流转。

第二阶段：采用配网自动化系统数据模型（部分）。当前配网自动化系统的模型并不完善且无法满足智能化配网整定的工作需要时，简化人工建模的需要，采用配网自动化系统电网数据。与此同时，进行人为干预（人为修正）以保证配网模型数据的正确性。其他流程同第一阶段。

第三阶段：完全采用配网自动化系统的配网模型。自动获取配网自动化系统的电网模型进行分析，自动生成智能化配网整定系统需要的电网整定模型，从而实现配网的智能整定及相关数据的管理。

（2）新能源模型的建立。新增图元，在继电保护省地一体化平台中建立风电、光伏元件图形化模型。根据理论分析建立规模化接入电网的风电、光伏数学模型，建立各元件参数属性表，数据模型基于 IEC61970 标准模型。其能实现灵活添加、删除、修改各元件，图形的移动、拖动、旋转、拷贝、粘贴等功能。另外，在元件移动过程中，元件之间的拓扑关系不发生改变。同时，程序应保证图形与数据库、资源树的一致性。元件按统一、规范的格式建立：名称、电压等级、原始参数、标幺参数；可直接输入或根据有关参数计算获得故障计算和整定计算所需的各种电气元件的参数。

1）参数输入及计算功能。需要在程序中增加光伏和风机的模型，需要提供的参数见表 5-22。

表 5-22　基础参数表

Name	原字段名称	数据类型
ID	ID	文本
name	名称	文本
substation	厂站名称	文本
factory	生产厂家	文本
type	类型	数字
VoltageLevel	电压等级	数字
thresholdV1	正序电压跌落门槛值	数字
RotorRatedMVA	逆变器额定容量	数字
MaxAllowCurrent	逆变器最大允许电流	数字
StatorRatedA	逆变器额定电流	数字
statorImpedance	定子自感	数字
statorMutual	定转子互感	数字
palstance	同步角速度	数字
GSCRotorRatedMVA	GSC 额定容量	数字

含新能源模型的计算流程见图 5-55。

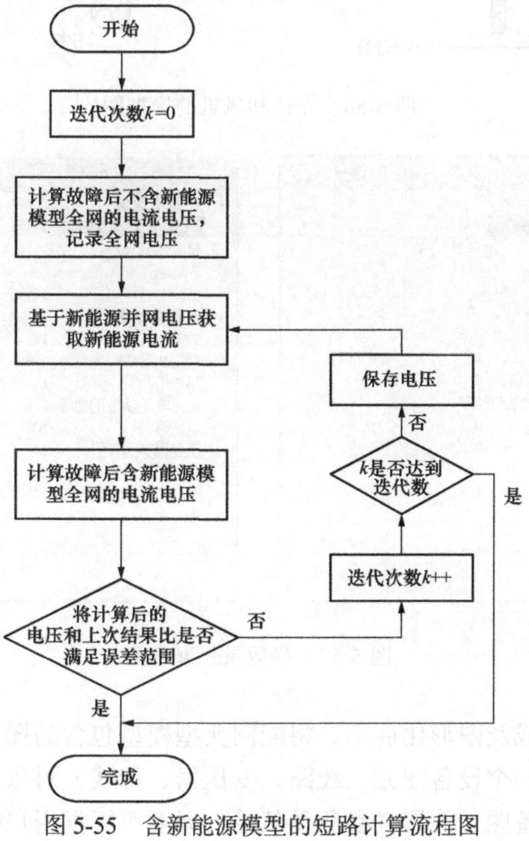

图 5-55　含新能源模型的短路计算流程图

2）整定计算的程序实现。在平台中建立光伏和风机的模型，模型图如图 5-56 所示，光伏和风机典型参数录入界面如图 5-57 所示，参数录入后计算结果如图 5-58 所示。

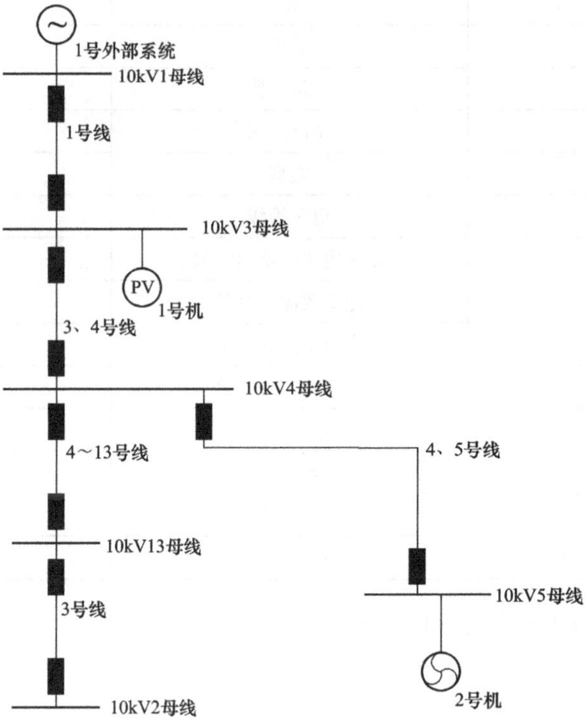

图 5-56　光伏和风机的模型图

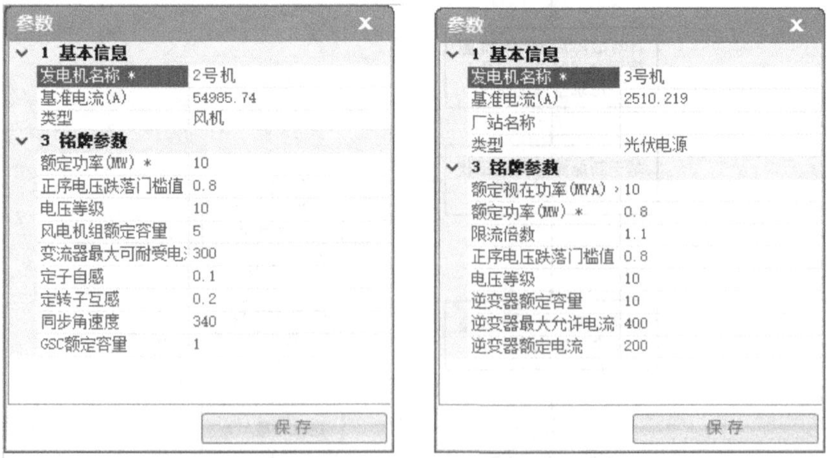

图 5-57　参数录入展示图

（3）智能拓扑生成及图形化展示。将配网典型模型包含的图形元件对象与数据库记录一一对应，在定义一个设备图元（线路、变压器、母线）对象的同时自动在数据库中增加一条记录，且设备图元的属性参数及其输入界面可根据用户的要求进行修改，做到图形与数据库的一一对应，且保证系统的兼容性。

能够自动生成以下基本图元：外部等效系统、二卷变压器、断路器、线路、母线。

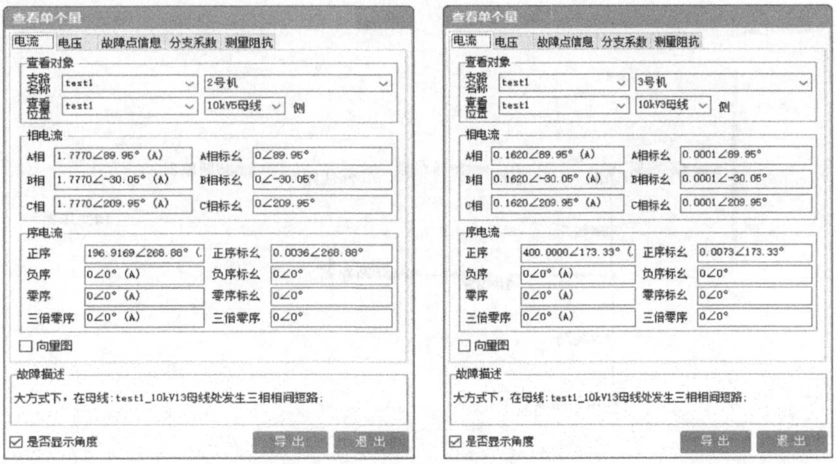

图 5-58 计算结果展示图

支持图形化展示，图形中的图元对应着电网中的实际设备，并根据台账建模时参数录入的连接关系，分析出物理拓扑关系，建立出线单元的连接图。对于台账建模时设置的主干线以红色线条展示。

图形展示时，可选择性展示线路的长度、阻抗、分段线路型号名称、TA 变比、保护装置型号、阶段电流每段的保护定值及时间定值。

整个图形画面能够任意放大、缩小及恢复，在缩放时图中标注也同步缩放；按照电网的层次结构和区域结构建立配网树资源树，实现资源树导航、定位功能；平台通过双击厂站区域树节点可以自动定位图形，同时图形切换时还可以定位到厂站或出线单元树节点。

2. 配网“一键式、零干预”定值智能整定技术

整定计算以出线单元为单位，整定计算的流程包括五个基本步骤，即整定设置→划定整定范围→整定计算→定值调整→形成整定计算书和定值通知单。实现一键流程化整定计算，输出为整定计算书及各整定支路的保护定值。

（1）确定计算任务：根据用户选择的整定范围进行定值的配合计算，“一键式”整定主页面如图 5-59 所示。

（2）整定方案可干预：整定计算采用的整定原则是用户可根据实际情况选择已建立的整定方案；或者建立新的整定方案，该方案可供用户继承使用。建立整定方案时，可选择整定需要的原则，并提供修改可靠系数或灵敏度系数的窗口。

（3）整定计算书：能根据整定方案、整定对象、TA 变比，自动生成整定计算书，记录配合方式、配合元件、助增系数、电流最值、计算公式等中间过程及最终取值；整定计算书能进行人工修改、存档；在定值的计算过程中，软件自动找出用户设定的整定原则，自动找出相邻线路、自动调出相邻线路保护的定值集（电气量和时间量）、自动计算

整定结果、自动生成计算书。整定过程中软件自动计算出各种方式下的分支系数和最大、最小短路电流等数据，并列出相关的信息。

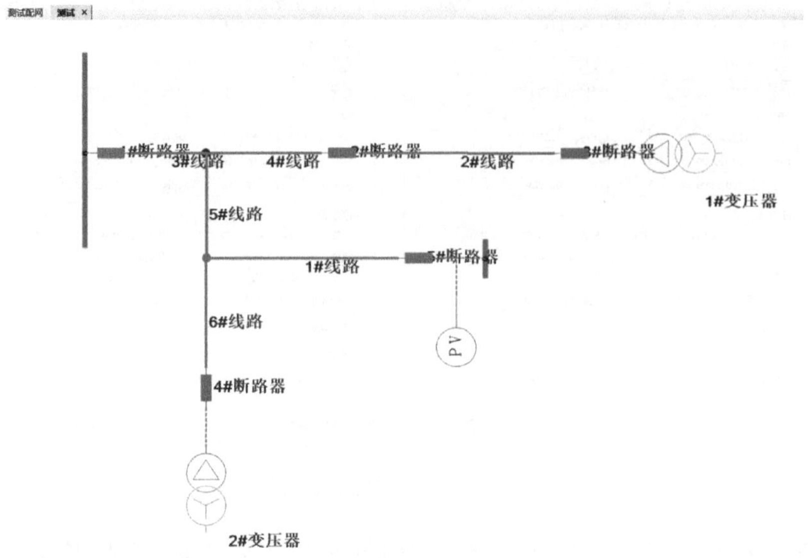

图 5-59　“一键式”整定主页面

整定计算结束后，系统展示整定计算对象的计算书及保护定值信息。对于不满足要求的定值，用户可根据实际情况或配合关系调整整定对象的保护定值及时间。

定值计算结果确认后，通过选择的保护装置类型、版本，平台自动形成定值单，并根据定值单模板中给定的定值项取值范围自动进行判断。定值单可修改、保存、打印。定值单编号按用户设定的编号规则自动生成。

计算完成后确认的定值能够自动刷新定值数据库。

（五）保护定值适应性分析和辅助决策校核技术

1. 基于低电压穿越的精细化后备保护校核

当新能源接入点附近的交流输电线路或厂站母线发生故障时，会造成新能源厂站的母线电压跌落。如果此时继电保护的动作时间较长，会使得故障切除较慢，新能源厂站的母线电压跌落的持续时间会超出低电压穿越曲线的范围，导致新能源大规模脱网事故。

2. 图形化显示待校核线路的范围

在新能源厂站并网接入点 A 的第一级线路的对侧厂站母线施加故障，判断新能源厂站母线电压是否大于等于 u_{ref}；若是，则确定待校核线路为新能源厂站的第一级线路；否则，在新能源厂站并网接入点 a 的第二级线路的对侧厂站母线施加故障，再次判断新能源厂站母线电压是否大于等于 u_{ref}；若是，则确定待校核线路为新能源厂站的第一级线路，第二级线路；否则，继续在下一级线路对侧厂站母线施加故障，直到施加新的故障后新能源厂站的母线点大于等于 u_{ref} 为止。

在一次接线图上，通过颜色渲染出待校核的线路，直观地显示出新能源接入对电网的影响范围。

3. 基于低电压穿越曲线精细化校核计算

电网侧继电保护的动作时间校核流程图如图 5-60 所示。

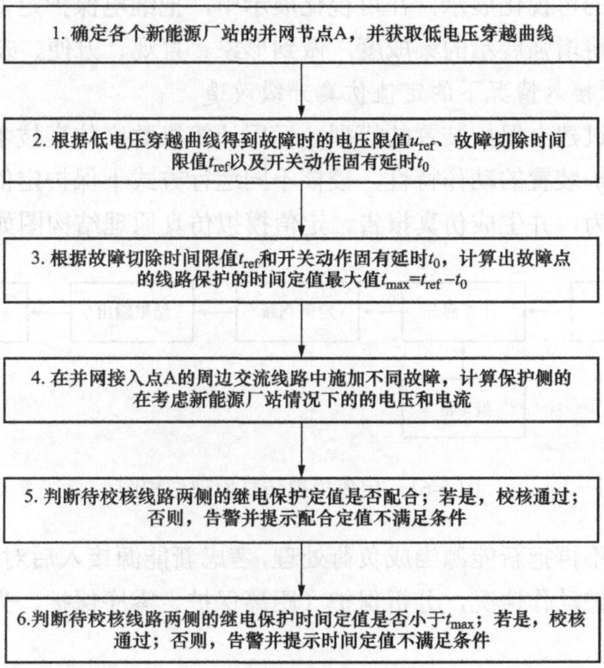

图 5-60 电网侧继电保护的动作时间校核流程图

（1）确定新能厂站的并网接入点 A，并获取低电压穿越曲线。

（2）根据低电压穿越曲线得到故障时的电压限值 u_{ref}、故障切除时间限值 t_{ref} 以及开关动作固有延时 t_0。

（3）根据故障切除时间限值 t_{ref} 和开关动作固有延时 t_0，计算出故障点的线路保护的时间定值最大值 $t_{max}=t_{ref}-t_0$。

（4）在并网接入点 A 的周边交流线路中施加不同故障，计算保护侧在考虑新能源厂站情况下的电压和电流。

（5）判断待校核线路两侧的继电保护定值是否配合，若是，校核通过；否则，告警并提示配合定值不满足条件。

（6）判断待校核线路两侧的继电保护时间定值是否小于 t_{max}；若是，校核通过；否则，告警并提示时间定值不满足条件。

4. 校核结果的多维度可视化展示

（1）校核计算书：能根据计算过程，生成校核计算书，记录中间过程；校核计算书能进行人工修改、存档。

（2）校核计算结束后，系统展示校核计算对象的计算书及校核信息。对于告警的定值，给出提醒和建议定值。

（3）多维度分析和统计校核结果功能：校核结果以不同的告警级别显示：普通告警、严重告警、紧急告警。按照校核的配合情况，统计待校核的配合情况，展示出完全配合、不完全配合和完全不配合的定值。

（4）校核结果的可视化展示：在可视化展示中，把继电保护定值校核结果通过可视化手段表达出来，将增强展示的集成度，做到形象、直观、方便、友好。

5. 考虑新能源接入情况下的定值仿真升级改造

定值仿真是通过建立保护装置的模型，运用计算机数字仿真技术来模拟电力不同的系统故障，模拟保护装置的动作特性，校核不同运行方式下保护定值的合理与否，分析每种保护的动作行为，并生成仿真报告。定值模拟仿真原理结构图如图 5-61 所示。

图 5-61　定值模拟仿真原理结构图

在计算的时候不再把新能源当成负荷处理，考虑新能源接入后对电压和电流的影响。模拟事故，校核保护动作情况，分析保护（距离保护、零序保护、失灵保护等）的动作情况。

（1）仿真范围：故障后设置范围内的保护动作情况。系统采用电网级数进行设置。

（2）仿真保护功能：设置仿真的保护类型，包括相间距离保护、四段零序保护、接地距离保护、变压器阻抗保护、变压器复闭过流、变压器零序保护。

（3）仿真报告内容：设置仿真报告显示的内容，分为测量数据和其他相关信息。

（4）拒动开关设置：设置故障后拒动开关。

（5）时间设置：仿真总时间设置。

三、实施成果

（一）弥补新能源场站故障特性认知不足

不同于传统同步发电机，受电力电子变换器灵活控制方式等影响，新能源场站故障特性具有多变性，然而现有研究多集中于单台新能源场站的故障暂态特性，新能源场站故障特性是处于不同运行控制模式的多台电源暂态响应特性的综合体现，现有相关方面的研究仍较少。

（二）全面系统评估新能源接入电网保护存在的问题

现有新能源场站及其所接电网保护多从保障新能源发电单元或各元件自身安全角度进行简单配置整定，可能存在保护范围不明确，选择性和灵敏性未进行系统校验等问题。结合新能源场站故障特征，以某实际新能源场站为例，尝试定量化校验新能源场站所接电网保护配置与整定的合理性。

（三）建立新能源实用化等效模型

构建配电网继电保护自适应整定计算系统，解决保护整定的适应性问题。开发一套配电网继电保护自适应整定计算系统，为实际整定计算工作提供技术支撑。针对现有配电网整定计算系统无法适应高渗透率新能源场站接入的问题，构建基于新能源场站实用化等效模型、运行方式、设备类型，以及保护配置等扰动因素的对象化场景，根据配电网场景扰动造成的定值预警信息，输出定值调优辅助方案，对预警定值进行动态优化，解决保护定值对新能源场站接入适应性问题，有效降低配电网继电保护不正确动作风险。

第四节　有源配电网末端电压控制

一、实施背景

近年来，国内户用分布式光伏产业迅速发展，分布式光伏能源必然将在未来的电力供应源头中扮演着重要角色。但是，随着大量的分布式光伏电源接入到电网中，对电网稳定造成了一定的影响，台区电压过压、反送过载等问题也逐渐显露。光伏出力大小与天气密切相关，一般在晴朗天气下，光伏出力在临近中午期间呈现逐步增大的趋势，对于光伏接入较多的配变台区可能会造成台区电压升高、反送过载情况。因此，实现对分布式光伏出力大小的择时控制是必要的。随着可控的分布式光伏出力进行可控、可调对于电网调频、调峰是必要的，对电网的稳定性也具备重要意义。本策略以台区电压、配变负载率在合理范围内为目的，确保配电变压器可靠、经济运行，最终实现台区电能质量进一步优化。

在国家相关政策的鼓励和扶持下，保定地区分布式光伏呈现出“点多面广、局部高密度并网”的高速发展态势。分布式光伏大规模接入系统后，将改变现有电网的运行特性，给系统调峰、调频带来挑战，在部分地区还引发了配电网电压越限、电能质量下降等一系列问题。

保定公司针对分布式光伏的接入导致的电压越限等问题，主动超前谋划：第一，要求分布式光伏并网接入系统初步设计中接入不低于全站并网总容量 20%的无功补偿容量，接入形式以 SVG（动态无功补偿装置）为主；第二，对电厂并网接入系统后制定无功补偿方案，将无功补偿装置纳入地调 AVC（自动电压无功控制），按照“先电压后功率因数再网损”的控制策略进行调试，以实现区域内无功就地补偿和平衡。

二、主要做法

（一）主站控制

保定地区分布式光伏电站通过 10kV 接入并网的均采用专用调度数据网进行数据实时采集上传，并通过接入 AVC 与主站实现联调。AVC 主站端实行闭环控制，电压调整全部由 AVC 控制完成。AVC 主站控制系统从分布式光伏电站采集并网线路实时有功、实时无功、功率因数及母线电压值等数据，结合分布式光伏电站无功容量上传当前最大可增、最大可减无功数据。将上述数据代入 AVC 设定的目标函数（目标函数设定：维持光伏电站母线电压在规定限值范围内；保证并网线功率因数在规定限值范围内；实现区域网损最小），计算最优解，生成调压指令（调压目标数值），传送至分布式光伏电站逆变器和 SVG 控制回路，AVC 主站控制图如图 5-62 所示。

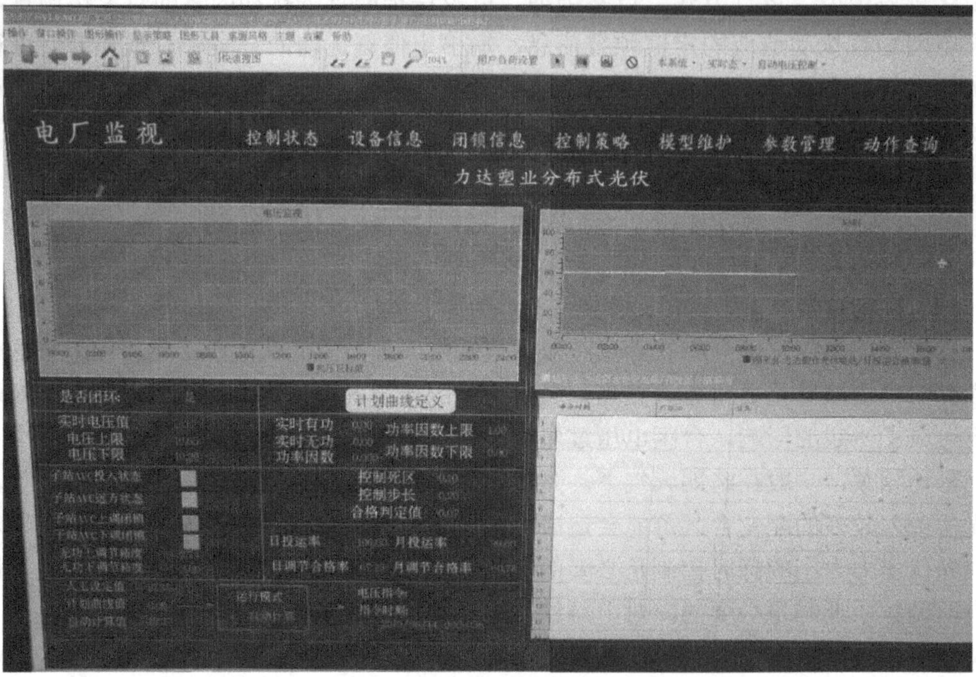

图 5-62　AVC 主站控制图

其中，设定分布式光伏电站母线电压限值：35kV 并网站要求电压幅值为 35.1～38.3kV，10kV 并网站要求电压幅值为 10.2～10.65kV；设定分布式光伏电站并网线路功率因数限值为±0.95～1。

正常情况下，AVC 主站 5min 向分布式光伏电站下发一次指令，下发指令后 2min 内每 10s 监测一次，2min 内一旦有达到考核要求的点即认为调节成功，在调压指令合格判定值范围内（一般情况，35kV 为±0.17kV，10kV 为±0.07kV）均视为满足考核要求，如表 5-23 所示。如果调压失败，则根据控制步长调整调压指令。

表 5-23　　调压合格判定表

条件	投运标志	统计结果
子站在指令发出 2min 将控制母线电压调至合格范围内	1	合格
子站在指令发出 2min 内未能将控制母线电压调至合格范围内	0	不合格
电厂控制母线不带电（电压为 0）	2	不判断

其中，控制步长和控制死区的要求：35kV 新能源场站，控制步长 0.3kV，控制死区 0.15kV；10kV 新能源场站，控制步长 0.15kV，控制死区 0.1kV。以上均可根据实际运行

情况进行人工配置。

AVC主站控制系统实时计算分布式光伏电站无功调节能力，以可增无功、可减无功数据上送至AVC主站。当可增无功、可减无功为0时，发增闭锁、减闭锁信号。如果AVC主站收到此类信号后，则发平调指令。

当分布式光伏电站并网点电压越限时，优先控制调节分布式光伏电站无功设备资源来消除电压越限。当分布式光伏电站并网点电压越限且已不具有无功控制能力时，控制并网区域内公用变电站低压无功设备来消除电压越限。当并网区域内公用变电站母线电压越限时，优先控制站内的电容器、电抗器。当全网无功不足时，可通过调节光伏逆变器的无功出力，将SVG已经投入的无功置换出来，使得无功补偿装置预留合理的动态无功储备裕度。

AVC主站控制策略使得并网区域内公用变电站主变分接头动作次数降低，电容器投运率提高，有效降低网损；减轻调控运行人员无功电压调节负担，通过对并于同一母线的多个分布式光伏电站协调控制，使其之间不出现无功不合理流动。

（二）子站（厂站）控制

分布式光伏电站的无功发生装置包含逆变器和无功补偿装置SVG。SVG属于电力系统中的一次设备，是典型的电力电子设备，由检测、控制运算及补偿输出三个模块构成。其工作原理为由外部TA检测系统的电流信号，上传控制系统后由控制芯片分析出当前运行状态；经过计算后由控制器下达补偿的控制指令，触发电力电子变频设备发出无功功率进行补偿。SVG静止无功发生器采用IGBT（可控硅）组成自换相桥式电路，与电抗器组合连接后，并联在电网上，通过调节桥式电路交流侧输出电压的幅值和相位，或者直接控制其交流侧电流，达到迅速吸收或者发出所需的无功功率的目的，实现快速动态调节无功的目的。

目前，光伏电站内的无功控制策略主要有恒无功功率Q控制、恒功率因数$\cos\phi$控制和综合控制策略三种。

（1）恒无功功率Q控制，运行中保持无功的稳定性，此模式主要应用于设备调试、检修或功能特性测试时，自动调节能力差。

（2）恒功率因数$\cos\phi$控制，运行时机组有功增加时自动增加无功，有利于无功调节的自动化。当光伏系统采用无功功率控制策略维持并网点电压不变时，忽略并网点电压纵轴增量，所需无功支撑量为$Q_{PV}=[U(U_{PV}-U)-(P_{PV}-P_{load})R]/X+Q_{load}$。由公式可知，无功给定值依赖线路阻抗大小，线路阻抗随时间不断变化且不易测量，因此此种无功控制策略实施起来复杂且不精确，而且在光伏有功出力很小时，并网点电压并未越限，但为维持功率因数不变，光伏系统仍需发出一定无功功率，增大电网损失。

（3）综合控制，有效结合恒功率因数$\cos\phi$控制与恒无功功率Q控制的优点，能保证在满足电压要求范围内灵活调节。一般光伏电站均采用此种控制策略。综合控制的调节指令来源于AVCPCP1、AVCPCP2、AVCRTU及SVG本体，其中SVG本体接入主站AVC后失去调节作用，均不接收SVG本体指令。

现保定地区分布式光伏电站的指令多采用AVCRTU指令，即远方数据采集控制终端，接收主站下发的AVC指令，进行无功调节，从而控制电压，调整功率因数，达到降低网损的目的。

（三）分布式光伏低压配电台区电压调控策略

1. 硬件基础

光伏侧通过微功率采集终端采集逆变器数据，通过微功率通信方式上传智能融合终端进行汇集，经“二合一”装置将逆变器数据上传至调度主站。图5-63所示为基于微功率通信的配变汇集调控方式。

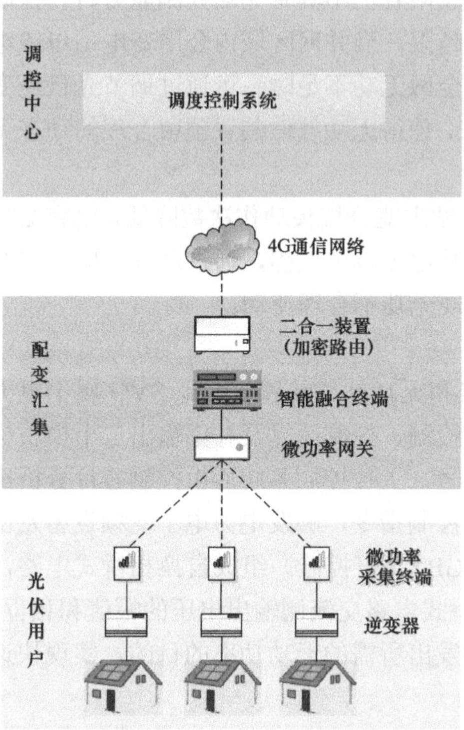

图5-63 基于微功率通信的配变汇集调控方式

2. 具体策略

该策略以维持台区电压在合理范围内为目的，确保配电变压器可靠、经济运行，最终实现台区电能质量进一步优化。利用台区智能融合终端的边缘计算能力，通过内嵌在终端内的调控策略实现台区电压自动优化，主站可以远程控制融合终端是否执行此策略。

步骤1：预置定值，并实时采集并计算台区的各类数据。

台区电压目标值允许范围是额定电压（220V）百分比Z%，作为参数设定，默认值为+7%～−10%；

光伏逆变器并网电压目标值允许范围是额定电压（220V）百分比X%，作为参数设定，默认值为±20%；

台区三相电压Ua、Ub、Uc，采集值；

光伏逆变器并网点电压U_{pva}、U_{pvb}、U_{pvc}，采集值；

光伏逆变器的实时无功功率Q_i，采集值；

光伏逆变器的实时有功功率P_i，采集值；

光伏逆变器的额定有功功率P_{ei}，作为参数设定；

光伏逆变器的可调最大范围无功功率±Q_{ei}，计算值；

光伏逆变器当前无功功率允许调节值Q_{ti}，计算值；

光伏逆变器的调节周期内有功功率均值P_{ji}，计算值；

光伏逆变器调节周期T，可设定参数，默认为5min；

光伏逆变器无功功率调节步进百分比Y_Q%，可设定参数，默认为50%；

光伏逆变器有功功率调节步进百分比Y_p%，可设定参数，默认为20%；

光伏逆变器无功功率最小调节阈值Q_k，可设定参数，默认为20kvar；

光伏逆变器功率因数下限值$\cos\theta_i$，可设定参数，默认0.75，不同厂家具备差异性光伏逆变器最小有功功率，P_{min}%，可设定参数，默认 20%可设定参数，按照默认值进行预置。

实时采集该台区每台光伏逆变器的功率 P_i 和无功功率 Q_i，每 1min 从融合终端数据中心提取一次，并持续提取一个调节周期 T，然后对提取的数据进行均值计算，得到每台光伏逆变器的均值计算功率 P_{ji}，调节逆变器功率时以此值为基础进行计算。

实时统计台区三相电压 U_a、U_b、U_c，若台区某一相电压超过 X%，此时进行每 1min 从融合终端数据中心提取一次，并持续提取一个调节周期 T，然后对采集的数据进行均值计算，判断计算后的三相电压 U_{ja}、U_{jb}、U_{jc}。

实时统计每台逆变器三相电压 U_{pva}、U_{pvb}、U_{pvc}，若台区某一相电压超过 X%，此时进行每 1min 从融合终端数据中心提取一次，并持续提取一个调节周期 T，然后对采集的数据进行均值计算，判断计算后的三相电压 U_{jpva}、U_{jpvb}、U_{jpvc}。

步骤 2：循环判断并调节台区下每台逆变器。

将台区下所有逆变器分为三个队列，分别是逆变器并网电压越上限、正常和越下限。

判断台区电压是否越限分为 2.1、2.2 和 2.3 三种情况进行处理。

2.1：台区电压存在越上限 Z%。

2.1.1：该台区逆变器并网电压越上限队列。

A：将此队列逆变器步进调节无功，计算方法详见方法 1。

B：如果上限队列和正常队列无功已经全部投入，则开始步进调节有功，计算方法详见方法 2。

2.1.2：该台区逆变器并网电压正常队列。

A：如果不存在并网电压越上限队列，步进调节此队列逆变器无功，计算方法详见方法 1。

B：如果上限队列有功已经全部调节完成（光伏逆变器有功至少剩余 20%的额定功率，P_{min}%），则开始步进调节此队列有功，计算方法详见方法 2。

2.1.3：该台区逆变器并网电压越下限队列不调节。

2.2：台区电压正常，不存在越上限?%和下限-Z%。

2.2.1：该台区逆变器并网电压越上限队列。

同 2.1.1，确保并网点电压合格，防止出现局部电压偏高。

2.2.2：该台区逆变器并网电压正常队列。

无功和有功上调，逐步恢复，详见方法 3。

2.2.3：该台区逆变器并网电压越下限队列。

有功和无功恢复正常，详见方法 4。

2.3：台区电压越下限（台区电压存在越下限-Z%）。

2.3.1：该台区逆变器并网电压越上限。

同 2.1.1，确保并网点电压合格，防止出现局部电压偏高。

2.3.2：该台区逆变器并网电压正常。

同 2.2.2，无功和有功上调，逐步恢复。

2.3.3：该台区逆变器并网电压越下限。

同 2.2.3，有功和无功恢复正常。

方法 1：逆变器无功步进调小计算方法。

此时需要调小每台逆变器的无功功率，计算光伏逆变器的可调最大范围无功。

功率 $\pm Q_{ei}$，$\cos\theta_i$ 取值 0.75。再计算光伏逆变器当前无功功率允许调节值 Q_{ti}。

$$\cos\theta = \frac{p_i}{\sqrt{p_I^2 + Q_{ei}^2}}$$

求：Q_{ei}=？　　$Q_{ti}=Q_i-(-Q_{ei})$；

如果 $Q_{ti} \geqslant Q_k$，无功调节为 Q_{ti} 的 Y_Q%（50%）；

如果 $Q_{ti} < Q_k$，时，无功调节为 Q_{ti} 的 100%。

方法 2：有功步进调小计算方法。

逆变器有功功率减小值为额定功率的 20%。有功最小减少到额定功率 P_{min}%的 20%。

方法 3：无功和有功上调方法。

A：判断是否存在有功有限制的逆变器，如果存在，按照光伏逆变器的额定有功功率 P_{ei} 的调节步进百分比 Y_p 上调。如果上调后超出光伏逆变器的额定有功功率 P_{ei}，则直接调至 P_{ei}。有功调节后，无功不做调节。

B：如果上一步 A 中有功没有调节，判断是否存在无功小于 0 的情况，如果有，按照光伏逆变器的实时无功功率 Q_i 的调节步进百分比 Y_q%增大，如果调节值大于无功功率最小调节阈值 Q_k，则直接调成 0。

方法 4：无功和有功恢复正常方法。

此时需要判断光伏逆变器是否有无功功率，如果存在，设定无功功率为 0。

有功功率调整为光伏逆变器的额定有功功率 P_{ei}。

三、实施成果

创新主网-配网-电源-用户四端电压协同优化技术，优化 AVC 控制策略，大幅提升光伏并网线路以及变电站母线电压合格率。创新光伏台区电压自动优化技术，在徐水太和庄 15 号光伏台区试点实践，自动调节户用光伏出力，保障电压稳定合格。率先应用基于 IGBT 驱动控制的三相不平衡智能电压控制装置，将不平衡电流进行换相转移，有效解决徐水太和庄 1 号光伏台区因光伏、负荷未均衡接入引发的台区三相电压不平衡问题。

基于智能融合终端的自调节功能，可以实现配变台区电压、负载的自平衡。当出现电压、负载越线时，智能融合终端通过自身边缘计算能力将控制策略下发到受控光伏逆变器，控制光伏逆变器有功、无功出力大小，使配变台区、负载率恢复到正常水平，确保配电变压器可靠、经济运行，实现台区电能质量进一步优化。

第五节　针对分布式光伏对电网第三道防线策略调整

一、实施背景

当前，在国家“碳达峰、碳中和”的战略目标下，构建以新能源为主体的电力系统成为能源电力行业的重要责任与使命。我国新能源正处于由补充型电源逐步向主力型电源转变的重要时期，分布式光伏以其投资成本低、技术门槛低和国家补贴高的特点深受广大用户欢迎，迅速发展。分布式光伏集中、大量的接入对传统电网的运行和安全产生了巨大的影响。因此，分布式光伏对电网安全稳定的第三道防线，特别是对低频策略的影响，成为亟需研究的课题之一。

电网的第三道防线指的是失步解列、频率及电压紧急控制装置。其中，频率紧急控制就是低频减载，指的是当电力系统中出现有功功率缺额引起的频率下降时，根据频率下降的程度，自动断开一部分不重要的用户，阻止频率下降，以便使频率迅速恢复到正常值，保障电网安全、保障民生和重要用户供电。

低频减载策略按照“分批有序”的原则切除负荷分路，一般按照电压等级“从低到高”和用户重要性“从低到高”的原则进行。从负荷性质的角度考虑，一般情况下，低频减载优先考虑切除农业、一般工商业等负荷占比高的控制分路，然后是居民负荷分路。如果所切负荷量仍不能满足控制比例要求，最后再考虑涉及大中工业等重要用户的分路。其中，大工业用户具有连续、平稳生产用电的特点，而农业、工商业和居民用电大都属于波动性负荷，白天用电相对较多、夜间用电相对较少，是电网负荷峰谷差的主要来源。低频减载控制比例也呈现白天高、夜间低的特征，因此负荷水平的高低直接决定了低频减载控制能力的强弱。

二、主要做法

分布式光伏作为影响全网负荷水平的一个因素，间接作用于低频减载控制能力。目前，分布式光伏大多通过380/220V线路并网，在白天发电期间相当于在35/10kV分路上叠加了一个“逆向”负荷，在一定程度上降低了负荷水平，导致低频减载控制分路的实际负荷减少。若分布式光伏并网过于集中，则可能出现上一级的10kV控制分路向电网侧倒送有功功率的情况。此时，若电力系统发生严重故障、低频减载装置动作切除该分路，就相当于切除了部分电源，不仅不会阻止系统频率下降，反而会起到推波助澜的作用。

因为分布式光伏出力间接降低了并网线路的负荷水平，所以对低频减载控制能力带来一定影响。下面以河北省保定地区为研究对象，探索分布式光伏对低频减载控制能力的影响。

保定，中国“电谷”和太阳能之城，其分布式新能源呈现发展快、渗透率高、典型性强的特点。2020年年底，分布式新能源渗透率23.21%，位居国网地市级公司第三，预计“十四五”末将达到60%左右。其中分布式新能源渗透率计算公式为

分布式新能源渗透率=分布式新能源装机容量/平均最大负荷×100%

自2021年1月1日以来，通过对保定及所辖曲阳、徐水两个县低频减载所控线路的纯负载负荷、分布式光伏出力、平衡光伏出力后的线路负荷等数据进行统计分析，发现分布式光伏对低频减载控制能力的影响主要体现在以下两个方面：

（1）时段性：分布式光伏出力与光照强度之间具有强相关性。白天，特别是午后时段光伏出力大，低频减载控制比例波动较大。夜间或光伏出力较低的时段，对低频减载控制比例无影响或影响不明显。如2021年4月7日中午12:00～14:00，曲阳区域就捕捉

到了低频减载所控负荷性质“由荷向源”的转变，即某一时段内低频减载所控负荷实际为上送的分布式光伏出力，而非线路负载负荷。如图 5-64 所示，右侧三条曲线自上而下分别为曲阳境内低频减载所控线路无光伏接入条件下的纯负载负荷曲线（蓝色），低频减载所控分路中分布式光伏出力曲线（紫色），低频减载所控分路叠加分布式光伏出力后的负荷曲线（粉色）。红色圆圈标注的即为低频减载控制负荷性质“由荷向源”的转变的时段。截至 2021 年 8 月 31 日，“由荷向源”的特殊时段累计出现了 19 天，主要集中在光照强烈，电网负荷较小的春季，其中 4 月出现了 13 天，占比 68.4%。相同的研究周期内，另一试点徐水尚未发现低频减载所控负荷“由荷向源”的变化。

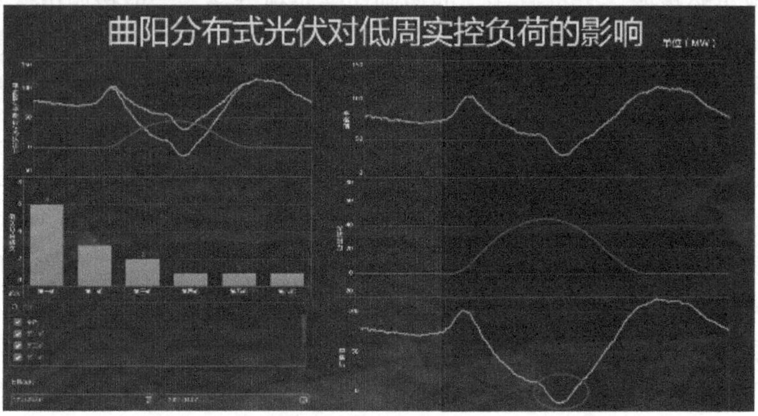

图 5-64　低周所控负荷“由荷向源”的转变

（2）地域性：通过对曲阳和徐水两个区域的研究可以发现，曲阳在光伏大发、负荷相对较小的特殊时段出现了“由荷向源”的转变，而徐水尚未捕捉到这种现象。对比两区域的分布式光伏接入，截至 2021 年 8 月底，曲阳境内接入分布式光伏容量 101.1MW，分布式光伏渗透率达 53.98%；徐水境内接入分布式光伏容量 173MW，分布式光伏渗透率达 51.60%，两个试点的分布式光伏渗透率相当，但对低频减载控制能力的影响却是不同的，通过进一步分析，可以发现导致这种情况的出现和当地的负荷结构有很大关系。

曲阳地处山区，负荷以小工商业、居民、农业用电为主且较小，大工业较少，整体负荷水平偏低。通过对曲阳 2015～2021 年期间的日负荷曲线进行分析发现，分布式光伏对日曲线有着显著的调整作用，特别是在光伏大发的 4 月。以 2018 年的 4 月为节点，在此之前曲阳日负荷曲线最低负荷均出现在凌晨 4:00 左右，中午 12:00～14:00 为日曲线的第二个低谷时段，如图 5-65 所示。2018 年 4 月，曲阳分布式光伏接入容量增加到 23.4MW，分布式光伏渗透率为 19.12%，日负荷曲线中午低谷时段，被日益增长的光伏容量进一步拉低，几乎与日最低负荷持平。日负荷曲线出现了两个接近的低点，即凌晨 4:00 和中午时段，如图 5-66 所示。随着分布式光伏容量的增长，中午低谷时段的负荷值因平衡光伏出力被进一步拉低，中午时段变成日负荷曲线的最低点，如图 5-67 所示。

徐水主要为平原地区，区域内大工业较多且增长较快，负荷整体较大。徐水的日负荷曲线依旧延续着日最低负荷在凌晨 4:00 左右、中午短时的低谷时段的特点，如图 5-68 所示。

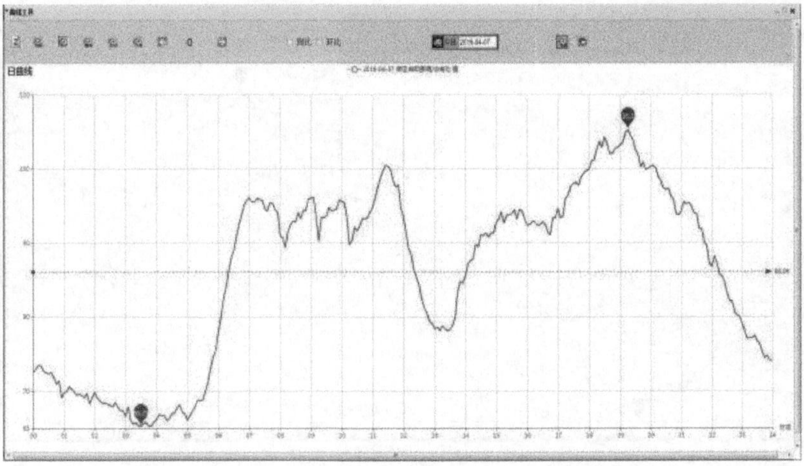

图 5-65　曲阳 2016 年 4 月典型日负荷曲线

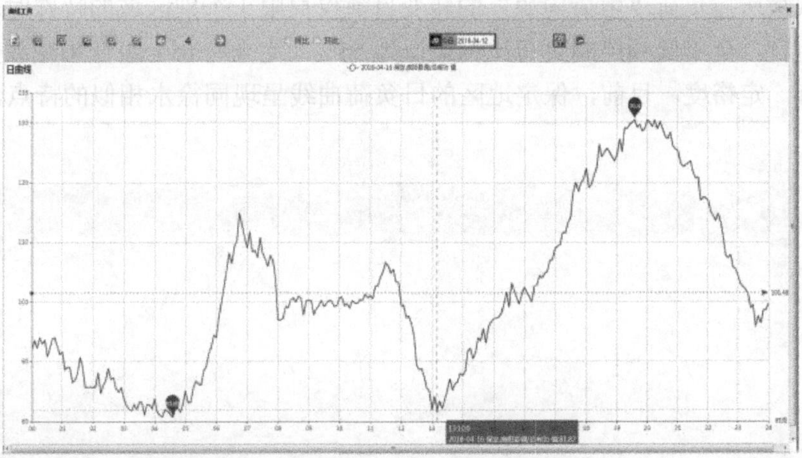

图 5-66　曲阳 2018 年 4 月典型日负荷曲线

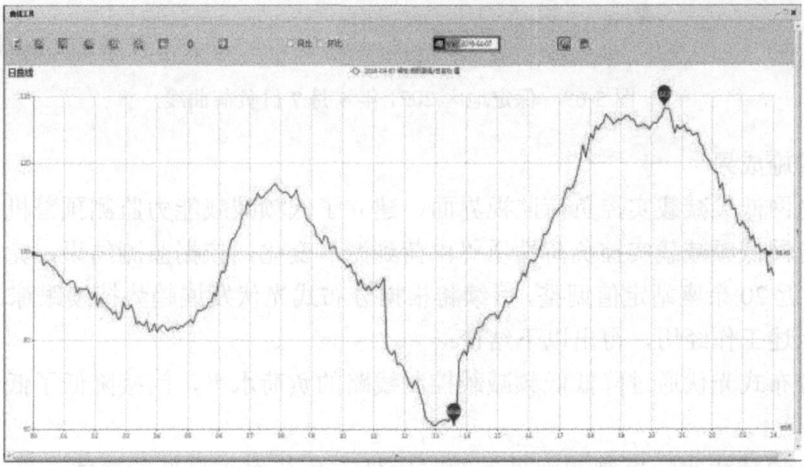

图 5-67　曲阳 2019 年 4 月典型日负荷曲线

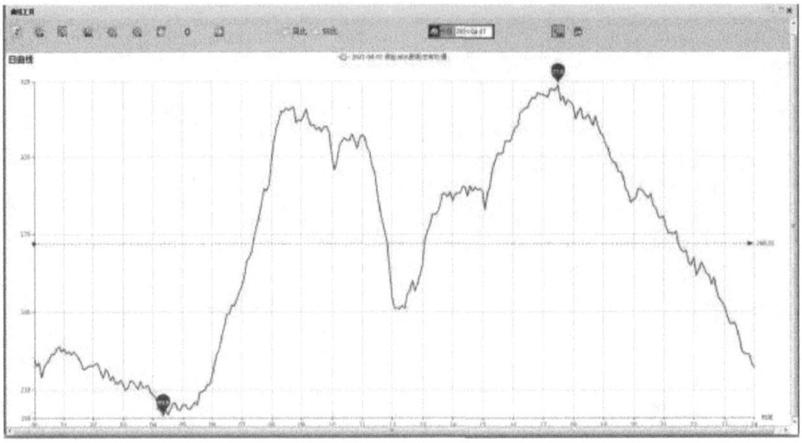

图 5-68 徐水 2021 年 4 月 7 日负荷曲线

低频减载所控负荷“由荷向源”的转变目前仅局限于个别区域的特殊时段。就整个保定地区而言，全年低频控制负荷比例最低为 55%，完全符合上级低频减载整定方案要求，并留有一定裕度。目前，保定地区的日负荷曲线呈现同徐水相似的特点，如图 5-69 所示。

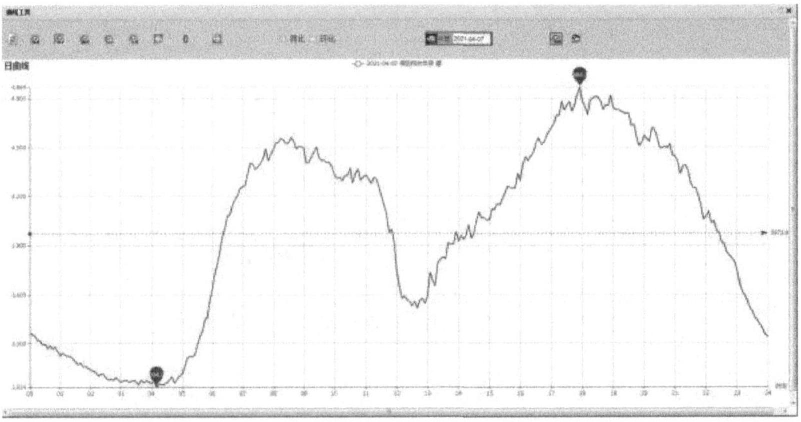

图 5-69 保定地区 2021 年 4 月 7 日负荷曲线

三、实施成果

借助电网低频减载实控负荷监视界面，建立了低频减载能力监测预警机制，首次捕捉到区域电网低频减载实控负荷性质“由荷到源”变化，依据监测结果，完成首次减载方案优化、近 20 余座站定值调整，后续将根据分布式光伏发展趋势持续跟踪、动态调整。

根据上述工作经历，得出以下结论：

（1）分布式光伏通过降低低频减载控制线路的负荷水平，间接降低了低频减载控制能力。

（2）低频减载实际控制能力最差的时段处于负荷水平最低的春季，并且是光伏大发、负荷相对较小的午后 12:00～14:00 时段。

（3）当电网日曲线午后时段的负荷被光伏出力拉低为曲线的最低点时，低频减载所控负荷性质可能会出现“由荷向源”的转变。

目前，保定地区低频减载控制能力总体合格，且留有一定的裕度，能够满足电力系统第三道防线的标准要求，在突发严重故障下能够起到应有的作用。随着分布式光伏装机的快速增长对低频减载控制能力的影响日益明显，提升低频减载控制能力，保障电网安全，需要做到以下几点：

1）制定低频减载方案时，优先纳入不含分布式光伏或含分布式光伏较少的 35、10kV 线路，确保在高峰、低谷时段低频减载对负荷的控制能力均满足方案的要求。

2）持续关注低频减载方案的执行效果，尤其是在负荷低谷时段。定期梳理分布式光伏并网导致的 10kV 反送线路，及时对低频减载方案进行调整、修改。

3）采取措施提升光伏出力大发时段，即 12:00～14:00 的负荷水平，如利用价格杠杆、政策优势鼓励用户在光伏大发的时段多生产、多用电，拉动电力需求，平衡分布式光伏出力。

4）“双碳”目标下，分布式光伏必然会普遍接入于各 35、10kV 线路，建议低频减载设备厂家对装置进行升级改造。在动作逻辑中加入线路电流或功率方向的判据，满足频率动作条件时，对于功率上送线路，装置不出口动作切除，最大程度上实现低频减载切除量实际为电网负载负荷。

第六节 分布式新能源的线损管理探索

一、实施背景

分布式光伏发电是一种具备良好发展前景的能源利用方式，可实现“自发自用、余电上网”，但在大规模接入时会对电网运行的稳定性产生一些影响，多是体现在电能采集和线损方面。对此，要做好全面细致的分析，采取有效的应对措施，将分布式光伏发电的优势最大限度地发挥出来。

分布式光伏发电系统并网运行时，会导致配网谐波的增大，导致电网电压的剧烈波动，可能引发电压闪变的问题。完成并网后会导致电压升压，接入到电网中的分布式光伏发电设备越多，电压升压也就越明显，一旦出现电压超限，电网中电能的质量就会受到很大影响。当配电网接入负荷后，电网电流会从电源出发，经输电线路进入负荷，在这系列的电流传递过程中，不可避免会产生电能损耗。电网线损的大小与电网线路上流过的电流，以及线路阻抗的大小密切相关。因为线路参数固定，所以可以通过减小线路上流过的电流幅值来减小系统线损。如果负荷侧接入分布式光伏电源，则会减小配电网从电网中吸收的功率，进而减小支路上流过的电流幅值，最终达到减小系统线损的目的。

分布式光伏发电对于电能采集的影响巨大，对其进行深入研究先要在分布式光伏发电并网后明确相应的电能计量方式。分布式光伏发电并网后，电能的消纳可以分为全部自发自用、部分自用、余量上网，以及全部上网。不同的电能消纳方式需要选择不同的计量方法，无论是采用独立计量还是采用分别计量，都与传统电能计量存在较大的差异性。以全部上网消纳方式为例，将分布式光伏发电并网后的电能计量方式与传统电能计量方式进行对比，可以明确两种电能计量方式的差异主要体现在“电能表配置差异”。在分布式光伏发电中，采用的是双电表分开计量，必须安装关口计量表和并网计量表两种不同的电能表，关口计量表负责电力用户与公共配网间的电能计算和分析，并网计量表则负责发电系统发电量和用户用电电价补贴的统计分析。分布式光伏发电并网后，电能计量方式比较特殊，因此在对电能进行采集的过程中，可借助信息化系统自动采集，完成电力用户电能信息的采集、处理、分析和监控。以某电力企业为例，在对智能电网进行建设和改造的过程中，可引入计算机网络技术、信息技术和大数据技术等先进技术手段，搭建起服务管辖区域内所有分布式光伏发电用户的电能营销系统，做好数据库的合理配置，构建起完善的电能采集流程。当系统接收到相应的电能采集指令后，对采集任务进行合理分配，发起相应的采集行为。分布式光伏发电并网的电能采集能保证数据信息的全面性和完整性，可很好地获取功率参数、电压参数，以及发电量等信息，能为分布式光伏发电系统的运维管理提供参考。

二、主要做法

（一）优化网架，经济运行

加快推进城农网改造升级工程，优化配网结构，加强 10kV 配电线路互联，提高配电设备装备水平和配电线路绝缘化率。缩短供电半径，10kV 配网线路半径控制在 15km 以内，消除迂回供电线路，降低电压损耗。按照“小容量、密布点、短半径”原则，合理配变布点，0.4kV 供电半径控制在 500m 以内。根据配电网结构和供电线路电压情况，严格配变选型，提高设备经济运行指数，控制配变负载率在 50%～70%，使配变处于经济运行状态，效率高、损耗低，避免配变长期“大马拉小车”或过负荷运行。

（二）降低变压器的无功损耗，平衡负荷

在变压器中，如果存在不均衡的三相负荷，或者运行出现了偏载，就会大大增加变压器的损耗，且三相之间的不均衡负荷越大，导致的损耗也会越大，因而必须对三相负荷展开定期或者不定期的测试，并对其进行合理的调配。针对变压器，首先要保证起出线出口保持小于 10%的不平衡度，主干线路以及低压干线则应保持小于或等于 20%的不平衡度，而对于零线而言，其剩余电流则必须小于额定值的 25%，通过负荷高峰期，对三相负荷的情况进行密切监测，并及时调整三相负荷，从而有效地降低变压器的无功损耗。

（三）谐波治理，改善电能质量

加强电压和电能质量管理，提高电压合格率，降低线损，降低谐波污染。严把系统接入关，积极开展电能质量在线监测系统建设，动态掌握电网监测点电能质量情况。

（四）减少分布式光伏安装位置与变压器之间距离

减少配电台区供电半径，可有效降低配电台区线损。在配电台区改造时，综合考虑分布式光伏安装趋势，增大导线截面积，同时在一定程度上可以降低配电台区的三相不平衡程度。

三、实施成果

（一）三相不平衡治理

1. 治理原理及解决方案

对于三相不平衡及系统中无功和谐波的治理是利用有源电力滤波器而实现的。装置由电力电子元件IGBT组成主电路，控制器驱动IGBT使之产生一个与系统谐波的幅值、频率相同，但相位相反的谐波电流，这个产生的谐波电流能与系统中的谐波电流相抵消，起到滤波的目的，即如果输出一个超前或滞后系统电压相位的电流便能起到调节系统无功的作用；如果使单相或两相输出电流就能平衡三相电流达到治理三相不平衡的功能。

根据实测数据得出：安装三相不平衡治理设备后，三相不平衡情况得到明显改善，功率因数更加稳定，N线电流明显降低。

接入方案：APF通过断路器直接并接在变压器低压端380V输出端母线，接入安装方便。

接入示意图如图5-70所示。

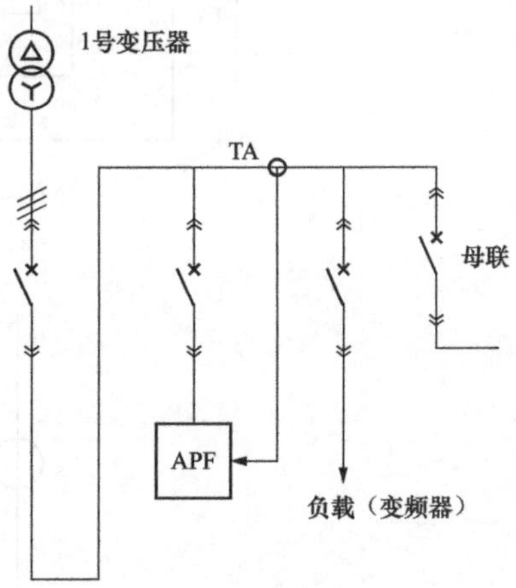

图 5-70 三相不平衡接入示意图

有源电力滤波器采用成熟的IGBT驱动技术和高速的运算芯片控制技术，故障暂态响应剎成，体积更小、质量更轻的全智能化无阶跃调节，调节过程更为平滑、精准，响应速度更快，且设备全免维护。因此设备运行的稳定可靠性可以得到保障。

该治理设备是并联接入供电系统，设备自身通过硬件保护、软件控制保护、熔断器保护以及外围断路器保护，共四级保护接入系统，因此即使意外情况下设备出现故障也能保证即使切除不会产生故障扩大影响到供电系统，治理设备退出供电系统依然可以按照治理前的工况运行，保证供电系统的连续性工作。

2. 设备介绍

（1）APF系统组成。该系统主要由IGBT模块和其他外围电气组件成柜组成，有源滤波模块通过接触器直接接入系统交流母线，如图5-71所示。

（2）工作原理。采用直接电流控制的有源滤波型APF的工作原理如图5-72所示。可以得出，即电源电流是负载电流和补偿电流之相量和［假设负载电流中含有基波正序电流（包括基波正序无功电流和基波正序有功电流）、基波负序电流和谐波电流］。

（3）APF控制系统的组成及控制原理。APF控制策略有直接电流控制和间接电流控制两种。以采用性能优越的直接电流控制方法为例，直接电流控制方法框图如图5-73所示。

（二）改造后节能降耗效益分析

从某地实际的安装情况来看，投运169h，配变损耗为108kWh，退出167h，配变损耗为498kWh。平均配变损耗率为1.224 79%。

如果每年按运行8760h计算，负载率为40%，功率因数为0.97，电费按0.56元/kWh

计算。

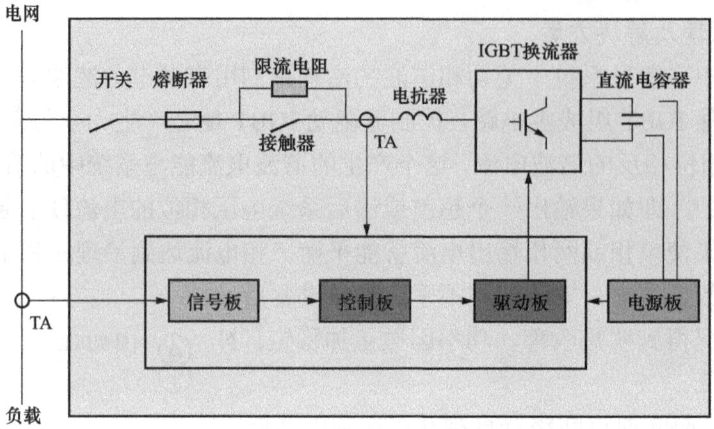

图 5-71　APF 系统组成示意图

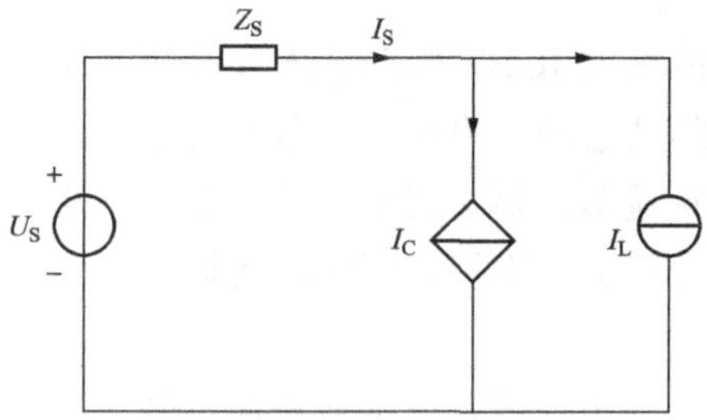

图 5-72　采用直接电流控制的有滤波器的工作原理

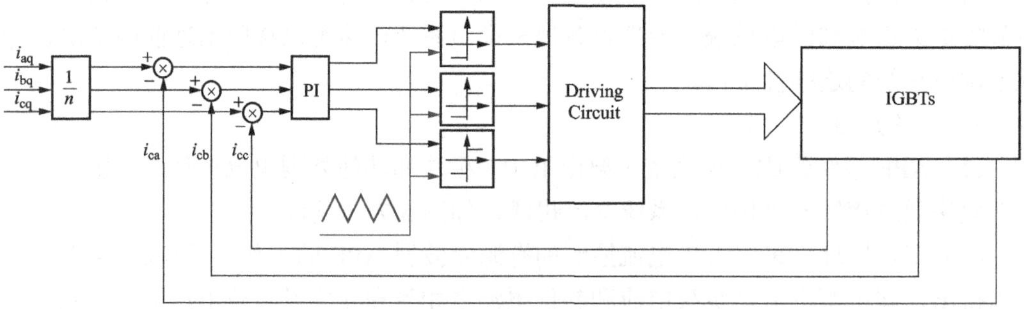

图 5-73　APF 控制原理图

三相不平衡补偿装置投运时全年平均配变损耗为

$$8760\times500\times0.97\times0.4\times0.426\ 24\%=7243.69\text{（kWh）}$$

三相不平衡补偿装置退出时全年平均配变损耗为

$$8760\times500\times0.97\times0.4\times1.224\ 79\%=20\ 814.57\text{（kWh）}$$

平均每年节约电能为

$$20\ 814.57-7243.69=13\ 570.88\text{（kWh）}$$

平均每年可省下电费为

$$13\,570.88\times0.56=7600\text{（元）}$$

以某区域380V电网系统为例。采用辐射型网架架构，一共配备24个节点和2个电源输出点。在分布式光伏发电系统并网后，对于线损的影响主要体现在以下方面：

1. 电源接入的影响

分布式光伏发电系统并网后，会带来电网潮流分布和功率流动方式的改变。有研究表明，分布式光伏电源的接入，会带来线损的降低。这里假定电网线路中的电压保持不变，忽略分布式光伏电源接入带来的电压变化，对分布式光伏电源接入的容量、位置与线损的关系进行分析。可以明确的是，光伏电源接入电网后，对于线损的影响更多地体现在接入位置和容量上。分布式光伏发电对于线损的影响存在两种不同的情况，分别是线损的增加和减少，而线损增加量受到电源接入位置、接入容量、电网架构以及负荷分布的影响。

2. 电源容量的影响

如果忽视电网架构的影响，就需要确保其保持稳定状态，确保线损只会受到光伏电源容量的影响。在分布式光伏电源接入的情况下，假定电网网架结构不变，当其电源容量达到最高限值时，必须并入到电网中，做好实验数据的采集。由数据分析得出两个结论：

（1）通过将分布式光伏电源接入电网的方式，能产生一定的并网容量，减少电网线损，但在容量超出临界值的情况下，可能会适得其反。经过实证分析得出，若分布式光伏电源容量超过了电网承载负荷，会导致线损的增加，反之亦然。

（2）线损率不变，分布式光伏电源的容量达到了最佳值，不过此时电网容量易受到外部因素的影响，其中最为核心的因素是电网网架结构以及承载负荷，两者属于正相关。最佳容量同样会受到电网变压器与电源节点距离的影响，这两者则属于反向关系，即距离越大，电源最佳容量值越大。相关试验结果表明，光伏电源的最佳容量值应该是电网负荷值的31%左右，在接近这个数值时，分布式光伏发电对于线损的积极影响才能充分发挥出来，数值过低或者过高都会导致线损的增大。

3. 电源位置的影响

假定光伏电网容量固定为20MW，分布式光伏电源分布在电网中的节点间距相同，忽视电站联络线带来的影响，降低计算的难度。通过实验分析光伏电源位置对于线损的影响，结果如表5-24所示。

表5-24　　实 验 结 果

接线位置	线损率（%）
1号节点	3.2
2号节点	5.4
5号节点	1.2

结合表5-24分析可知，电网线损率最高的是2号节点，最低的是5号节点，5号节点的负荷量为10MV，占据了电网总负荷的15%，光伏电网负荷量为7.5MV，5号节点能够对光伏电源的负荷量进行消耗。

综上所述，分布式光伏发电项目调度管理按照以下原则执行：

（1）10kV接入的分布式光伏发电项目，纳入台区调控中心调度运行管理，上传信息包括并网设备状态，并网点电压、电流，有功功率，无功功率和发电量，调控中心应实时监视运行情况。

（2）380V接入的分布式光伏发电项目，暂且只需上传发电量信息。分布式光伏发电所采用的光伏逆变器应通过国家认可资质机构的检测或认证。

从2021年起，对新增光伏并网受理申请严格把关，按实施对策方案进行接入，即光伏并网需优先选择电压等级较高的节点，接入节点尽可能靠近上一级电压等级变压器侧，且所接节点负荷的占比尽可能大，光伏电源的最优容量大致占台区负荷总量的20%～40%。

第七节　精算式停电管理

一、实施背景

（一）践行国企担当，全力做好电力供应保障的必然要求

保障电力供应是国家电网人的初心所在、使命所在、价值所在。2021年以来，党中央、国务院多次就电力保供提出明确要求，重点强调，大企业特别是国有企业要带头保供稳价，促进电力充足供应。随着电力与人民生产生活的关系日益紧密，电力供应须臾不可或缺，对生产企业来说，供电可靠性就是生命线、停电意味着产能的下降、利润的损失；对于老百姓而言，停电次数多少，停电时间长短，直接关系到生活的方方面面，人民群众对供电可靠性要求越来越高。作为关系到国计民生的国有大型骨干企业，供电企业在服务国民经济发展、保障群众可靠用电中肩负着重要的责任和使命，因此，坚持“人民企业为人民”企业宗旨，全方位提升保定公司电力供应能力及供电可靠水平，是满足人民群众不断增长的美好生活用电需求的重要保障，也是展现国网人“顶梁柱、顶得住”责任担当的重要体现。

（二）立足区位特点，服务地方经济高质量发展的刚性需要

保定电网地处华北电网咽喉要地，毗邻京津、环抱雄安，是入京11线汇集的关键枢纽，是雄安新区可靠供电的重要保障，也是山西煤电“西电东输”的重要通道，地理区位的特殊性事关央企责任，供电保障任务的重要性事关国网品牌，不容丝毫闪失。近年来，随“京雄保”一体化加速发展，保定现代化品质之城加快建设，区域经济产业结构不断升级，高端装备制造、新能源及智能电网、生物医药健康三大优势产业加速转型，大数据及新一代信息技术、新材料、节能环保三大新兴产业蓬勃发展，保定电网网供负荷连年增长，特别是定兴、清苑、高碑店、涿州等环雄安区域负荷增速超7%，涿州区域阿里云、金田云谷等数据中心接入需求超60万kW，对电网供电能力提出更高要求。面对地方

经济发展新形势、提升客户服务能力、改善服务质量效率、提高供电可靠性，为城市生产力持续发展、产业结构的顺利转型提供坚强可靠的电力保障，具有很强的紧迫性。

（三）聚焦专业痛点，提升安全生产精益管理水平的重要举措

电网负荷需求连年升高的同时，保定电网仍存在主网结构薄弱、过载设备较多、配网基础较差等现实问题，目前，部分110、35kV变电站为单电源供电，个别110kV输电线路不满足*N*–1校验。市区范围内重过载现象突出，大负荷期间70%配网拉手线路不具备快速倒供能力，主设备故障将引发市区大范围、长时间停电，保障用户电力可靠供应压力巨大。另外，受“雄保”大规模迁建、电网设备体量较大影响，国网保定供电公司承担基建、迁改、检修、试验工作任务繁重，造成电网非正常方式多，电网风险密集多发，仅2022年，停电作业需求达975项，其中，119项涉及6级及以上电网风险，如何在满足频繁作业计划需求的同时，保障好用户可靠供电，成为安全生产管理工作亟需解决的重要课题。因此，着眼于专业痛点问题解决，精益化开展电网补强、风险防控、计划统筹、作业实施等核心业务，加快推动安全生产管理模式升级，十分迫切。

基于上述背景，国网保定供电公司锚定建设一流现代化能源强企的奋斗方向，以提升居民用户供电可靠性为根本出发点，以打造网架强、设备优、计划准、供电好的“近零停电示范区”目标，提出并构建符合企业自身发展的安全生产精算管理体系和方法。

二、主要做法

保定供电公司精益管理理念引入到安全生产全流程，在电网补强、设备提升、风险防控、计划管理、作业实施各环节，创新实施精算式管理。一是统筹好电网设备补强和停电风险管控：精准开展电网设备补强，夯实安全供电基础，精细实施停电风险管控，提升电网供电保障能力。二是统筹好频繁作业需求和电力可靠供应：精益开展计划方式安排，确保用户计划停电不超1次，精心优化作业施工方案，进一步压减停电范围和时长；创新建立精算管理后评价机制，制定算法，定期核算供电能力增加及停电时户数降低成效，依托绩效激励举措助力精算管理闭环提升，不断打造网架强、设备优、计划准、供电好的“近零停电示范区”。图5-74所示为安全生产精算管理体系模型。

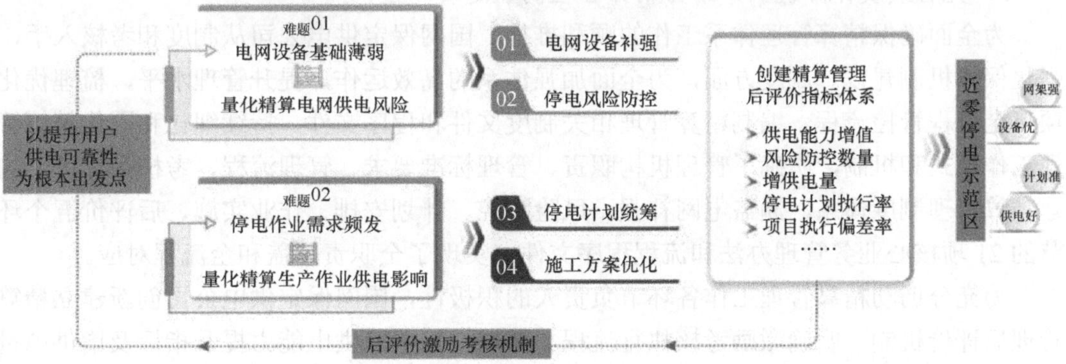

图5-74 安全生产精算管理体系模型

（一）树立全方位精算理念，构筑精算管理体系

保定公司推行精益管理多年，从2021年起，国网保定供电公司开始研究创建“近零停电示范区”建设，创新构建安全生产精算管理体系，以精算推动核心业务提档升级为战略路径，推动示范项目平稳落地。

1. 搭建管理组织架构，推动战略目标精准落地

国网保定供电公司为有效推动安全生产精算管理体系落地，搭建了职责清晰的扁平化管理组织架构，成立了“总经理任组长、分管领导任副组长，相关部门主要负责人任成员”的工作领导小组。全面统筹、部署、领导精算管理推进工作，协调解决相关重大事项，设立精算管理评价小组，负责开展精算管理成效评价，落实绩效考核，推动精算管理闭环提升；分别组建了全业务领域各专业精算管理工作组，主要负责加强对基层业务指导，加强协同配合，推动各项工作任务深入开展并取得预期成效。国网保定供电公司下辖各基层单位成立了相应机构，领导和推进本单位各项工作。

国网保定供电公司将推动精算管理落地作为安全生产领域中心工作，全面指引核心业务流程开展，依托精算管理月度例会平台，构建形成“纵向联动、横向协同”的高效管理运行机制，有效推动管理组织架构的顺畅运行。

2. 厘清流程关键环节，促使精算理念有机融合

为推动安全生产精算管理工作有序开展，国网保定供电公司进一步厘清精算管理核心业务流程，明确将其划分为电网补强、风险防控、计划安排、作业实施四个环节。国网保定供电公司以问题为导向，通过全面梳理各关键环节管理现状，准确诊断各关键管理环节的痛点与难点，在守正中创新，在创新中守正。在电网补强环节，通过常态开展全电网薄弱点精算校核、问题导向精准施策、动态开展项目储备，综合统筹项目落地；在风险防控方面，分时、分级、分区开展风险等级精算，精准落实风险预警管控措施；计划安排方面，全面精算停电计划供电影响，科学统筹年度计划，织密月度计划审批关口；作业实施方面，超前精算施工方案供电影响，大力推广带电作业，创新不停电作业新模式，聚力打造零计划停电示范点。基于以上举措，实现安全生产各环节与精算管理理念有机融合。

3. 完善制度保障机制，助力精算管理高效运转

为全面确保精算管理体系工作的顺利推行，国网保定供电公司从制度和考核入手，强化保障机制建设。制度方面，为全面加强体系的高效运作，提升管理水平，梳理优化项目全过程管控流程，编制精算管理相关制度文件和程序文件，持续细化和固化精算管理工作模式和机制，明确了管理机构职责、管理标准要求、管理流程、考核指标等，构建精算管理制度体系，涵盖电网补强、风险防控、计划安排、作业实施、后评价五个环节的21项核心业务管理办法和流程程序文件，实现了全职责覆盖和全流程对应。

为充分调动精算管理工作各环节负责人的积极性，国网保定供电公司创新建立精算管理后评价机制，明确激励考核执行流程。通过核算电网供电能力提升指标及增供电量指标，定期兑现安全生产精算专项奖励；将停电计划执行率低及停电时户超限纳入公司考核指标范畴，采取过程预警考核和年终综合评价相结合的管理办法，激励考核相结合

助力精算管理闭环提升。

（二）精准开展电网设备补强，夯实安全供电基础

国网保定供电公司以提升电网供电能力为导向，强化“一张网、一盘棋”大局意识，创新构建电网补强“三全”管控机制，准确计算电网短板，精准攻坚难题解决，切实提升电网供电能力，满足日益增长的用电需求。

1. 全电网精算校核，摸排电网问题底数

国网保定供电公司按照“分层级、网格化、责任制”要求，动态跟踪电网结构及负荷变化，滚动开展电网结构风险与薄弱点校核计算。构建“35kV 及以上主网、10kV 配网、台区”三级摸排网格，调控中心负责针对 35kV 及以上主网电网结构性风险进行计算，重点分析是否存在单电源供电、N–1 需要拉限负荷风险；供服中心及各县公司分别负责辖区内 10kV 配网线路开展薄弱点计算，重点关注配网拉手线路是否具备快速倒供能力，设备部负责分析台区及以下中、低压线路网架运行风险，重点关注配变容量不足、配电自动化程度低等问题隐患。依托年度电网运行方式分析会，分层级形成电网问题清单，为年度电网补强工程推进提供根本遵循。另外，国网保定供电公司还重点针对迎峰度夏（冬）负荷高峰，超前开展设备供电能力校核，全面监视设备运行状态，动态修订电网过载设备台账，纳入电网问题清单统筹把控。

2. 全项目动态储备，问题导向精准施策

国网保定供电公司着眼于电网问题解决，建立动态项目储备机制，中、长期规划为主，专项治理计划为辅，生产专业部门深度参与，超前实施效益精算，开展项目可行性评价，扎实做好电网补强规划和项目储备。中、长期电网规划方面，持续加大电网基建项目投资，紧密结合市政规划、供电范围、负荷特性、用户需求等特点，细致开展负荷预测，统筹变电站出线间隔和廊道资源，科学制定目标网架及过渡方案，衔接各级国土空间规划，引导实现变电站、开关站、环网室（箱）、配电室站点、线路廊道合理预留，保障电网支撑电源点的建设需求，缓解区域电网供电压力。专项计划方面，重点针对设备过载等局部供电受限问题，分批投入专项治理资金，发展部、调控中心、营销部、建设部协同，对照设备过载问题台账，逐设备制定“一线一策，一变一策”，按照轻重缓急纳入年度“里程碑”治理计划。

3. 全业务综合统筹，靶向攻坚电网补强

国网保定供电公司将电网补强项目推动情况纳入公司级督办范畴，互联网办牵头，创新搭建数字化运营监控平台，从时间维度和资金维度出发，按照“节点计划分解下达、项目实施证据报送、项目实施情况评价”的工作流程，采用“正向跟踪”和“逆向溯源”的方式，对项目进展情况进行动态管控。建立“红橙黄”三级预警监控体系（见表 5-25），对项目超期节点进行预警、统计、分析，定期发布《项目执行进度通报》，做到事前提醒、预警纠偏、证据催报、问题督办、事后总结，实现项目可研、计划安排、项目实施全流程有序衔接，确保工程项目有序推进。项目实施阶段，加强负荷预测、施工过渡和外部环境约束把控，从停电计划、方式安排多维度开通电网补强“直通车”，统筹发展、建设、运检单位及 19 个县公司作业资源，有序推动项目落地实施，助力电网设备问题“建账销

号”，夯实电网供电基础。

表 5-25　　红橙黄三级预警监控体系

等级	颜色	超期时限	评价	督办措施	考核机制	备注
一级	红色	1 年及以上	重点督办	上报公司主要领导，下发通报及明细至相关责任部门限期整改	参照关于工程项目精准匹配管理模式的考核意见中综合计划资金项目考核意见执行	
二级	橙色	60 日以上～1 年以内	一般督办	上报主管领导，同时下发通报及明细至相关责任部门，督导相关责任部门进行治理		
三级	黄色	60 日及以内	轻度督办	下发通报及明细至相关责任部门主任及相关专责，督导相关责任部门进行治理		

（三）精细实施停电风险管控，提升电网供电保障能力

1. 升级重点设备运维，确保电网运行平稳

深入分析电网结构和运行方式，按照现状电网西部上送断面、慈云、东南部清苑两个受电断面、4 个主力电厂的网架格局，梳理出保定电网“12 站 18 通道”的“生命站、生命线”清单，精准落实差异化保障措施，通过“无人机巡检+人工巡护+可视化轮巡”与在线监测装置管理相结合的模式，按照线路重要程度和隐患类型进行横向、纵向分组强化轮巡。加强二次系统运行管理，严防继电保护、安自装置拒动、误动；抓好电力监控系统安全防护，加快各级调度、变电站、并网电厂网络安全监控系统建设，确保电力系统网络安全。强化电网稳定和安全裕度管理，严格控制断面潮流，严禁超稳定极限和设备能力运行，确保主网架“稳得住”、新能源“送得出”，坚决杜绝大面积停电事件。

2. 分级停电风险防控，织密安全生产防线

前置电网风险防控关口至计划提报环节，逐条分析线路迁改、基建工程、检修预试等安全生产作业过程中存在的用户停电风险，超前布局电网风险防控措施，依托施工方案优化及方式调整，最大程度压降停电风险影响范围及时长。创建“红橙黄蓝绿”五级电网风险防控机制，根据停电风险等级及影响程度，按红、橙、黄、蓝、绿进行五级分类，其中，红色代表作业具有五级电网风险，橙色代表作业可造成既成负荷损失，黄色代表作业具有六级电网风险，蓝色代表作业具有七级电网风险，绿色代表作业可造成重要保电用户可靠性降低，制作并发布安全生产工作《“五色”风险明白纸》（见图 5-75），清晰展示，动态跟踪、差异化管控电网停电风险，守牢电网风险“最小方式”安全底线。

3. 提级风险预警处置，做好大负荷供电保障

国网保定供电公司建立“中长期风险校核+短期预警”电力保供机制（见图 5-76），事前、事中相结合，全方位把控大负荷期间用户停电风险。大负荷前期，超前研判负荷走势，分等级校核大负荷期间因设备过载导致用户停电风险，有序实施过载设备整治。大负荷期间，常态开展公司直调电厂调研走访，确保源端电力有序供应，密切跟踪负荷变化趋势，及时发布大负荷预警，落实领导带班值守、差异化调控运维举措；深度总结关键数据信息与网供负荷间经验公式，靶向定位疫情封控、污染管控等重点干扰变量，

动态修正调整，精算日前单间隔负荷，及时发布设备过载风险预警单，开展重点设备运维巡视，依托方式调整、线路倒供、需求侧管理等措施，确保居民用户可靠用电。及时更新过载设备台账，动态落实治理项目储备，推促新增过载设备治理进度。

图 5-75 “五色”风险明白纸

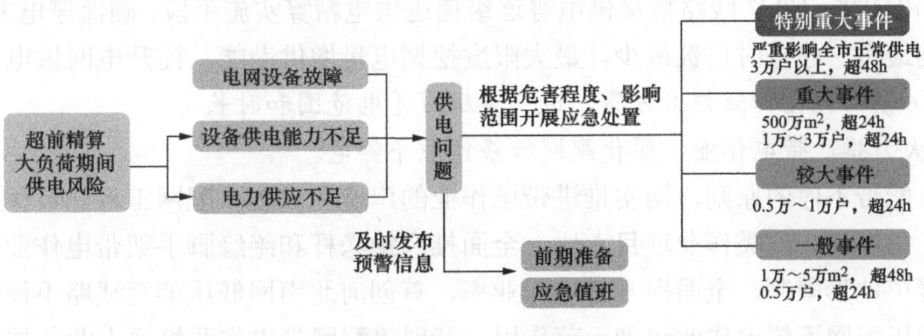

图 5-76 “中长期风险校核+短期预警”电力保供机制

（四）精益开展计划方式安排，确保用户计划停电不超 1 次

1. 大数据超前校核，精准管控重复计划停电

首创停电计划一体化智联平台，通过灵活接口，打破调控、营销、运检、基建等多源数据资源系统壁垒，汇集 D5000、OMS 系统电网拓扑结构、实时运行数据和故障信息，PMS 系统设备台账、缺陷信息、年度大修技改计划等，囊括基建项目里程碑计划、重要用户供电路径、业扩报装需求与可开放容量、投诉敏感用户信息等主流核心数据，形成停电计划需求和历史停电信息对比数据库，成功构建停电计划“数据资源池”，为停电计划管理提供了多源信息支撑。依托停电计划一体化智联平台，建立全口径重复停电研判机制，将调度计划与停电信息颗粒度细化至台区，同步推进提报计划与历史停电记录精准校核、主配网工作自动协同，最大限度规避重复停电。

2. 年计划科学统筹，切实提升计划管理质效

落实计划“节气”安排。充分考虑保定电网年负荷特性与气象条件，匹配出“春节前后、春末夏初（春检）、迎峰度夏、夏末冬初（秋检）、迎峰度冬”五个“窗口期”，适当拓宽对非保电节假日和度夏雨后负荷低谷时段等年内零散窗口期的应用，统一纳入“停电窗

口资源”。依托停电一体化智联平台，汇集“主网+配网”全口径检修投产停电计划需求，按照“下级服从上级、局部服从整体”的原则，以“变电结合线路、二次结合一次、用户结合电网、生产建设营销动态结合”的方式，综合考虑设备运行工况、电网建设改造、客户业扩报装等因素，有序开展主配网各级停电计划协调撮合，实行停电资源化管理、计划项目制统筹，前置队伍组织、物资准备、属地协调等各环节，按照工作时段、电压等级划分作业窗口，按日程排形成电网年度调度计划，实现同一用户年度计划只停一次电的目标。

3. 月计划精准优化，全面压降计划作业影响

紧盯月度计划提报环节，全部计划工作坚持“主配协同、能带不停”的理念，优先安排不停电作业计划，大力推动大型建设项目同配网小型工作融合，开展主网、配网的跨电压等级停电计划统筹，强化市县生产计划协同，杜绝重复计划停电。创新月度计划“六超”审批机制，提前研判作业计划实施带来的供电影响，针对存在超次数、超时长、超百户、超范围、超安排、超预算六种情况的，提级启动“六超”审批流程，由需求单位发起，设备部、调控中心相关管理人员履行审批手续，从源头遏制大范围停电。专项制定供电精算实施方案，聚焦涉及停电用户种类、电压等级，灵活匹配方式调整、异常倒供、带电转接、10kV 线路搭接供电等逐级递进供电精算实施手段，确保停电方案最优、停电时间最短、停电时户数最少。最大限度挖掘电量增供潜能，提升电网供电可靠性。

（五）精心优化作业施工方案，进一步压减停电范围和时长

1. 大力推广带电作业，深化配网检修作业不停电

秉承能带不停的原则，切实推进带电作业的广度和深度。配网工程建设优先开展带电作业，拓展三、四类作业项目占比，全面推广绝缘杆和绝缘脚手架带电作业法，打破绝缘斗臂车地形限制，全面提升带电作业率，首创河北南网低压架空线路不停电作业，为推广低压配网不停电作业起到示范作用。开展“配网带电作业机器人业务技能竞赛”，提升带电作业机器人应用水平，编制配网带电作业机器人现场应用方案，明确实施范围、业务主体、管理流程、落实责任。常态开展高压带电检修工业务培训，建立“日小考、周大考”培训评价机制，积极参与 2022 年河北省职业职工技能大赛，取得团体第一名的优异成绩，带电作业人员业务水平进一步提升。

2. 多措并举能带不停，实现停电检修作业无感知

常态化开展配网作业负荷 10kV 线路搭接转供工作，推广中压发电车等新技术新装备应用，拓展“微网复合发电+配网不停电作业”的联合作业新模式，在多座变电站停电检修过程中，真正实现用户零停电。常态化开展配网作业负荷 10kV 线路搭接转供工作，从 10kV 线路侧临时搭接负荷转供，中、低压微网复合发电，配网不停电作业等方面制定检修方案，真正实现变电站停电检修过程电量零损失、用户无感知。积极拓展“中压发电车+低压发电车+中压带电作业”组成微网的新模式，选取典型项目工程开展实践，积累应用典型经验，最大程度压降停电范围、时长，切实提升供电可靠性。

3. 精心打造示范样板，确保全年作业计划不停电

在定州刘良庄供电所，清苑阮庄供电所，曲阳刘家马供电所，徐水迁民庄供电所，涿州刁窝供电所打造“零计划停电示范点”。从设备入手，制定“一对一”方案，全面推

行配网自动化改造，进一步优化完善网架结构，提升设备可靠性运行水平，为示范区建设提供技术支撑。加强“零计划停电”示范区不停电作业能力，充分利用“带电+发电”等多种手段，在示范区做到配网不停电作业“全覆盖”，为示范区建设提供服务保障。建立季度、月度计划会商机制，定期召开内部停电计划讨论会。计划提报前要合理优化停电方式、方案。常态化开展检修后评估。每月对检修计划执行情况进行分析，重点对工作延期、停电时间准确性、工作异动情况进行总结，持续提升检修计划提报精度。

（六）完善后评价考核机制，助力精算管理闭环提升

国网保定供电公司将后评价作为有效精算管理落地的重要抓手，通过客观分析全专业评价内容，构建了完善的后评价管理体系及配套的管理机制，为持续提升安全生产精算管理水平，持续打造“近零停电示范区”提供坚强保障。

1. 建立后评价指标体系，确保成效评价有据可依

为规范化、标准化后评价工作实施，国网保定供电公司建立精算管理后评价管理机制，针对安全生产各环节业务差异性特点，按照“起步从简、迭代优化”的原则，针对电网设备补强、停电风险管控、停电计划统筹、施工方案优化四大核心业务环节，拓展设置问题隐患立项完成率、工程进度执行偏差率、供电能力提升完成率、电网风险防控完成率、负荷预测准确率、风险预警到位率、停电计划执行率、重复停电次数、超停电范围作业率、增供电量、经济效益 11 项指标，形成科学、合理的安全生产精算管理后评价指标体系，精准刻画安全生产各环节精算管理成效。根据指标评价内容及重要程度，明确牵头责任部门、指标权重和评价标准，力求客观反映精算管理实际成效及薄弱点，为安全生产各领域持续改进提供依据。

2. 规范工作开展流程，促进闭环机制高效建立

强化后评估闭环反馈。依托数字化运营管理平台和停电计划一体化智联平台，强化大数据分析手段应用，定期针对精算管理指标开展自动分析评估，以持续改进为管理重点，发现精算管理的薄弱环节，及时将评价结果反馈给相关人员，指导其改进提升后续工作管理水平。建立以指标结果为导向的奖惩评价机制，对部分指标的季度排名设立奖励加分和处罚扣分的考核机制，通过核算电网供电能力提升指标及增供电量指标，定期兑现安全生产精算专项奖励；将停电计划执行率低及停电时户超限纳入公司考核指标范畴，采取过程预警考核和年终综合评价相结合的管理办法，有效提升牵头部门和联动部门的创造性和积极性，为实现公司高质量发展，不断打造网架强、设备优、计划准、供电好的“近零停电示范区”注入活力。

三、实施效果

国网保定供电公司根植精算管理理念，构建安全生产精算管理体系，创新核心业务精算管理流程，深化后评估闭环管控，以改革创新的精神全力推进“近零停电示范区”打造，在推进电网建设，打造更优电力营商环境中取得了积极成效，实现了管理、经济及社会效益的显著提升。

（一）构造成熟精算体系，业务管理效益大幅提升

目网保定供电公司通过研究构建安全生产精算管理体系，促进安全生产全过程管理

与精算理念的深度融合，实现安全生产全业务精算管理全覆盖，管理效益显著提升。一是首创动态项目储备和综合统筹推进机制，动态精算电网设备供电风险，精准制定项目实施里程碑计划，清单化推动补强项目落地，完成新建、改扩建 35kV 及以上变电站 18 座，新投 35kV 及以上线路 38 条，治理过载设备 46 处，安全供电基础全面夯实。二是首创“红橙黄蓝绿”五级电网风险防控机制，分区、分时、分级精算停电风险，精控六级以上电网风险 375 项，全面做好大负荷期间用户供电保障。三是首创停电计划一体化智联平台，实施停电计划精算，累计统筹作业计划 4321 项，全年实现零重复计划停电。

（二）提高供电服务能力，企业经济效益稳步增长

国网保定供电公司以精算管理为主线，以精准电网设备补强、精细防控停电风险、精益统筹停电计划、精心优化施工方案为抓手，全面提升电网供电能力，压降用户停电时户数，经济效益显著。一是中长期规划和专项治理相结合，大力推进主网补强、配网改造和设备治理，2021 年以来累计新增供电能力 493.3MVA，2021 年，全社会用电量累计 399.81 亿 kWh，同比上升 9.77%，增加电费收入 20 余亿元。二是深化调度计划精算，一停多用，主配协同，累计压减 500 条 10kV 线路重复停电，增供电量 2061 万千瓦时，经济效益 1000 余万元。三是大力拓展配网带电作业占比，累计完成配网带电作业 4878 次，减少停电 68.92 万时户，增供电量 1092.33 万 kWh，经济效益 500 余万元。

（三）践行国企责任担当，社会履责能力全面增强

国网保定供电公司始终牢记“人民电业为人民”的企业宗旨，坚持以服务地方发展、满足用户需求为目标导向，聚力打造网架强、设备优、计划准、供电好的“近零停电示范区”，有效践行社会责任。一是通过全业务流程实施精算管理，大幅减少了用户停电时长，截止目前，保定地区全口径供电可靠率达 99.853%，同比增长 0.045%，居民用电体验及用户获得电力水平显著提升。三是紧跟京津冀及保定协调发展大局，突出目标导向和问题导向，加强与本地“电”字头企业、能源行业交流合作，积极向省公司争取投资，解决重点区域满足新增负荷发展、局部电网薄弱问题，着力打造安全、稳定、可靠的区域电网，服务好医、车、电、数、游等新兴产业发展，为保定经济高质量发展提供保障。